JN082666

Salesforce
Customer Relationship Management
Marketing Automation
Sales Force Automation

Salesforce 運用保守ガイド

Salesforce Operation and Maintenance Guidebook

KLever株式会社
長谷川慎【著】

Organization
User
Security and Access
Object
Sales Application
Service Application
Application
Chatter/Activity Management
Data Management and Analytics
Process Automation
Productivity Improvement
Development

※本書は、2023年11月現在の情報に基づいて執筆されたものです。
本書で取り上げているソフトウェアやサービスの内容は、告知なく変更になる場合がございます。あらかじめ、ご了承ください。

使用バージョン

本書の執筆 / 編集にあたり、下記のバージョンを使用いたしました。

・Salesforce Summer'23

上記バージョンを、Windows 11 上で動作させています。よって、Windows のほかのバージョンや MacOS を使用されている場合、掲載されている画面表示と違うことがありますが、操作手順については、問題なく進めることができます。

注意

はじめに

本書『**Salesforce運用保守ガイド**』は、会社でシステム管理者を担当されている方や、これから認定資格を取得予定の方に向けた解説書になります。

2016年、私は札幌の会社に入社してSalesforceに出会い、その素晴らしさに魅了され、今日までひたすら触り続けています。

しかし入社当時は、IT未経験だった私。Salesforceを学び始める時にほしかったのが、Salesforceの解説書でした。当時は書籍がほぼなかったため、情報収集に苦労しました。まず専門用語や設定の幅広さの壁にぶつかります。そして、用語がわからないため、検索の効率も悪く、なかなかほしい情報に辿り着けずに設定で失敗を繰り返してしまいます。

「私のようなIT未経験の方でも魅力あるSalesforceを効率よく学べるように」「私のように数多くの失敗を繰り返さないように」。そんな想いで、本書を執筆いたしました。

そして、それゆえに伝わりにくい表現は、できるだけ使わないように心掛けています。

本書は、下記の全12章で構成されています。また巻末資料として、学習コンテンツ、設定や使用方法で困ったときの対処法、用語集を追加しました。

第1章 組織の設定 …… Salesforceの初期設定
第2章 ユーザの設定 …… ユーザ登録や権限の設定
第3章 セキュリティとアクセスの設定 …… ログインの制限やパスワードの管理方法
第4章 オブジェクト …… オブジェクトの作成・カスタマイズ方法
第5章 セールスアプリケーション …… 商談の使用方法やリードやキャンペーンの活用方法
第6章 サービスアプリケーション …… ケースを使用した効率的な問い合わせの対処方法
第7章 アプリケーションの設定 …… オブジェクトをまとめるアプリケーションの設定方法
第8章 Chatter・活動管理 …… Chatterの使用方法、行動、活動の記録、ToDoの使用方法
第9章 データ管理と分析 …… データインポート方法、レポート&ダッシュボードの使用方法
第10章 プロセスの自動化 …… 承認プロセスやフローを使用した自動化の方法
第11章 生産性向上 …… SalesforceのアプリがSalesforceのアプリが販売されているAppExchangeの利用方法
第12章 開発 …… Apex、Visualforceの基礎知識

さらに本書は、Salesforceの認定資格の登竜門といえる「認定アドミニストレーター」の参考書として、全体像を学ぶこともできます。Salesforceの資格は市場価値も高く、資格を取得したことで、私の人生が好転したと言っても過言ではありません。Salesforceを学んで2年半で会社も設立できました。

さらに、Salesforceを学んで転職やスキルアップを視野に入れている方にも、本書はピッタリな1冊です。私はSalesforceを学ぶことで、自由時間が増えました。場所に制限されることなく、活動できることが大きな魅力の1つです。IT未経験だからと言って、臆することは全くありません。理系、文系も関係ありません。ちなみに、私は文系です。

システム管理者の方が設定方法などを振り返れる書籍として、また認定資格を取得予定の方がわからない部分を調べられる書籍として、いつも側に置いておいていただけたら嬉しいです。

2023年11月吉日

長谷川 慎

目次

コラム目次

第1章

組織の設定

第1章では、会計年度や営業時間、言語の設定などの会社情報を設定する方法について学びます。

1 会社の設定

会社の設定の確認

会社の設定では、自社の組織情報を確認することが可能です。会計年度や契約ライセンス数などの詳細な情報を確認できます。確認の手順は、以下の通りです。

1 [クイック検索]で「会社」と検索します。
2 [会社の設定]以下の項目で、組織情報を一覧で確認できます。

[会社の設定]には、次の9つの項目があります。

①カレンダーの設定
②データ保護とプライバシー
③休日
④会計年度
⑤営業時間
⑥私のドメイン
⑦組織情報
⑧言語設定
⑨通貨の管理

Hint
組織

Salesforceでは、利用しているユーザの会社や団体を組織と呼びます。組織にはIDがあり、「組織ID」と呼びます。

Hint
クイック検索

画面右上の[歯車]アイコンから[設定]を選択すると、画面左上に[クイック検索]欄が表示されます。

Hint
設定

設定は、[クイック検索]で検索可能なので、設定したい名前を覚えておくと、設定画面に素早く辿り着けます。例えば、組織情報、フロー、活動設定などです。

2 カレンダーの設定

公開&リソースカレンダーの設定

Salesforceの**カレンダー**は、新規行動で設定した日程や予定などのスケジュールを管理し、可視化する機能です。カレンダーの設定には、次の2種類があります。それぞれの設定方法を解説します。

①公開カレンダーの設定
②リソースカレンダーの設定

①公開カレンダーの設定

公開カレンダーを使用すると、複数人のグループの行動を管理できます。設定の手順は、以下の通りです。

1 [クイック検索] で「カレンダー」と検索し、検索結果の [公開&リソースカレンダー] を選択します。
2 [公開&リソースカレンダー] 画面の [公開カレンダー] で、[新規] ボタンをクリックします。

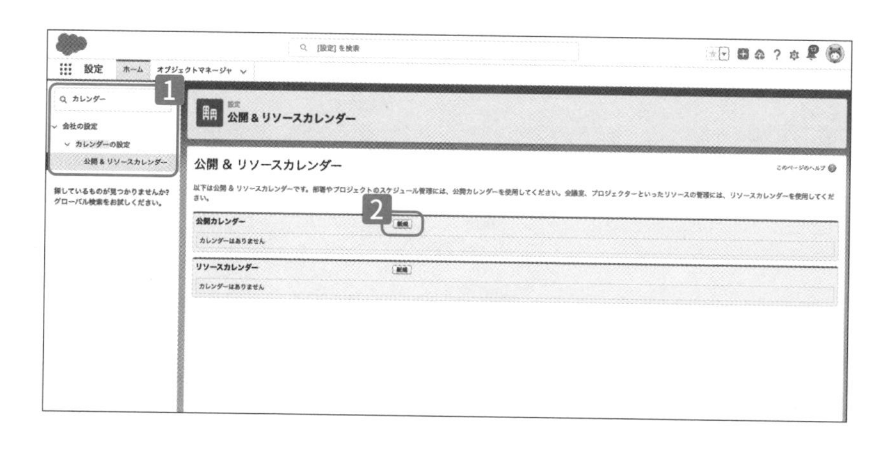

3 [名前] に名前（ここでは「営業部」）を入力し、[有効] にチェックを入れて、[保存] ボタンをクリックします。

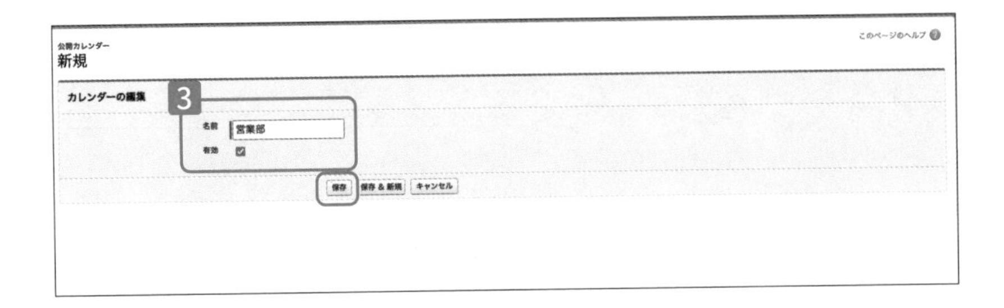

4 [カレンダーの詳細] の [共有] ボタンをクリックします。

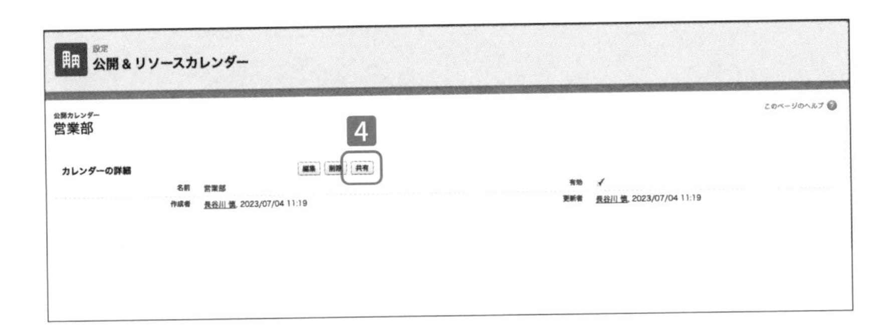

5 [ユーザとグループの共有] の [追加] ボタンをクリックします。

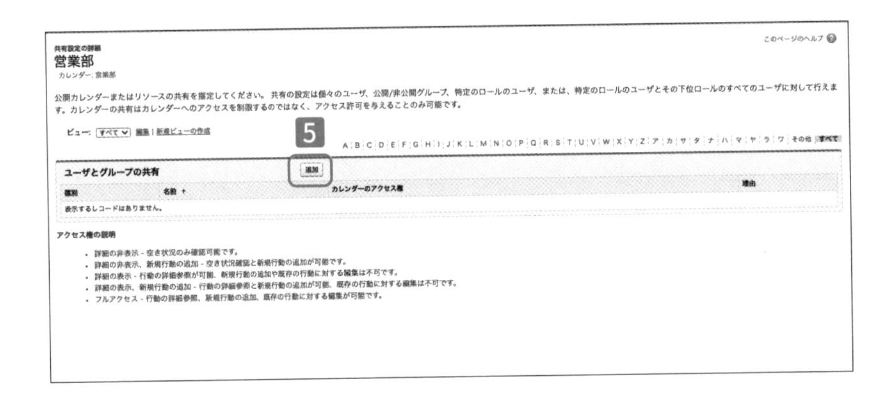

6 ［共有情報］の［検索］から［ユーザ］［ロール］［ロール&下位ロール］を選択し、［追加］ボタンで共有先を設定します。

7 設定が終わったら、［保存］ボタンをクリックします。

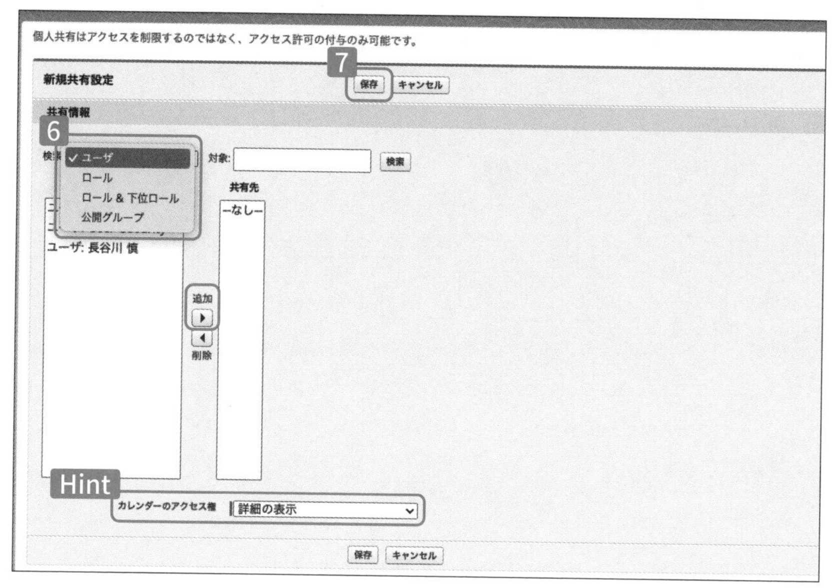

Hint

ロール

階層の設定が可能で、自分より下位のロールのユーザのレコード（データ）を所有者と同様に閲覧したり、編集したりできます。

Hint

共有先の追加

共有先を追加する場合は、ユーザを1人ずつ追加するより、公開グループやロールを使用して追加する方が効率的です。

Hint

カレンダーのアクセス権

この画面でカレンダーのアクセス権も設定可能です。以下の選択ができます。

・**詳細の非表示**……空き状況のみ確認可能。
・**詳細の非表示、新規行動の追加**……空き状況確認と新規行動の追加が可能。
・**詳細の表示**……行動の詳細参照が可能、新規行動の追加や既存の行動に対する編集は不可。
・**詳細の表示、新規行動の追加**……行動の詳細参照と新規行動の追加が可能、既存の行動に対する編集は不可。
・**フルアクセス**……行動の詳細参照、新規行動の追加、既存の行動に対する編集が可能。

②リソースカレンダーの設定

リソースカレンダーを使用すると、会議室やプロジェクターなどの社内の共有場所や物品の予約が可能になります。設定の手順は、以下の通りです。

1 ［クイック検索］で「カレンダー」と検索し、検索結果の［公開&リソースカレンダー］を選択します。

2 ［公開&リソースカレンダー］画面の［リソースカレンダー］で、［新規］ボタンをクリックします。

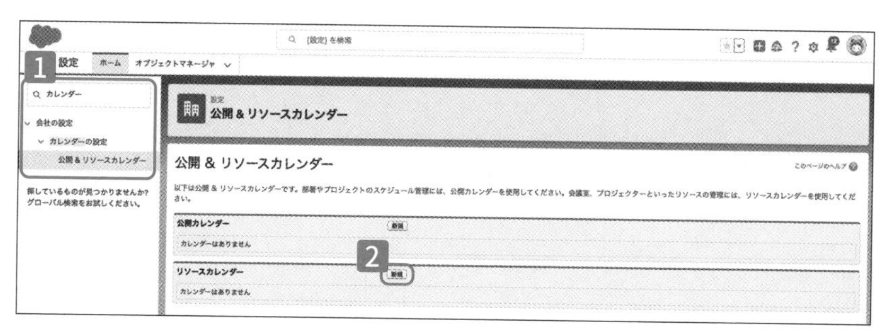

3 [名前] に共有場所や物品の名前（ここでは「会議室」）を入力し、[有効] にチェックを入れ、[保存] ボタンをクリックします。

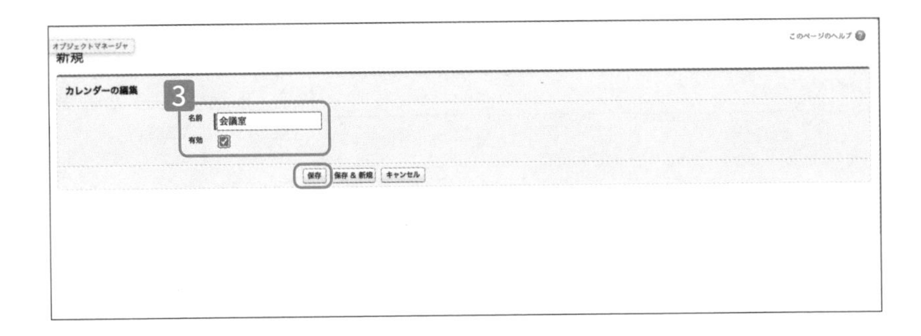

4 [カレンダーの詳細] の [共有] ボタンをクリックします。

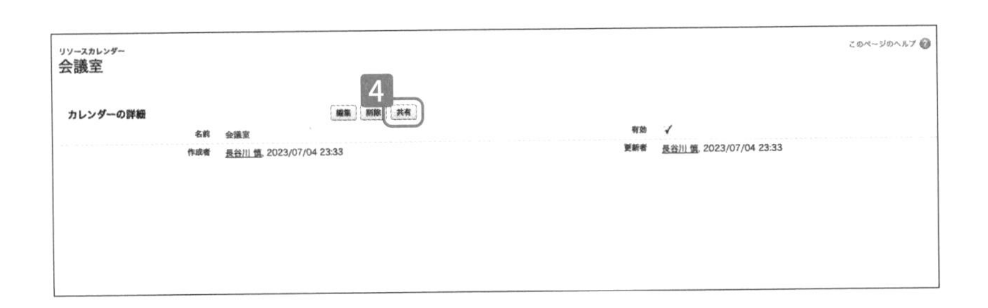

5 [ユーザとグループの共有] の [追加] ボタンをクリックし、公開カレンダーと同様に共有するユーザ、ロール、ロール&下位ロールを追加します。カレンダーのアクセス権も同様に設定してください。

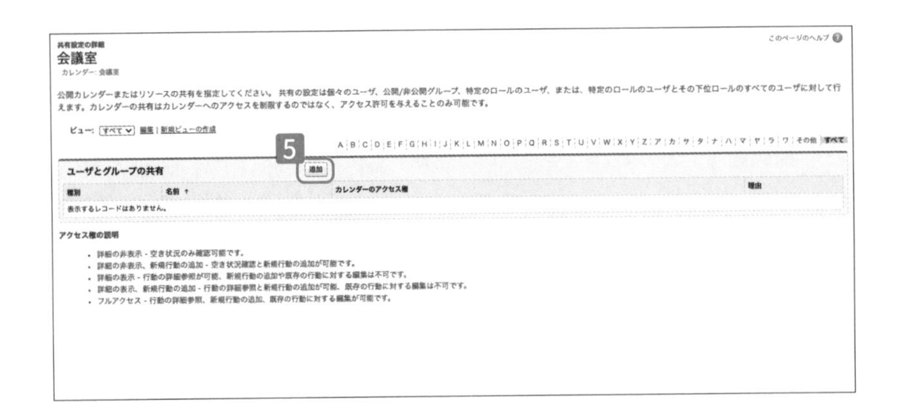

カレンダーに公開＆リソースカレンダーを追加

作成した**公開＆リソースカレンダー**は、カレンダーに追加することができます。追加の手順は、以下の通りです。

1 ［カレンダー］画面の右下にある［他のカレンダー］の［歯車］アイコンをクリックし、［カレンダーを追加］を選択します。

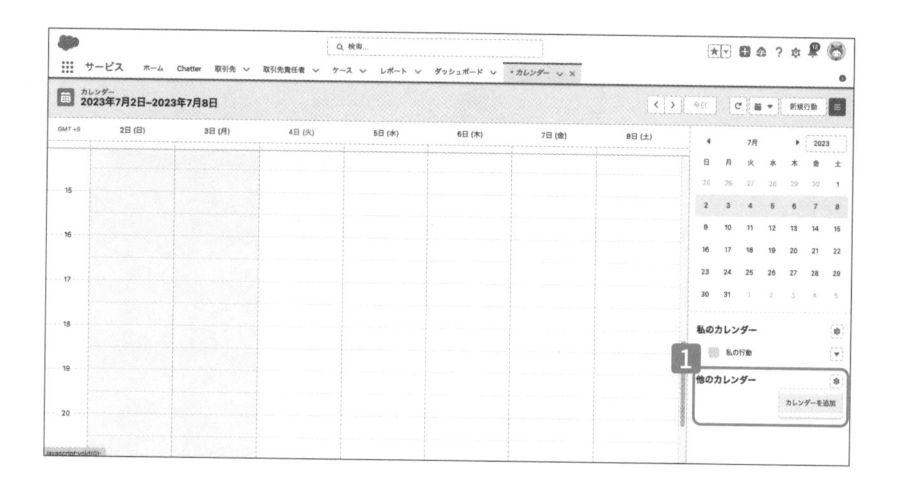

2 ［カレンダーを追加］画面が表示されます。［カレンダー種別を選択］から、追加したいカレンダーを名前で検索して選択し、［追加］ボタンをクリックします。

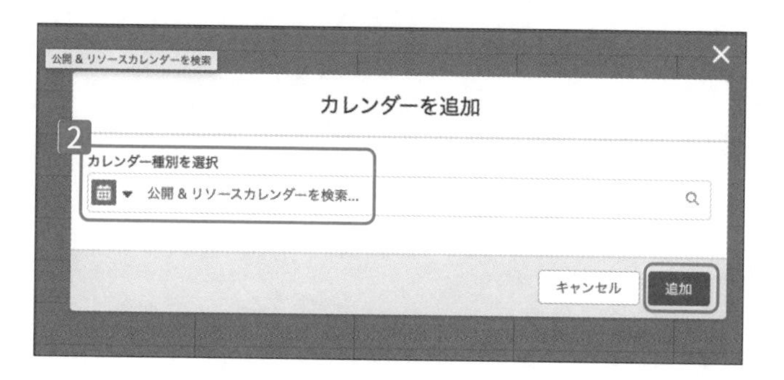

3 [他のカレンダー] に「営業部（公開カレンダー）」や「会議室（リソースカレンダー）」が追加されます。

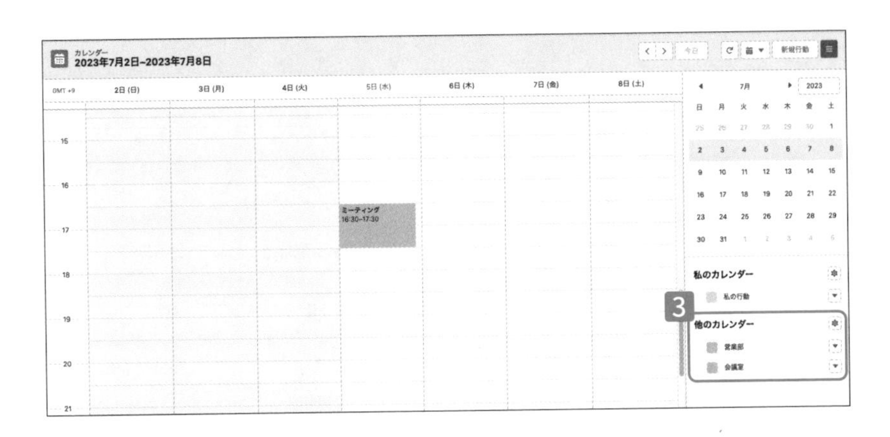

3 休日

休日の設定

休日の設定を行うと、ケースのエスカレーションルールが適用されなくなります。設定の手順は、以下の通りです。

1 [クイック検索] で「会社」と検索し、検索結果の [休日] を選択します。
2 [休日] の [新規] ボタンをクリックします。

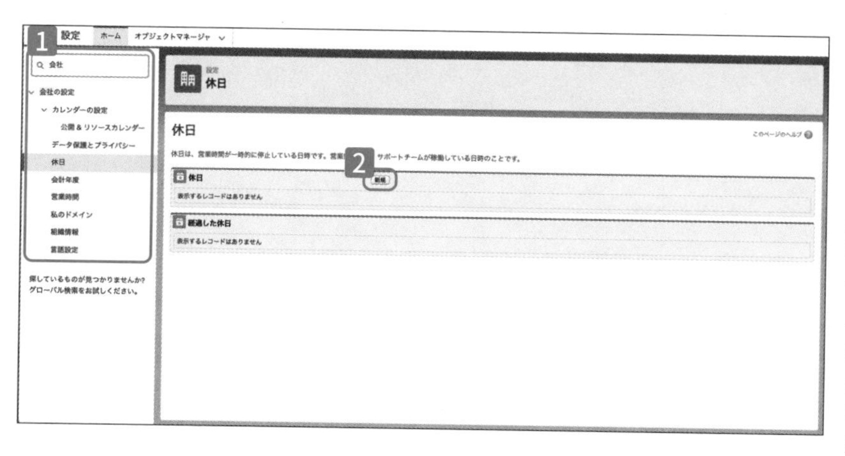

3 [休日名] に名前 (ここでは「定休日」)、[日付] に日時を入力します。

設定
休日
休日は、営業時間が一時的に停止している日時です。
営業時間およびその営業時間に関連付けられているエスカレーションルールを一時的に停止する日時を入力します。
休日の詳細
保存 キャンセル
3
休日名 定休日
説明
日付 2023/07/05
時間 &160; ～ 終日
繰り返しの休日

> **Hint**
> **休日**
> 定休日などは、事前に休日の設定をしておくことをお勧めします。

> **Hint**
> **ケース**
> 顧客の質問やフィードバック、クレームなどを管理する標準オブジェクトです。

> **Hint**
> **エスカレーションルール**
> ケースの作成日時や最終更新日時からの経過時間、または項目値などによって、自動的にキューやユーザに所有者を設定するための機能のことです。

4 休日が繰り返される場合は、[繰り返しの休日] にチェックを入れ、[頻度] [繰り返しの開始] [繰り返しの終了] を設定します。設定した頻度で、休日が繰り返し作成されます。

5 設定が終了したら、[保存] ボタンをクリックします。

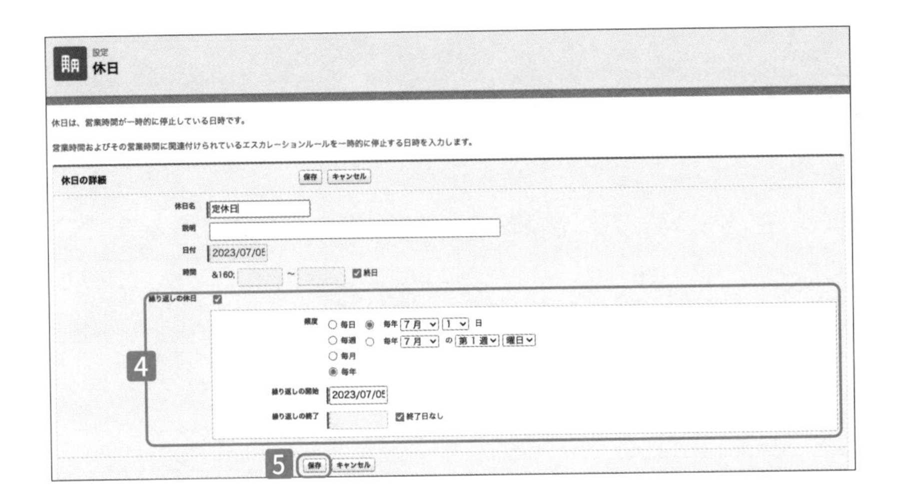

4 会計年度

会計年度の設定

会計年度の設定を行うことで、レポートの期間集計で会計年度を使用できるようになります。設定の手順は、以下の通りです。

Hint

会計年度機首月

会計年度の設定は、期首月が1月とそれ以外で設定が変わりますので間違えないようにしましょう。例えば、決算月が「12月」の場合は1月、「3月」の場合は4月を選択します。

1 [クイック検索] で「会計年度」と検索し、検索結果の [会計年度] を選択します。
2 [会計年度期首月の変更] の [会計年度機首月] で期首月を選択したら、[会計年度の表記] のラジオボタンのどちらか一方にチェックを入れます。
3 設定に間違いないことを確認したら、[保存] ボタンをクリックします。

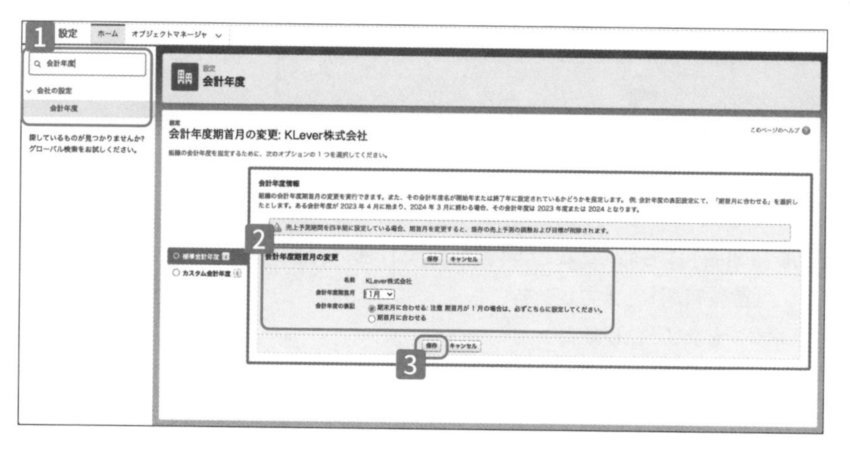

5 営業時間

営業時間の設定

営業時間の設定を行うと、ケースのエスカレーションルールが適用されなくなります。設定の手順は、以下の通りです。

Hint
営業時間

ケース対応に遅れが出ないように、対応できる時間を事前に登録しておきましょう。

1 [クイック検索] で「営業時間」と検索し、検索結果の [営業時間] を選択します。
2 [組織の営業時間] の [新規営業時間] ボタンをクリックします。

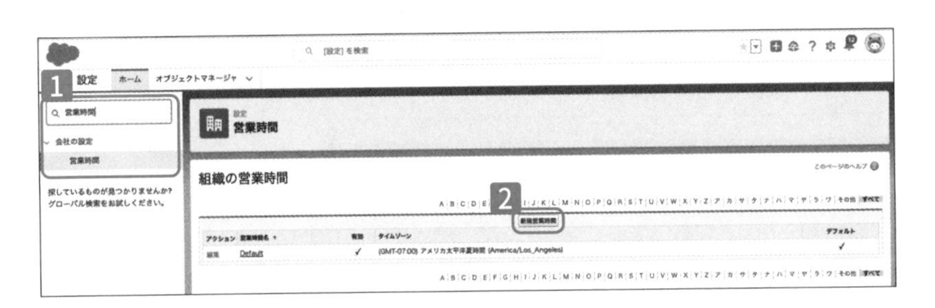

3 [営業時間の編集] の [営業時間名] に名前（ここでは「営業時間」）を入力し、[タイムゾーン] を選択したら、[営業時間] を入力します。
4 設定が終了したら、[保存] ボタンをクリックします。

Hint
デフォルトとして使用する

設定している営業時間をデフォルトとする場合、[デフォルトとして使用する] にチェックを入れてください。

6 私のドメイン

私のドメインのログインURLの設定後のイメージ

通常、**私のドメイン**の設定前は、次のURLでログインします。

```
https://login.salesforce.com/
```

Hint
私のドメイン
サイトやVisualforceページを含め、組織全体のログインURLおよびアプリケーションURLで使用されるサブドメインのことです。

私のドメインでは、例えば、(筆者の会社の) KLever株式会社の「klever」を次のようにURLに含めることができます。「my.salesforce.com」は固定となりますが、その前の部分は自由に設定することができます。

```
https://klever.my.salesforce.com/
```

私のドメインの設定

組織固有のドメインを設定することで、会社のブランディングに利用したり、セキュリティを向上させたりできます。また、ログインページのデザインなどもカスタマイズ可能です。

設定の手順は、以下の通りです。

1 [クイック検索] で「私のドメイン」と検索し、検索結果の [私のドメイン] を選択します。
2 [[私のドメイン]の詳細] の [編集] ボタンをクリックします。

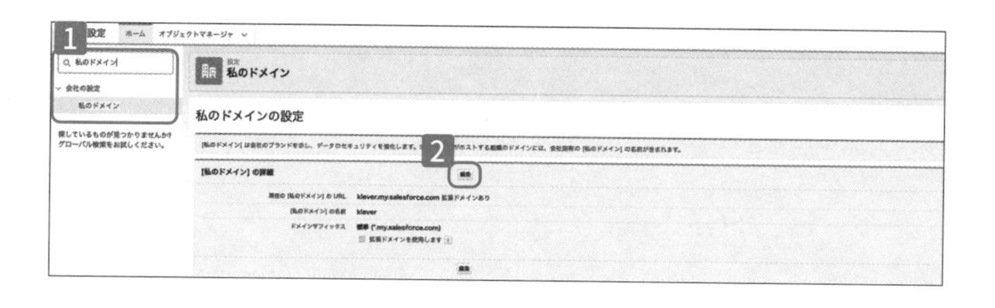

3 [私の[ドメイン]の名前] に、文字列 (「***.my.salesforce.com」の「***」に設定したい文字列) を入力して、[使用可能か調べる] ボタンをクリックします。「利用可」が表示されたら、文字列を使用できます。

4 設定が終了したら、[保存] ボタンをクリックします。

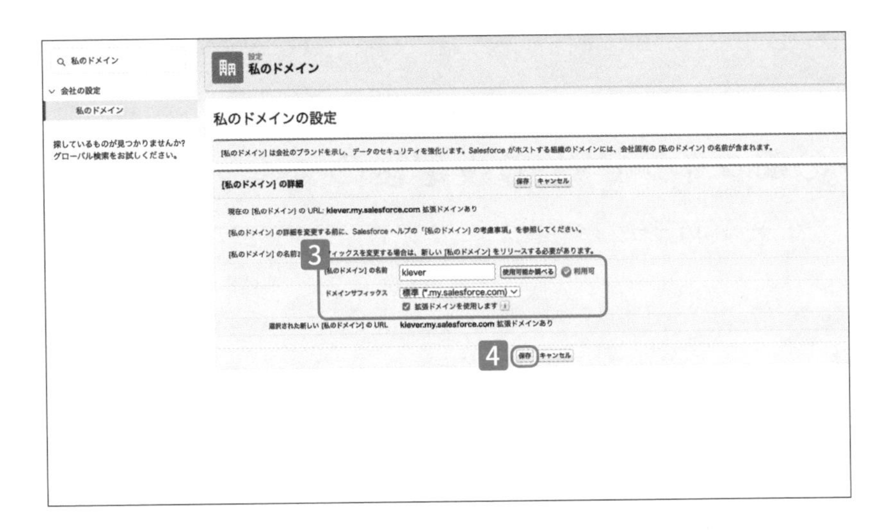

5 ログイン画面のデザインを変更するには、[認証設定] の [編集] ボタンをクリックします。

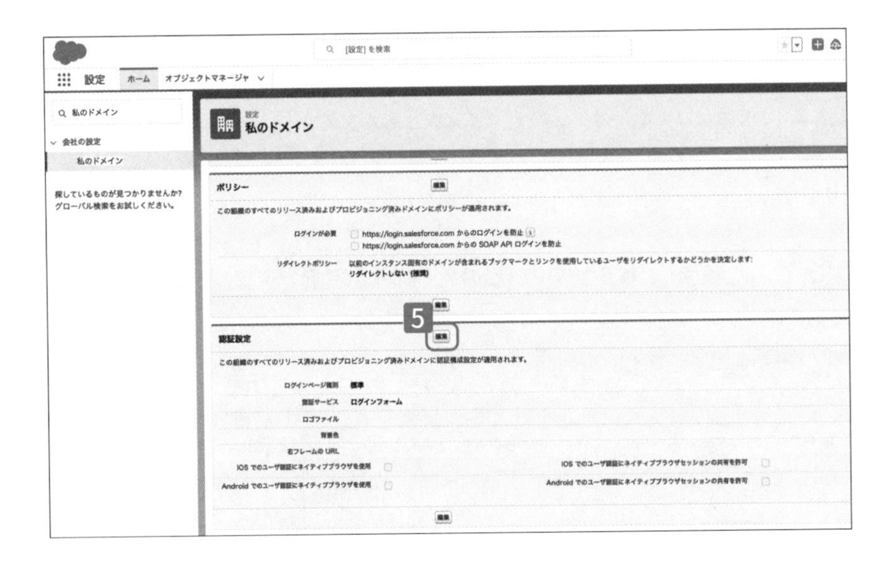

6 [ロゴファイル] でブランドのロゴの設定できます。また、[背景色] で色を変更したり、[右フレームのURL] でログイン時の右側の画面を変更したりできます。

認証設定

認証設定　保存　キャンセル　デフォルトにリセット

ログインページ種別　標準

認証サービス　ログインフォーム

6

ロゴファイル　ファイルを選択　選択されていません

背景色　#F4F6F9

右フレームの URL

iOS でのユーザ認証にネイティブブラウザを使用

iOS でのユーザ認証にネイティブブラウザセッションの共有を許可

Android でのユーザ認証にネイティブブラウザを使用

Android でのユーザ認証にネイティブブラウザセッションの共有を許可

保存　キャンセル　デフォルトにリセット

参考例ですが、KLever株式会社の組織のログイン画面は、次の画面のように設定しています。

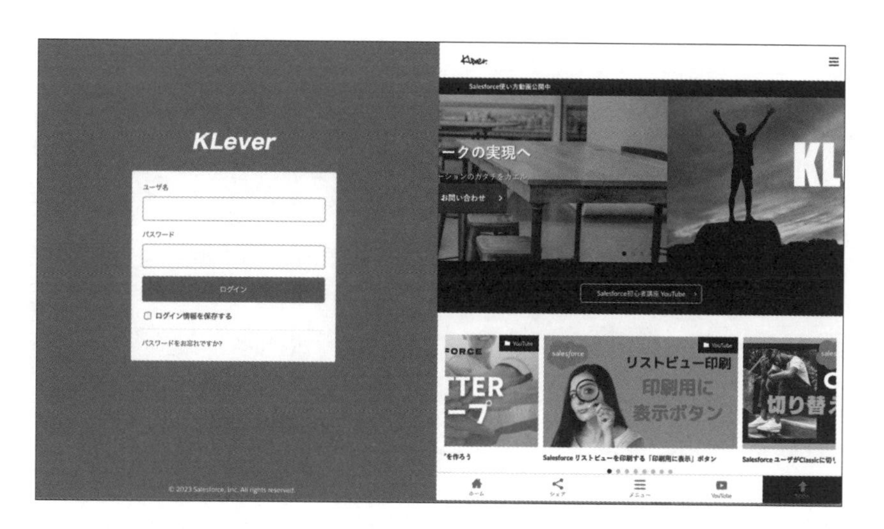

7 組織情報（組織ID・ライセンス数確認）

組織情報の確認

組織情報で、アプリケーションを契約する時に必要な組織IDや、現在の契約ライセンス数を確認することができます。確認の手順は、以下の通りです。

1 ［クイック検索］で「組織情報」と検索し、検索結果の［組織情報］を選択します。
2 ［組織情報］画面が表示され、「組織名」や「主取引先責任者」などの情報が確認できます。

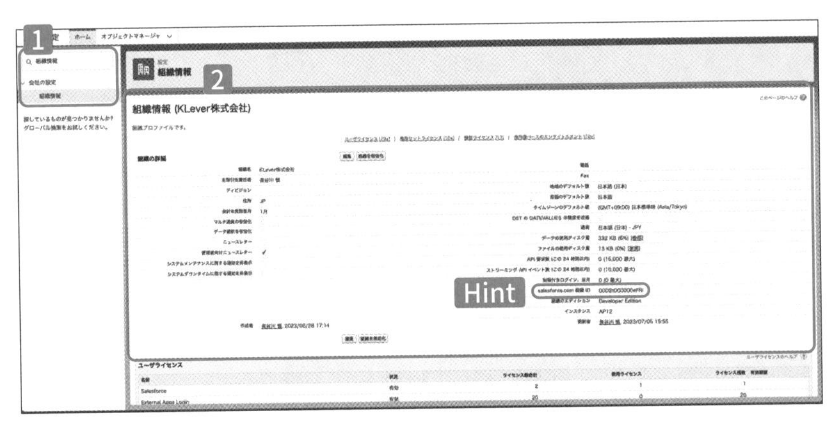

> Hint
> **組織ID**
>
> Salesforceでアプリの契約時に「組織ID」が必要になる場合がありますが、これは［Salesforce.com 組織ID］の15文字を指しています。例えば、この画面では組織IDは「00D2t00000OeFRi」の15文字になっています。

3 画面をさらに下にスクロールすると、［ユーザライセンス］として、ライセンス数や有効期間などを確認することができます。

ユーザライセンス　3　　ユーザライセンスのヘルプ

名前	状況	ライセンス数合計	使用ライセンス	ライセンス残数	有効期限
Force.com - App Subscription	有効	21	20	1	2023/12/02
Chatter Free	有効	5,000	0	5,000	2023/12/02
Salesforce	有効	3	3	0	2023/12/02
Chatter External	有効	500	3	497	2023/12/02
Salesforce Integration	有効	5	0	5	2023/12/02
Salesforce Platform	有効	16	16	0	2023/12/02
Idenity	有効	100	0	100	2023/12/02

> Hint
> **ユーザライセンスの情報**
>
> ・**ライセンス数合計**……契約したライセンス有効な数。
> ・**使用ライセンス**……現在使用しているライセンス数。
> ・**ライセンス残数**……現在使用していないライセンス数。
> ・**有効期限**……ライセンスの有効期限。

なお、ライセンス数の増加はいつでもできますが、減少の契約については、更新時しかできないため、有効期限はしっかりと把握しておきましょう。

ここには、次の表に示したChatterのみの無料ライセンスもあります。

Hint

Chatter

FacebookやX（旧Twitter）にとてもよく似たコミュニケーションツールです。メンションする（宛先を付ける）場合は「@」、トピックで投稿をまとめる場合は、「#」を使用します。

●Chatterのみの無料ライセンス

名前	ライセンス数	利用用途
Chatter Free	5000	社内のChatterだけ使用可能なユーザに配布
Chatter External	500	社外の特定のグループのChatterだけ使用可能なユーザに配布

また、組織情報では、［データの使用ディスク量］や［ファイルの使用ディスク量］の右側にある［参照］をクリックすると、Salesforce内でのデータやファイルの使用量を確認ができます。

Hint

使用ディスク量

・データの使用ディスク量
……入力したデータの量。
・ファイルの使用ディスク量
……添付したファイルの量。

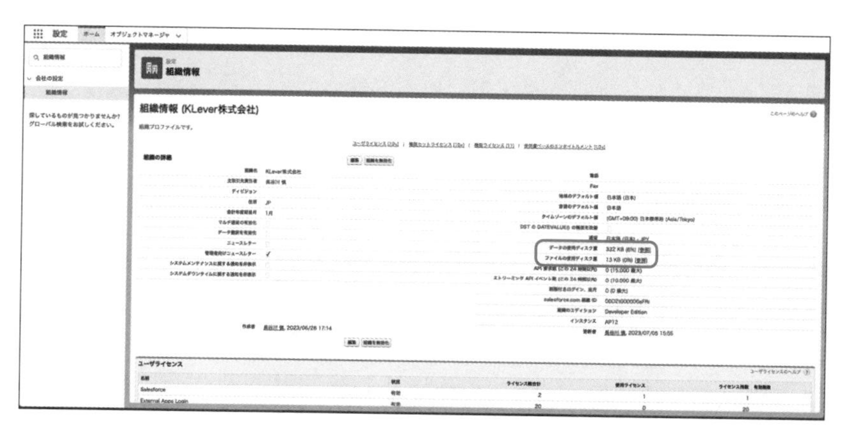

画面を下にスクロールすると、オブジェクトごとの使用量やデータのディスク使用量の多いユーザ、ファイルのディスク使用量の多いユーザも確認できます。

Hint

オブジェクト

Salesforce内のデータベーステーブルで、カスタムオブジェクトと標準オブジェクトがあります。

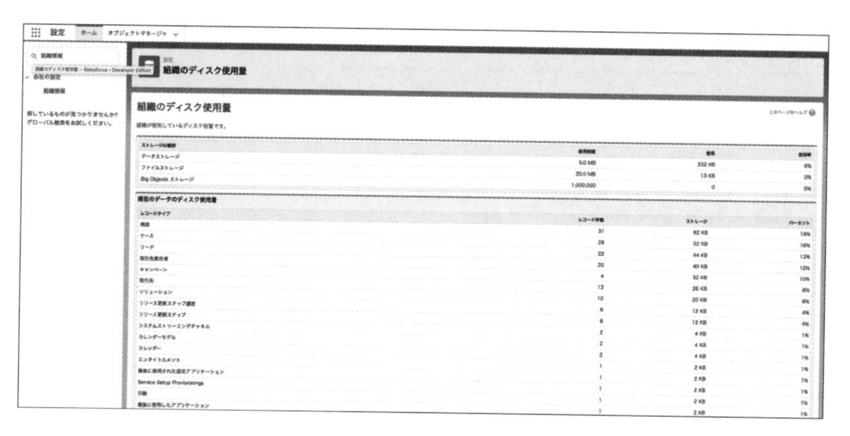

言語設定

使用可能な言語設定

言語設定で使用する言語を追加したり、削除したりすることができます。設定の手順は、以下の通りです。

1 ［クイック検索］で「言語設定」と検索し、検索結果の［言語設定］を選択します。
2 ［使用可能な言語］から使用したい言語を［追加］ボタンで追加し、必要のない言語は［削除］ボタンで削除します。
3 設定が終了したら、［保存］ボタンをクリックします。

Hint

使用可能な言語

特に日本の場合、日本語が含まれていれば問題はありません。なお、まったく使用したことのない言語に変更した場合、元の言語に戻そうと思っても、表示されている言語を理解できず、戻すのが難しいこともあるので気をつけましょう。

言語は組織と個人で設定が可能

使用可能な言語は、組織と個人で設定できます。組織で使用できる言語を設定する手順は、以下の通りです。

1 ［クイック検索］で「組織情報」と検索し、検索結果の［組織情報］を選択します。
2 ［地域の設定］の［言語のデフォルト値］で、［言語設定］画面で設定した言語（日本語など）に変更します。

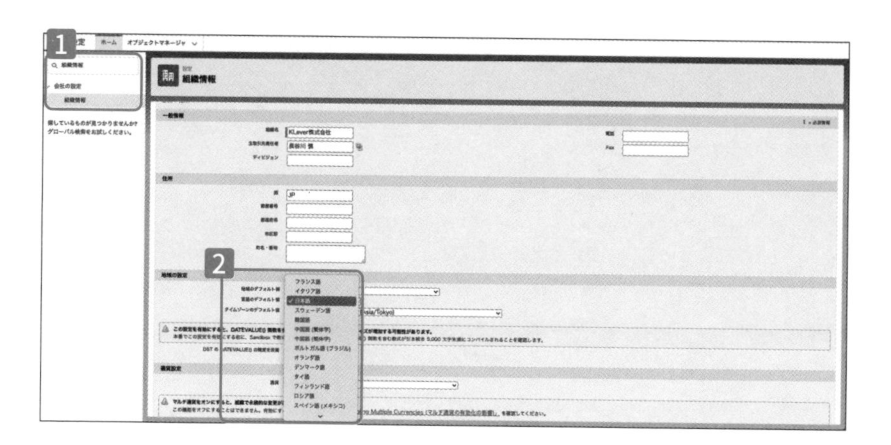

また、ユーザごとに使用できる言語を設定する手順は、以下の通りです。

1 ユーザのアイコンをクリックし、［設定］をクリックします。
2 ［言語とタイムゾーン］を選択します。
3 ［設定］の［言語］で、［言語設定］画面で設定した言語に変更します。

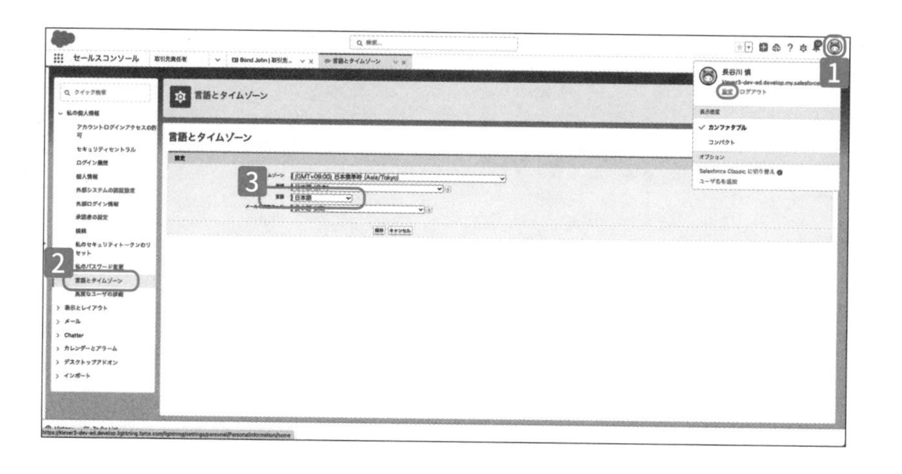

Column レポート・ドリル

レポート・ドリルでは、Salesforce のレポートのスキルをドリル形式で学べます。画像と GIF アニメーションで、レポート作成をイメージしやすくなっています。全問クリアすることで、レポート作成スキルが向上すること間違いなしです。ぜひ全問挑戦してみてください。

1.レポートタブを押下します

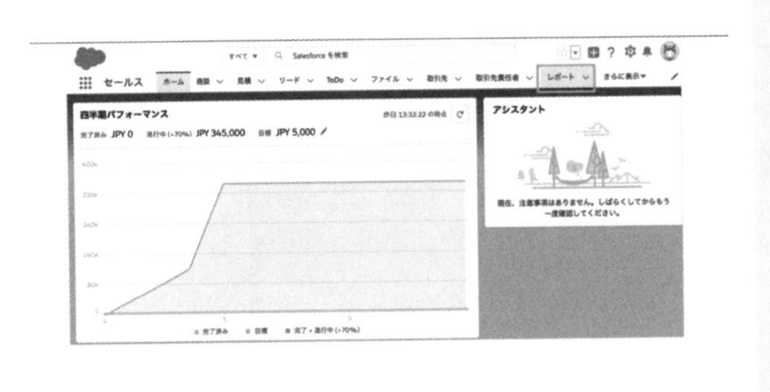

●レポート・ドリル（ホーム）

https://successjp.salesforce.com/article/NAI-000254

第2章

ユーザの設定

Salesforceを利用するには、まずユーザを作成しなくてはいけません。第2章では、ユーザの作成やアクセス権限の設定について学びます。

1 ユーザ作成

ユーザの確認

Salesforceにどのような**ユーザ**がいるかを一覧で確認できます。確認の手順は、以下の通りです。

❶［クイック検索］で「ユーザ」と検索し、検索結果の［ユーザ］を選択します。
❷現段階で作成されたユーザの一覧が表示されます。

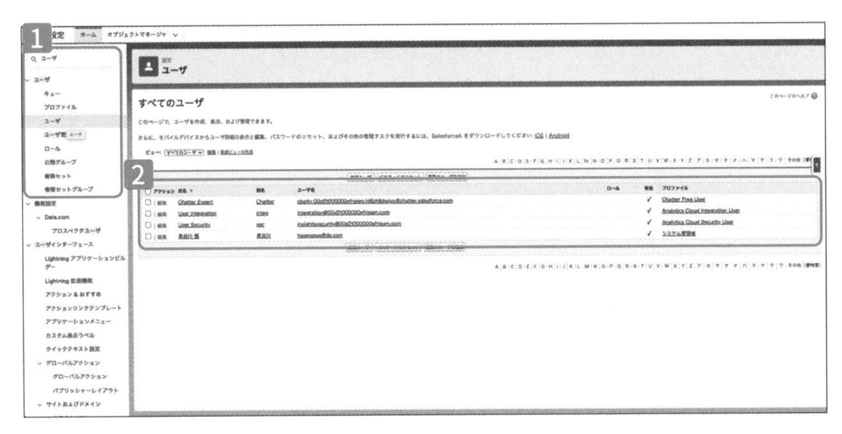

> **Hint**
> **クイック検索**
> 画面右上の［歯車］アイコンから［設定］を選択すると、画面左上に［クイック検索］欄が表示されます。

新規ユーザの作成

Salesforceを利用するためには、まずログイン可能なユーザを作成しなくてはいけません。作成の手順は、以下の通りです。

1 [すべてのユーザ] で、[新規ユーザ] ボタンをクリックします。

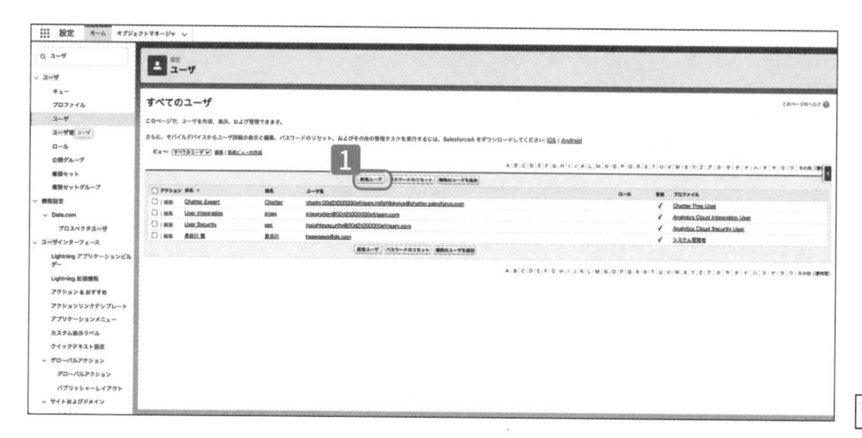

2 [ユーザの編集] 画面が表示されます。左側が赤くなっている項目は必須項目ですので、すべて入力します。この時点で [ロール] は必須項目ですが、「<未設定>」のままでもユーザの作成は可能です。[ユーザライセンス] と [プロファイル] は必須項目ですので、適宜選択します。

3 必須項目の入力がすべて終わったら、[保存] ボタンをクリックします。

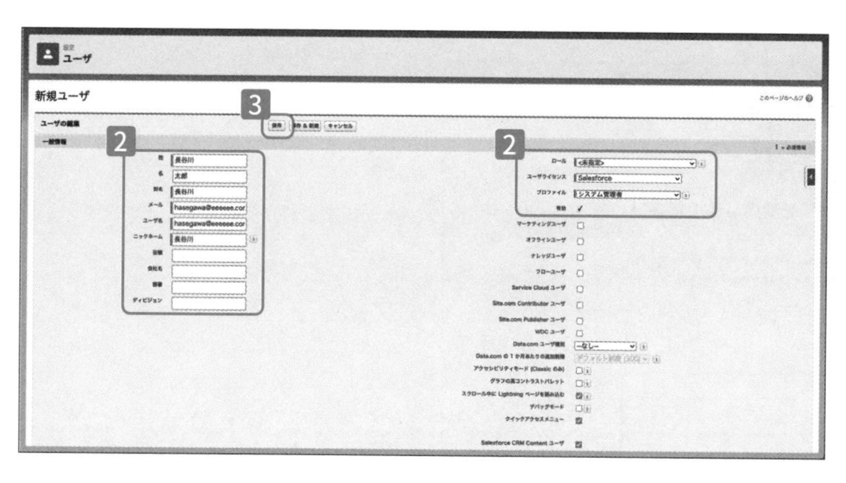

Hint

必須項目

ユーザの作成は、必須項目だけを入力すれば作成できますが、役職や会社名、部署なども入力しておくと、Salesforce上で確認しやすくなります。

Hint

メールとユーザ名

[メール] 欄を入力後、[ユーザ名] 欄にメールと同じものが自動で入力されます。ログイン時に使用するユーザ名を通知用のメールアドレスと違うものにしたい場合は、ユーザ名を書き換えてください。

4 手順 3 の［保存］ボタンをクリックしたタイミングで、メールに記載されたメールアドレスにメールが送信されます。メールを確認し、［アカウントを確認］ボタンをクリックします。

5 パスワードを設定する画面が表示されます。確認用も含めて、2回同じパスワードを入力します。

6 ［秘密の質問］を選択し、［答え］を入力すると、［パスワードを変更する］ボタンがクリックできるようになるので、クリックします。これでユーザが作成完了となります。

ユーザを作成したら、次回のログインのためにログインURLをブックマークしておくことをお勧めします。

●SalesforceログインURL

```
https://login.salesforce.com/
```

なお、ログインURLを忘れてしまっても、Google検索で「Salesforce ログイン」と検索し、検索結果の一番上の「Salesforce: ログイン」をクリックすると、ログイン画面に遷移します。

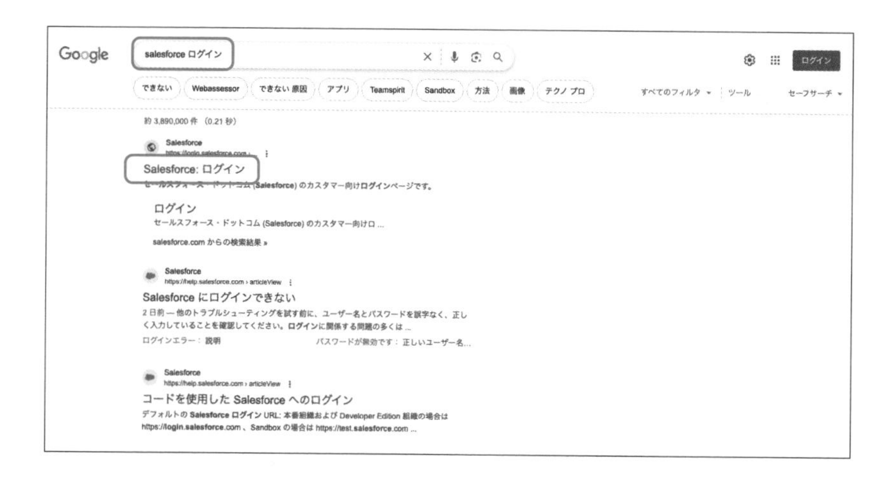

複数のユーザを追加

ユーザライセンスが同じ、複数のユーザを効率的に追加することができます。追加する手順は、以下の通りです。

1 [すべてのユーザ] 画面で、[複数のユーザを追加] ボタンをクリックします。

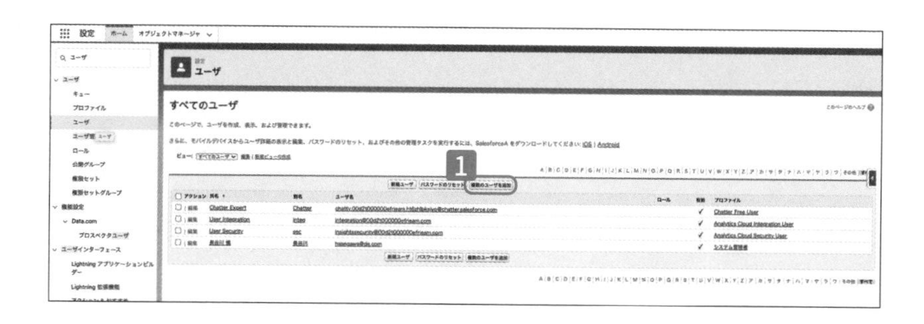

2 [ユーザの追加] の [ユーザライセンス] でライセンスを選択し、選択したユーザライセンスで新規ユーザを複数作成します。ライセンスごとに、最大で10ユーザまで追加できます。

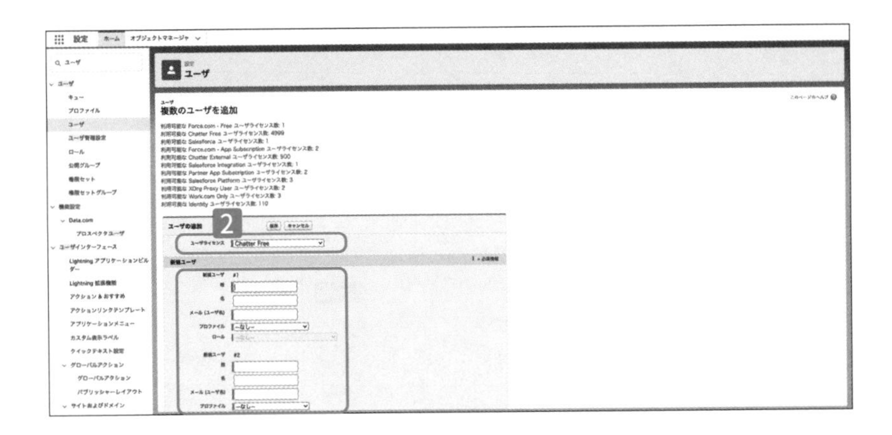

2 ユーザ管理設定

拡張プロファイルユーザインターフェース

ユーザ管理設定には多くの設定がありますが、［拡張プロファイルユーザインターフェース］を有効化することをお勧めします。有効化することで、プロファイルの設定をスムーズに行うことができます。

拡張プロファイルユーザインターフェースを有効化する手順は、以下の通りです。

> **Hint**
> **プロファイル**
>
> ユーザによるオブジェクトや項目のアクセス権の設定、アプリケーション、タブ、ページレイアウトの表示/非表示の設定ができます。Salesforceのすべてのユーザが必ず1つプロファイルを設定する必要があります。

1 ［クイック検索］で「ユーザ管理」と検索し、検索結果の［ユーザ管理設定］を選択します。

2 ［ユーザ管理設定］画面で、［拡張プロファイルユーザインターフェース］をオン（緑）になるように設定します。

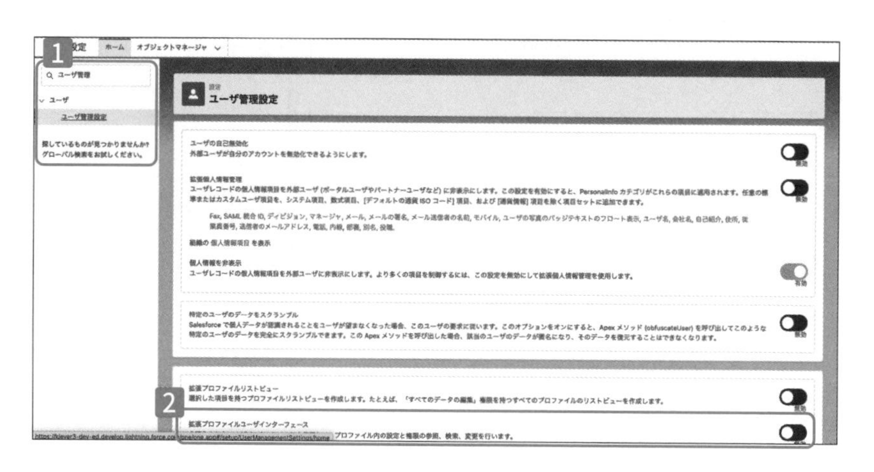

次の画面は、［拡張プロファイルユーザインターフェース］がオフの状態です。オブジェクトの権限設定を見ると、権限を変更したいオブジェクトを探すのに時間がかかります。

> **Hint**
> **権限**
>
> ユーザがアクセスできるデータや、実行できる機能やタスクなどを管理する設定のことです。

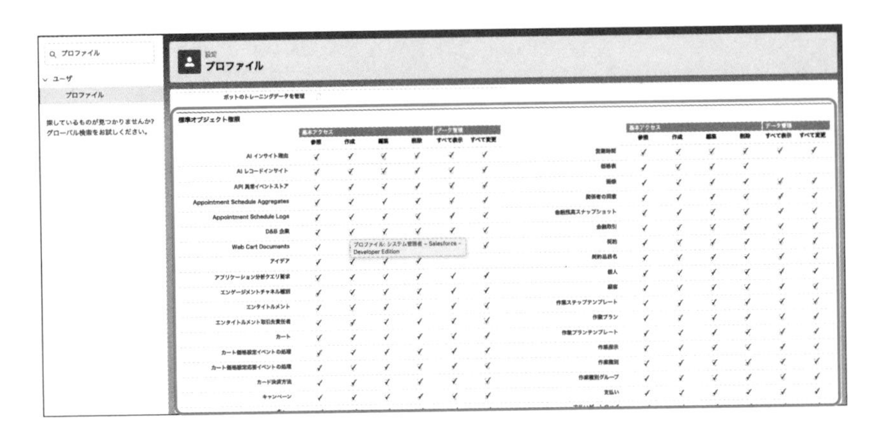

［拡張プロファイルユーザインターフェース］をオンにした状態が、次の画面です。オブジェクトが縦1列に並ぶので、権限の設定変更をしたいオブジェクトを探しやすく、また項目数やタブの設定、ページレイアウトなどの項目が1画面で確認できて見やすくなります。

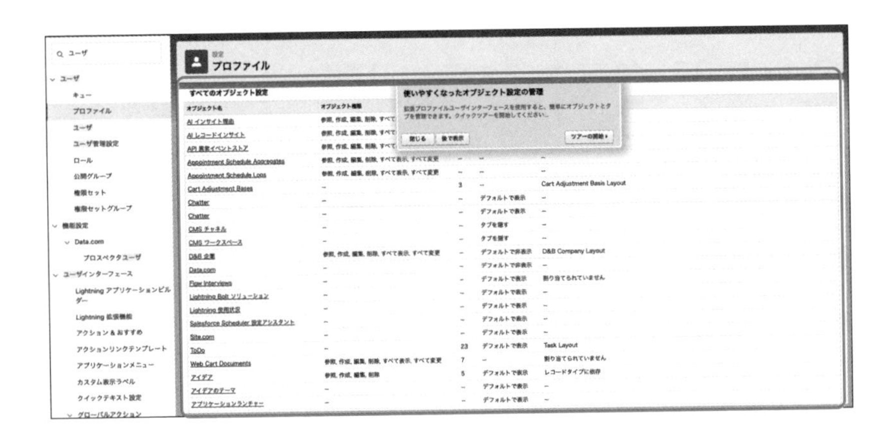

3 プロファイル

プロファイルの作成

Salesforceのすべてのユーザは、**プロファイル**の設定が必要です。プロファイルでは、オブジェクトへのアクセス権の設定、アプリケーション、タブ、ページレイアウトの表示/非表示などの設定ができます。

プロファイルの作成手順は、以下の通りです。

Hint

タブ

アプリケーション内の機能の単位になります。例えば、取引先のタブは［取引先］というようにナビゲーションバーに並びます。タブごとに表示/非表示を設定できます。

1 ［クイック検索］で「プロファイル」と検索し、検索結果の［プロファイル］を選択します。

2 ［プロファイル］の［新規］ボタンをクリックします。

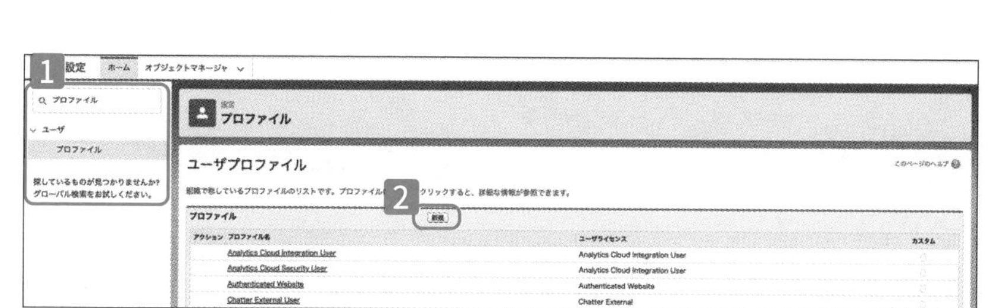

3 コピー元とする［既存のプロファイル］を選択して、［プロファイル名］にプロファイル名（「営業ユーザ」など）を入力し、［保存］ボタンをクリックします。

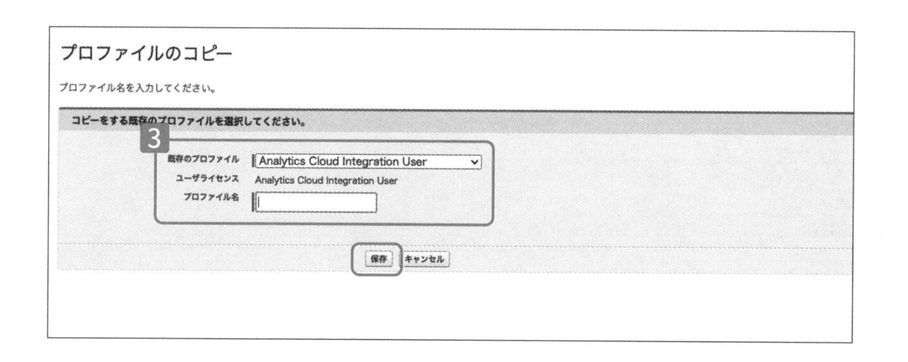

4 アプリケーションとシステムの設定画面が表示されます。

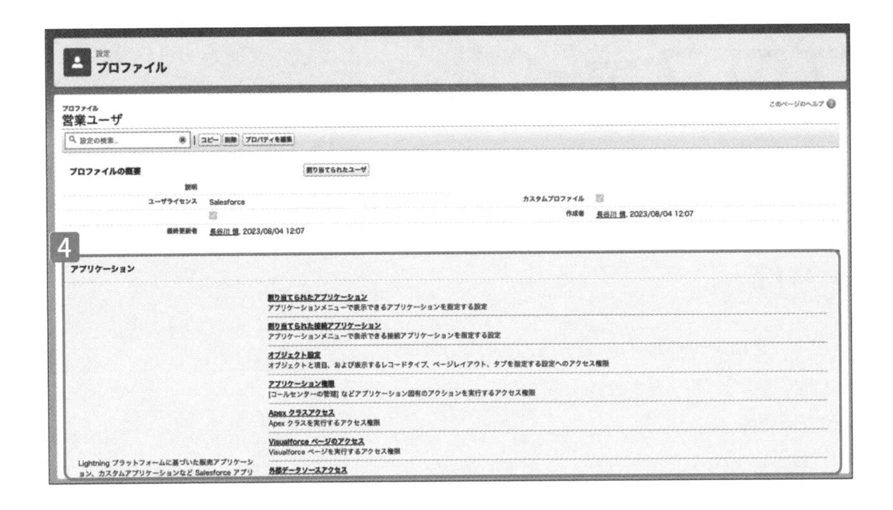

アプリケーションの設定は、オブジェクトやアプリケーションのアクセス設定を行います。システムの設定は、システムの権限やログイン時間やログインIPアドレスの制限を行います。

使用頻度の高いものをいくつか確認していきましょう。

オブジェクトの設定

先ほどの画面からオブジェクトの設定に進みます。

1 ［オブジェクト設定］をクリックします。

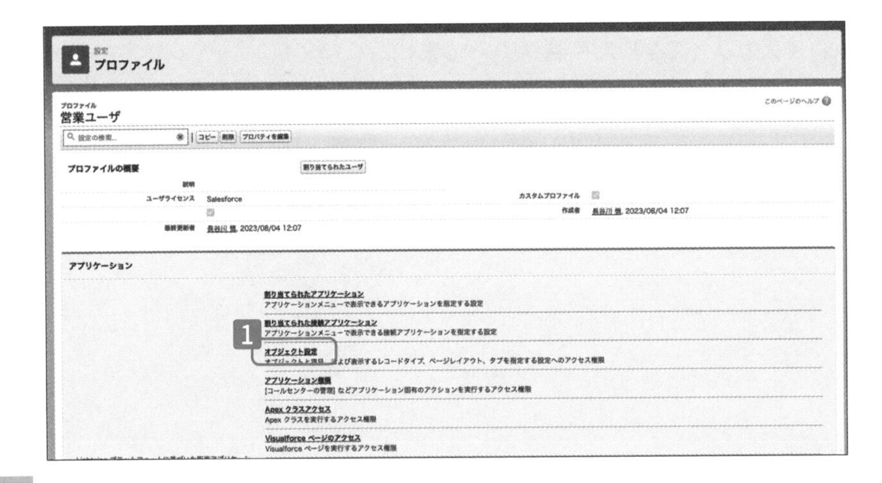

2 編集したいオブジェクト名をクリックします。

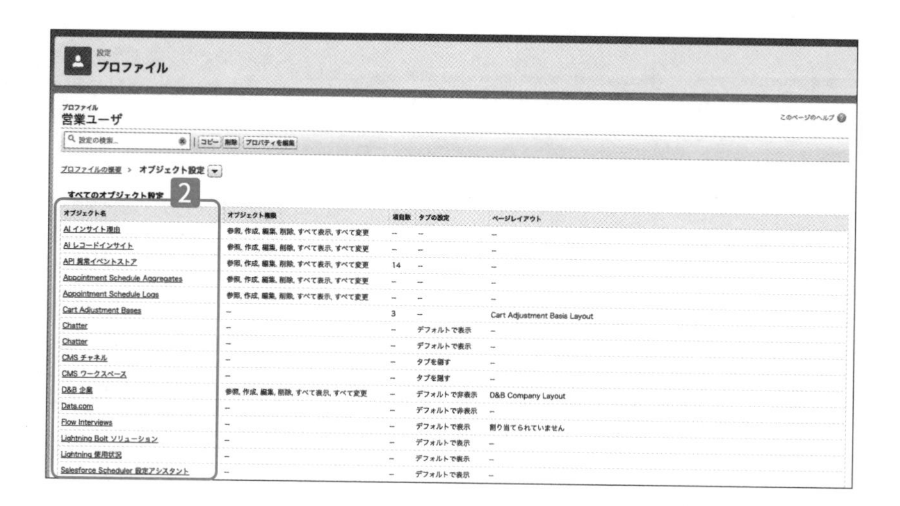

3 ［編集］ボタンをクリックします。

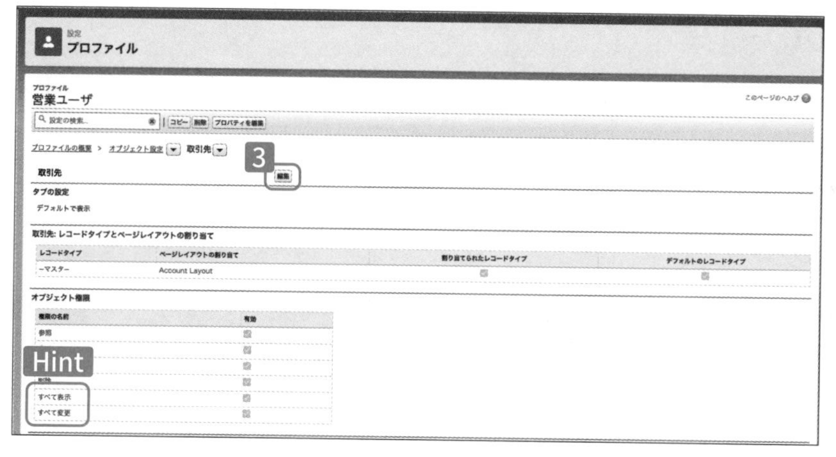

Hint

権限の名前

- **すべて表示**……共有設定は無視され、すべてのレコードを参照が可能になります。
- **すべて変更**……参照、編集、削除、承認プロセス中のロック解除などができるようになります。

4 [オブジェクト権限] でオブジェクトの権限を設定します。

5 設定が終了したら、[保存] ボタンをクリックします。

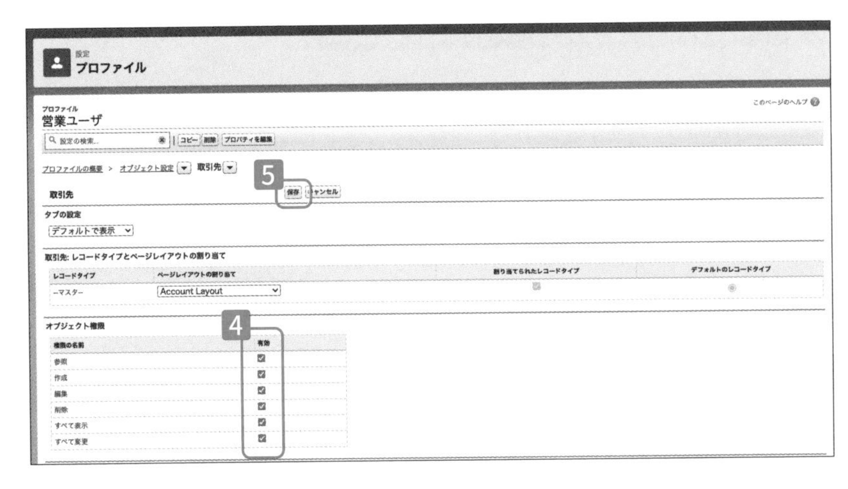

> **Hint**
>
> **項目ごとに参照・編集のアクセス権を設定**
>
> [オブジェクト権限] の下の項目権限では、項目ごとに参照・編集のアクセス権を設定できます。

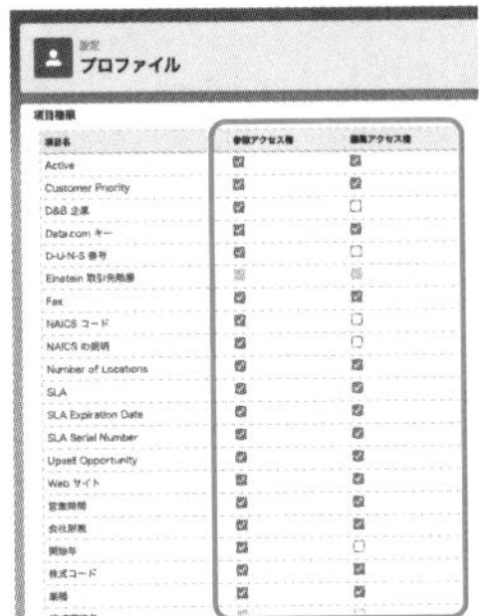

プロファイルの編集

プロファイルを編集する手順は、以下の通りです。

1 [プロファイル] 画面のプロファイル一覧から、編集したいプロファイル名をクリックします。

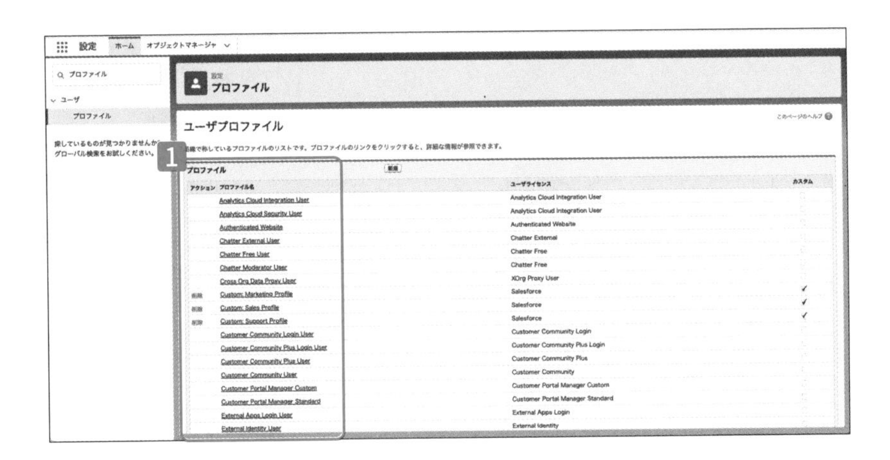

2 アプリケーションとシステムの設定画面が表示されます。これ以降は、作成方法と同様の操作となります。

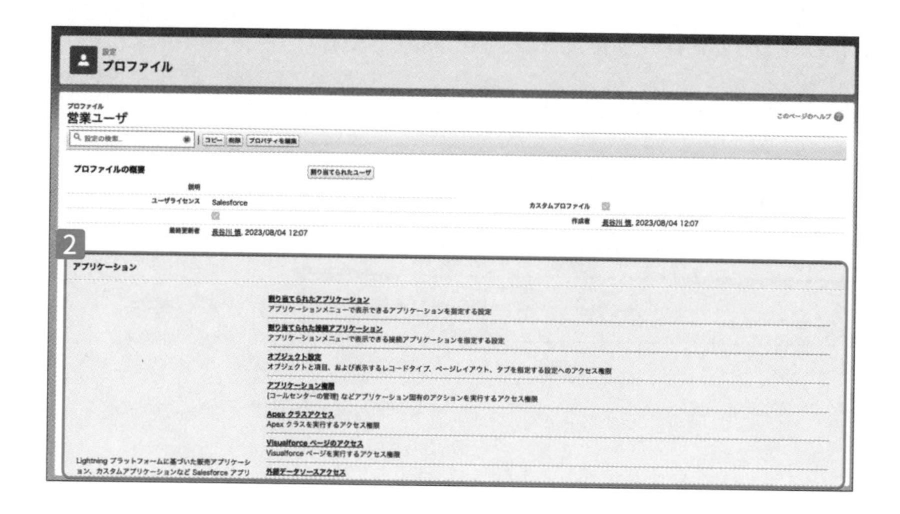

割り当てられたユーザの確認

プロファイルを作成したら、ユーザに割り当てなくてはいけません。ユーザを確認する手順は、以下の通りです。

1 ［プロファイルの概要］の［割り当てられたユーザ］ボタンをクリックします。

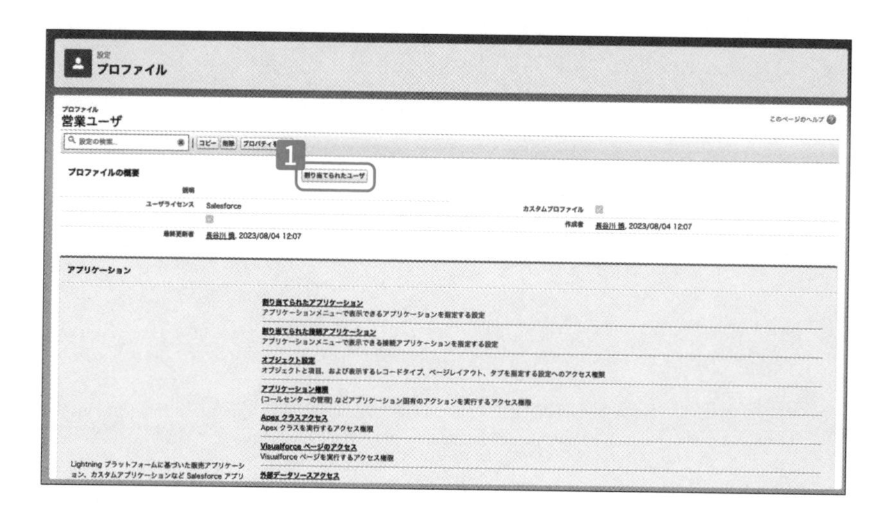

2 現在、プロファイルに割り当てられているユーザを確認できます。

3 ［新規ユーザ］ボタンをクリックすると、このプロファイルに割り当てるユーザを新規作成ができます。

4 ［複数のユーザを追加］ボタンをクリックすると、複数のユーザを作成できます。

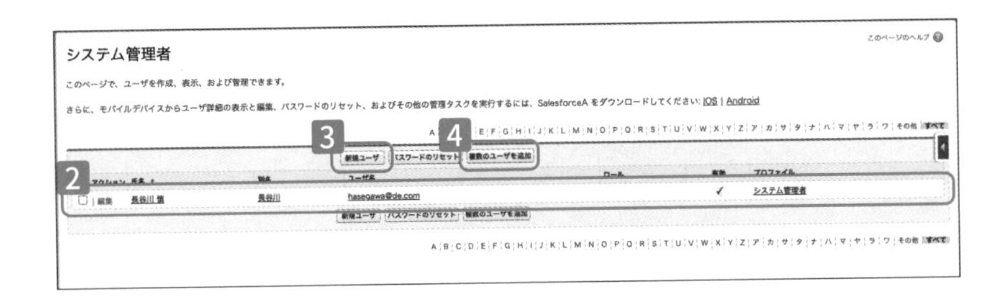

4 権限セット

権限セットの作成

Salesforceでは、同じプロファイルで特定のユーザに権限を割り当てる**権限セット**の設定ができます。

権限セットは、ユーザのプロファイルを変更することなく、ユーザの機能アクセス権を拡張するもので、ユーザの権限を管理するために推奨されています。

権限セットの作成手順は、以下の通りです。権限セットを作成することで、ユーザの職務などに関係なく、特定のジョブやタスクにアクセス権を付与できます。

1 ［クイック検索］で「権限セット」と検索し、検索結果の［権限セット］を選択します。

2 ［権限セット］画面の［新規］ボタンをクリックします。

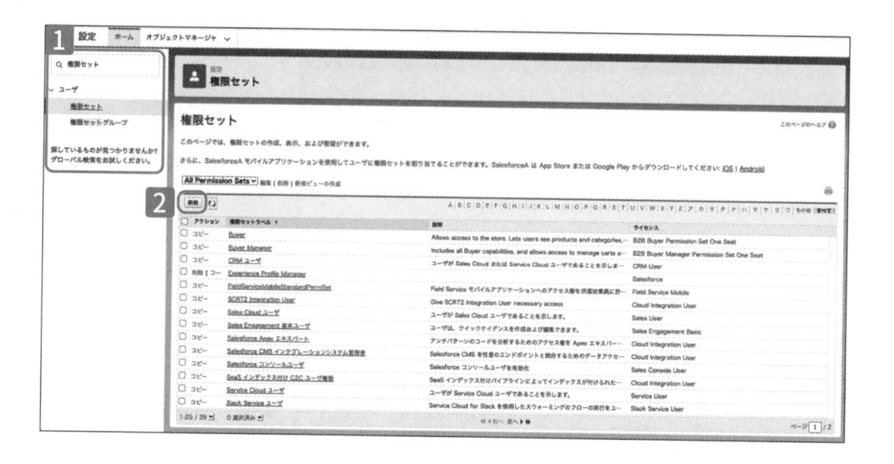

3 ［表示ラベル］にラベル名（ここでは「営業管理者」）、［API参照名］に参照名（英数字とアンダースコアのみ使用可能）を入力します。

4 ［ライセンス］は、1種類のライセンスのみ持つユーザに割り当てる場合は［ライセンス］を選択します。

5 設定が終了したら、［保存］ボタンをクリックします。

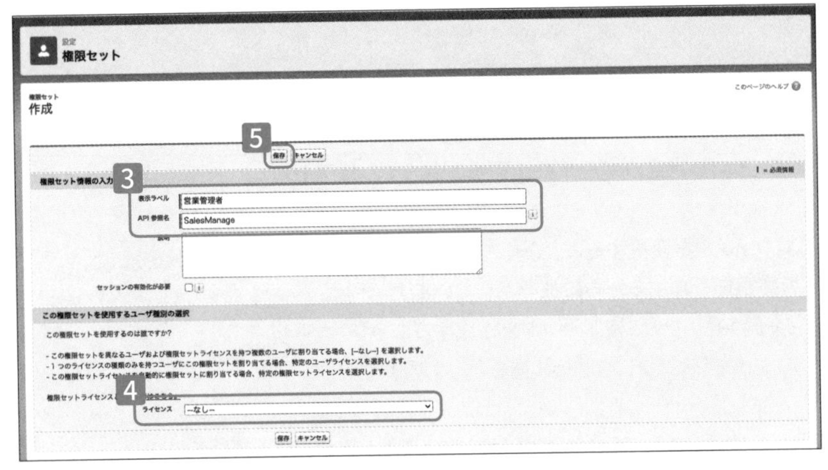

6 プロファイルと同様に、アプリケーションとシステムの設定画面が表示されます。［割り当ての管理］ボタンをクリックします。

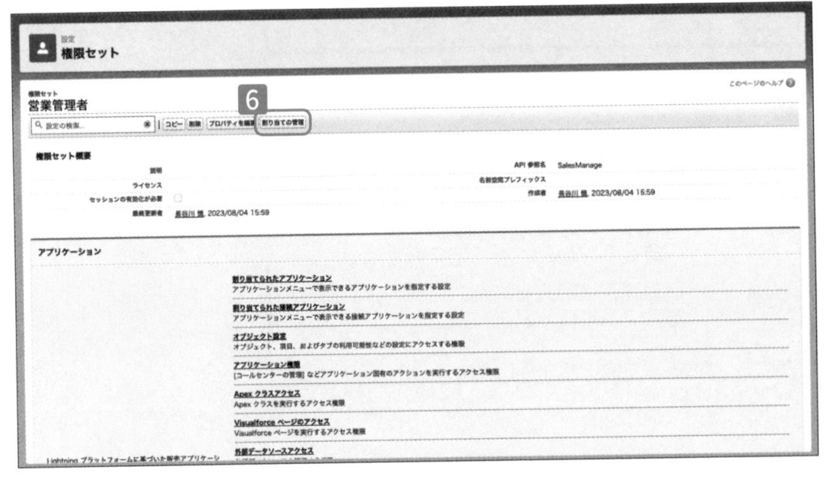

Hint

API参照名

APIは、Application Programming Interfaceの略した名称になります。オブジェクトや項目に英数字で付ける名前です。

Hint

プロファイルの設定との違い

設定自体はプロファイルとよく似ていますが、違う点は［割り当ての管理］ボタンが権限セットにあることです。

7 [割り当てを追加] ボタンをクリックします。

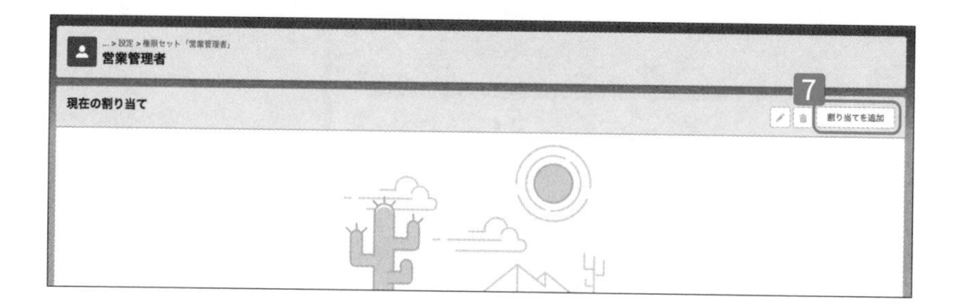

8 権限セットを割り当てたいユーザにチェックを入れ、[次へ] ボタンをクリックします。

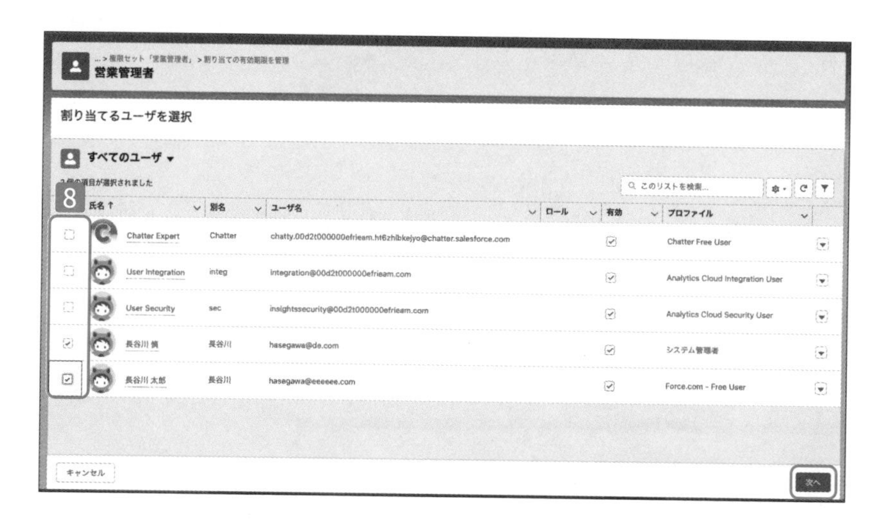

9 [割り当て] ボタンをクリックします。

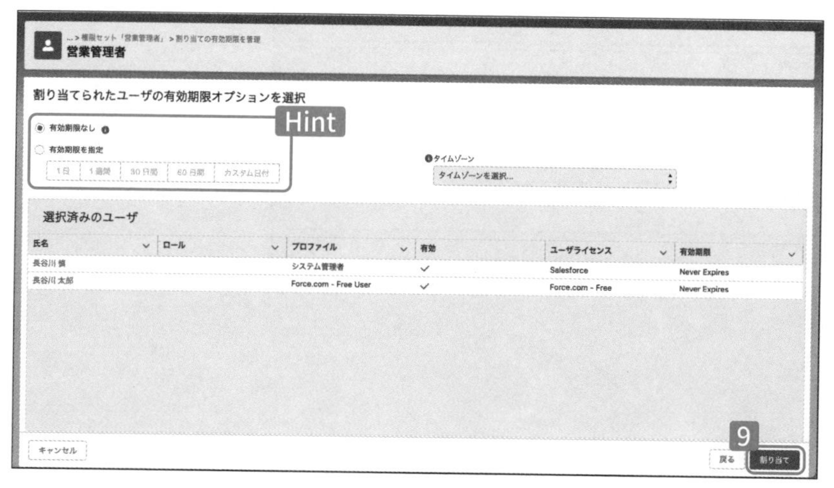

Hint

権限セットの有効期限

権限セットの有効期限も設定できます。[有効期限を設定] から期間を選択するか、カスタム日付で設定します。有効期限を決めておくと、割り当てから外す設定が不要になります。

10 権限セットの設定が終わったら、[完了] ボタンをクリックします。

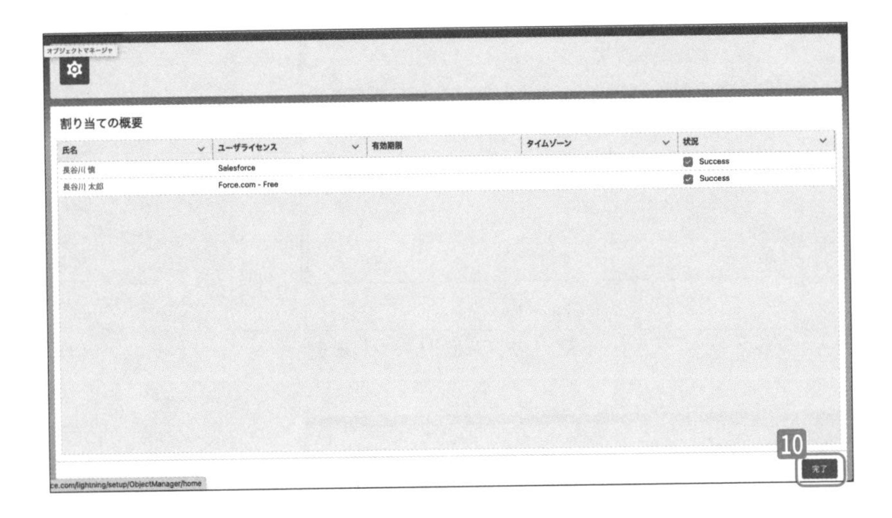

ユーザページから割り当てられている権限セットの確認

ユーザの詳細ページで画面を下にスクロールすると、権限セットの割り当てが表示されるので、現在割り当てられている権限セットを確認できます。

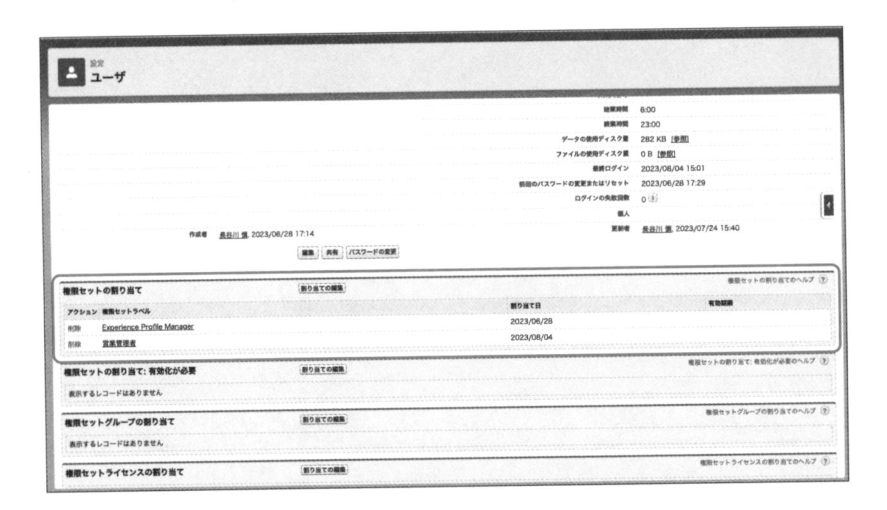

5 権限セットグループ

権限セットの作成

権限セットグループは、権限セットをグループ化するので、グループ単位で割り当てることができます。権限セットの作成手順は、以下の通りです。

1 ［クイック検索］で「権限セットグループ」と検索し、検索結果の［権限セットグループ］を選択します。
2 ［権限セットグループ］画面の［新規権限セットグループ］ボタンをクリックします。

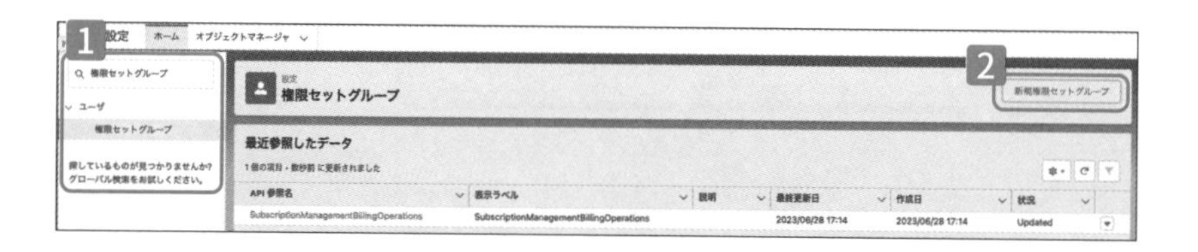

3 ［権限セットグループを作成］画面が表示されます。［表示ラベル］にラベル名（ここでは「営業権限セットグループ」）、［API 参照名］に参照名（英数字とアンダースコアのみ使用可能）を入力し、［Save］ボタンをクリックします。

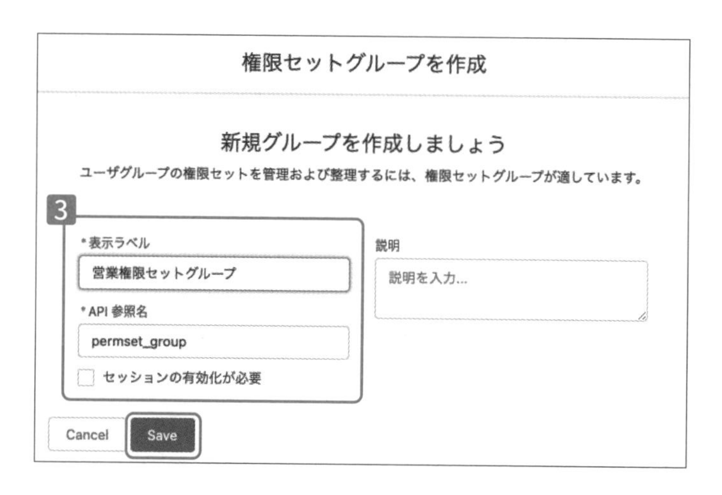

4 [権限セット] の [グループ内の権限セット] をクリックします。

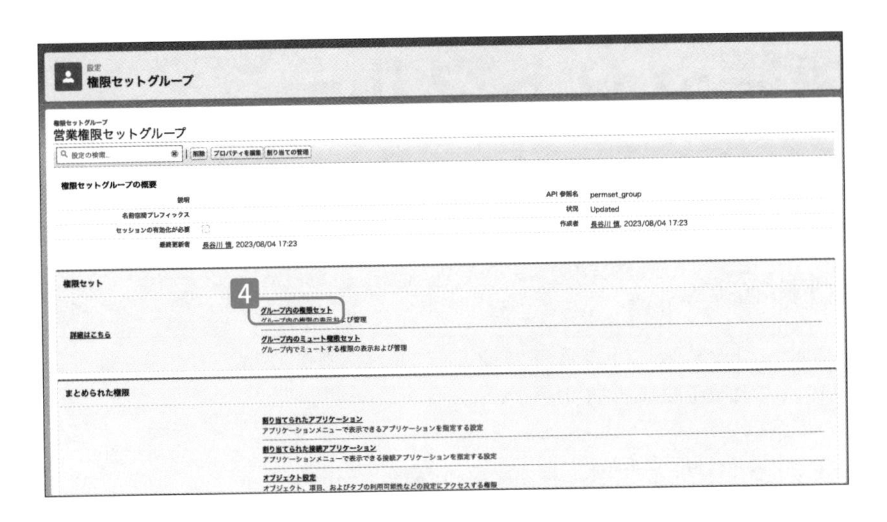

5 [権限セットを追加] ボタンをクリックします。

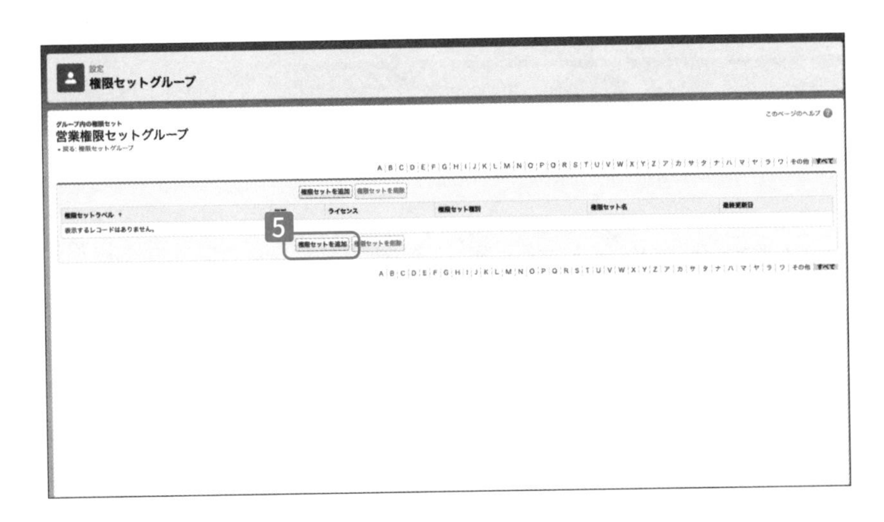

6 グループに追加したい権限セットにチェックを入れ、[追加] ボタンをクリックします。

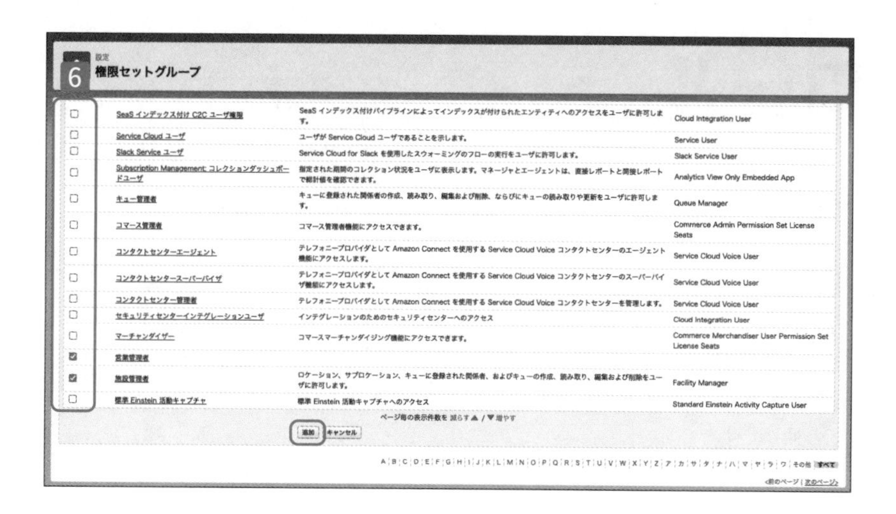

7 権限セットが追加されたら、[完了] ボタンをクリックします。

設定
権限セットグループ
permset_group
3 個の権限セットが追加されました。
完了

権限セット	ライセンス	名前空間	メッセージ
営業管理者			成功
施設管理者	Facility Manager	force	成功
Buyer	B2B Buyer Permission Set One Seat	force	成功

8 [権限セットグループ] 画面に戻ります。権限セットと同様に [割り当ての管理] ボタンをクリックし、ユーザを選択して権限セットグループに割り当てると、設定は完了となります。

設定
権限セットグループ
営業権限セットグループ
8
削除 | プロパティを編集 | 割り当ての管理
権限セットグループの概要
API 参照名 permset_group
状況 Updated
作成者 長谷川 慎, 2023/08/04 17:23
最終更新者 長谷川 慎, 2023/08/04 17:23
権限セット
グループ内の権限セット
グループ内のミュート権限セット

Hint

権限セットグループ

権限セットと同様に、権限セットグループでも割り当てられたユーザの有効期限を設定できます。

6 ロール

ロールの設定

ロールは階層設定が可能で、自分より下位のロールのユーザのレコード（データ）を、所有者と同様に閲覧や編集できるように設定可能です。

ロールの設定手順は、以下の通りです。

> **Hint**
>
> **レコード**
>
> オブジェクトの1行分のデータで、Microsoft社のExcelでは1行分にあたります。

1 [クイック検索] で「ロール」と検索し、検索結果の [ロール] を選択します。

2 [ロールの理解] で [ロールの設定] ボタンをクリックします。

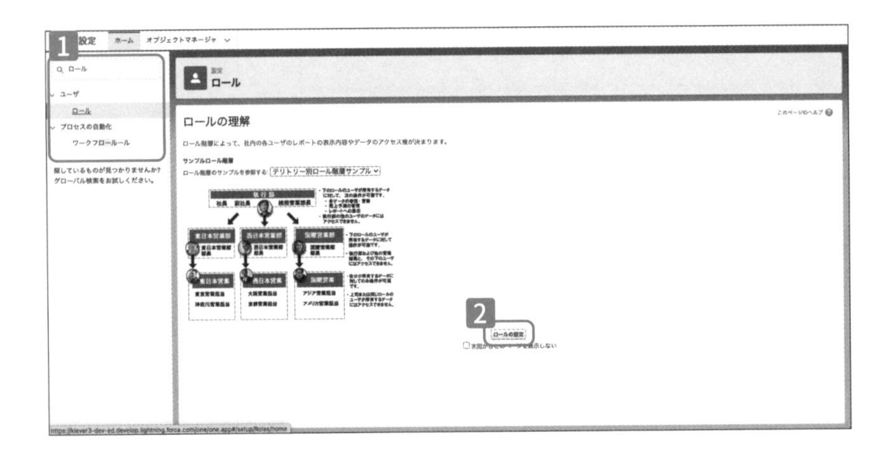

3 [ロールの追加] をクリックします。

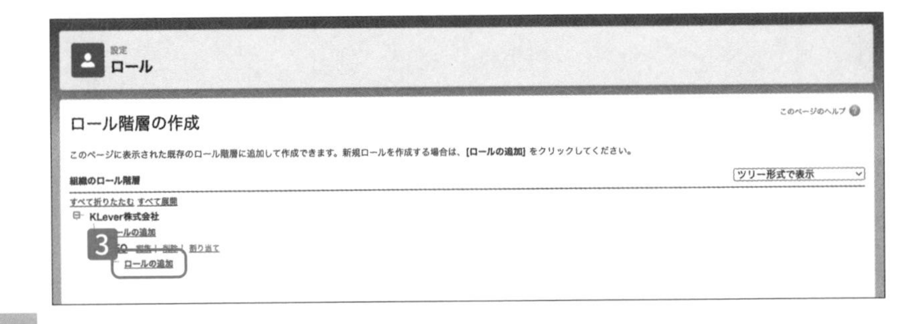

4 [表示ラベル] にラベル名（ここでは「執行部」）、[ロール名] にロール名（英数字とアンダースコアのみ使用可能）を入力し、[保存] ボタンをクリックします。

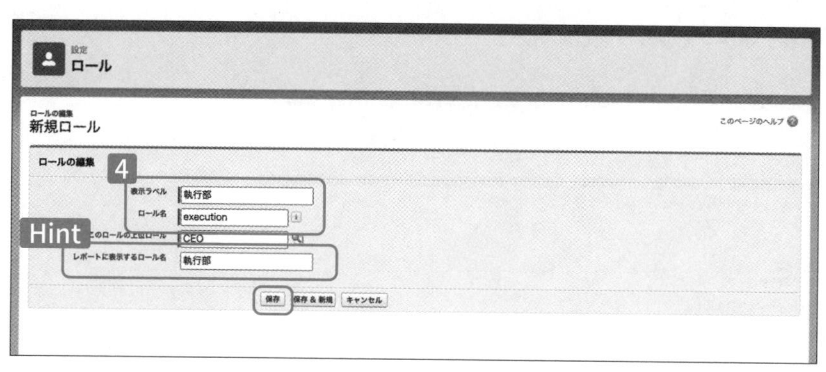

5 作成したロールにユーザを割り当てるために、[ユーザをロールに割り当て] ボタンをクリックします。

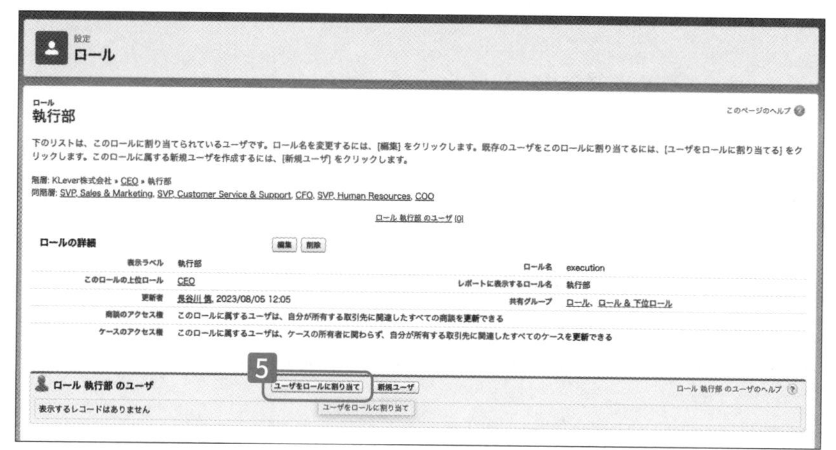

Hint

レポートに表示するロール名

必須項目を入力するだけで設定できますが、レポートでロール別に集計したい場合などは、[レポートに表示するロール名] 欄に入力しておくと、レポートでもロールをグループとして使用できます。

	所有者 ロール	商談 所有者
1	執行部	長谷川 慎
2	執行部	長谷川 慎
3	執行部	長谷川 慎
4	執行部	長谷川 慎
5	執行部	長谷川 慎
6	執行部	長谷川 慎
7	執行部	長谷川 慎
8	執行部	長谷川 慎
9	執行部	長谷川 慎
10	執行部	長谷川 慎
11	執行部	長谷川 慎
12	執行部	長谷川 慎

Hint

レポート

関連する複数オブジェクトの複数のレコード（データ）を抽出し、グルーピングしてレコード件数、金額などを集計（最大・最小・合計・平均・中央値）する機能です。レポートでは、所有者ロール項目を表示したり、所有者ロールを使用してグループ化することもできます。

6 ［選択可能ユーザ検索:］で［未選択のユーザ］を選択すると、ロールの割り当てがされてないユーザが表示されます。ユーザを選択して［追加］ボタンをクリックすると、ロールに割り当てることができます。

7 割り当てが完了したら［保存］ボタンをクリックします。

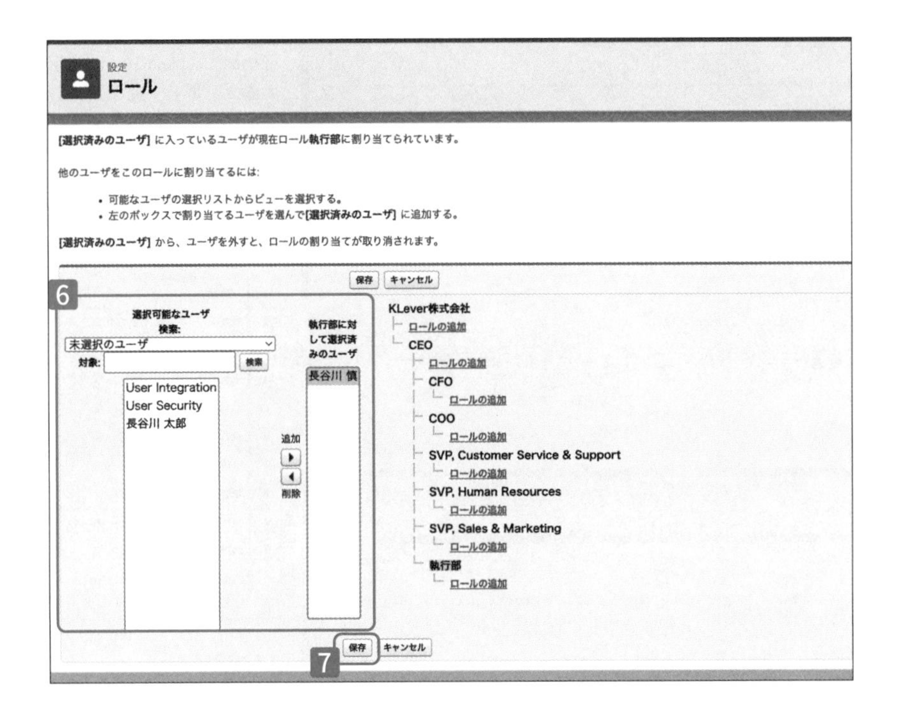

8 ロールにユーザが割り当てられていたら、設定は完了です。

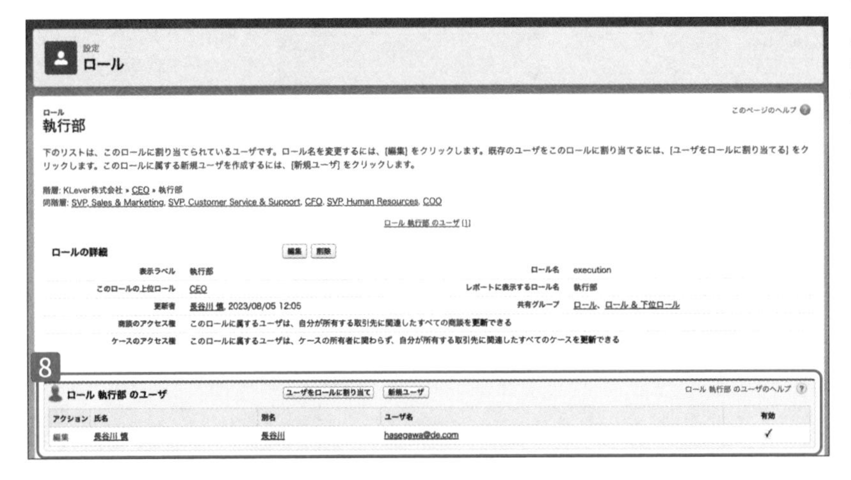

Hint

ロール

ユーザに割り当てることができるロールの数は1つのみで、複数のロールを割り当てることができません。

7 公開グループ

公開グループの設定

公開グループは共通の目的で定義されるユーザのセットで、ユーザまたはロール単位でもグループに含めることができます。

公開グループの設定手順は、以下の通りです。なお、公開グループを作成できるのは、システム管理者のみです。

> **Hint**
>
> **公開グループ**
>
> 公開グループは、リストビューやレポートフォルダ、ダッシュボードフォルダの共有設定などで使用できます。

1 [クイック検索] で「公開グループ」と検索し、検索結果の [公開グループ] を選択します。
2 [公開グループ] 画面の [新規] ボタンをクリックします。

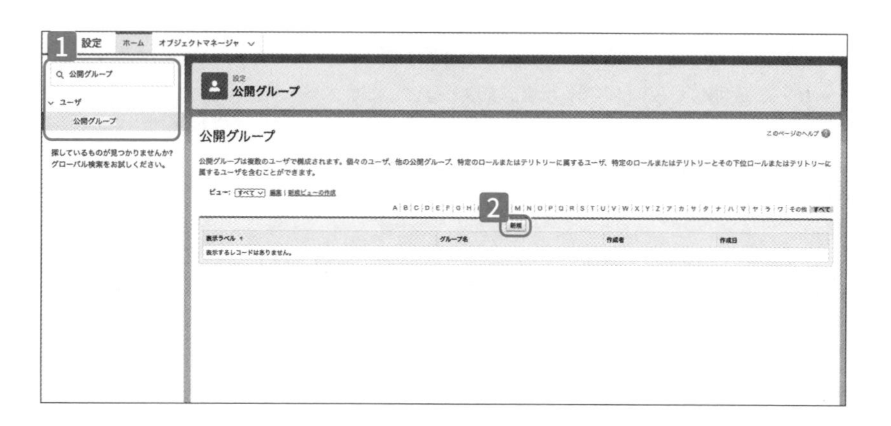

3 ［表示ラベル］にラベル名（ここでは「営業部」）、［グループ名］にグループ名（英数字とアンダースコアのみ使用可能）を入力します。［階層を使用したアクセス許可］にチェックを入れると、グループのユーザによって共有されているレコードは、すべてロール階層の上位ユーザとも共有されます。

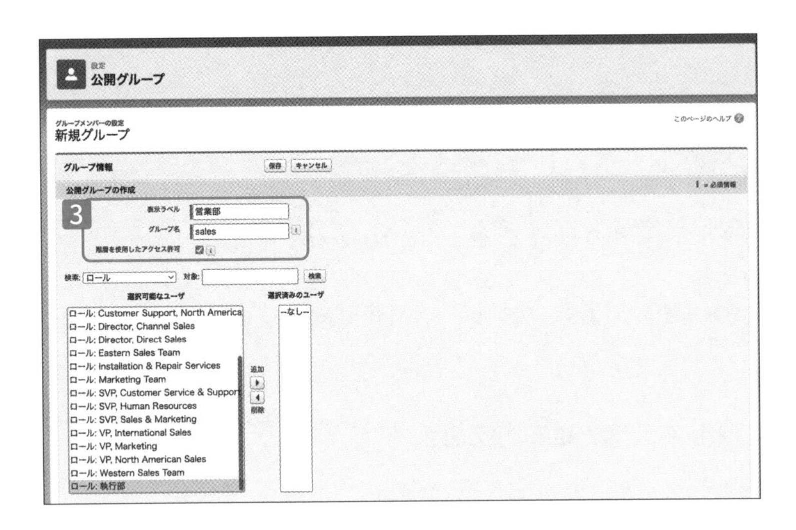

4 ［検索:］欄を使うと、［ロール］［ユーザ］［ロール&下位ロール］［公開グループ］で絞り込むことができます。［選択可能なユーザ］から選択し、［追加］ボタンをクリックして［選択済みのユーザ］に追加したら、［保存］ボタンをクリックします。

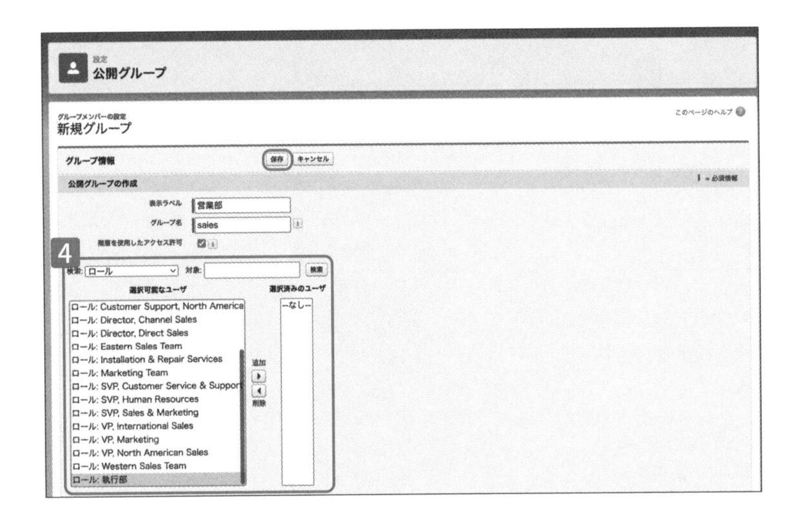

5 画面を下にスクロールすると、[代理管理グループに追加] 画面が現れます。代理管理グループを追加し、グループの管理を代理することもできます。

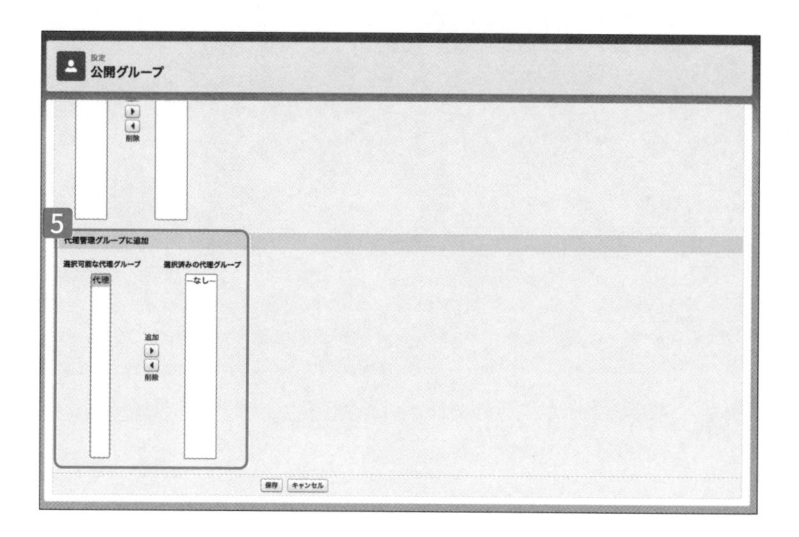

6 公開グループを保存すると、一覧に作成した公開グループが表示されます。こちらから公開グループの編集 / 削除もできます。

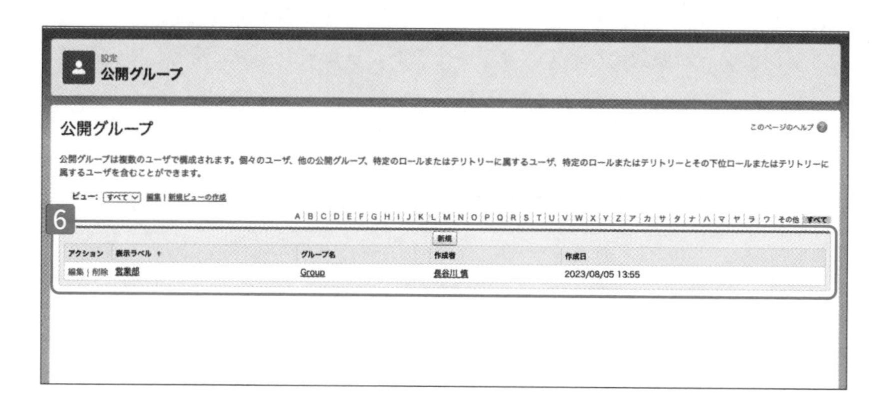

Column オブジェクトのリレーション確認はスキーマビルダーが便利

標準オブジェクトやカスタムオブジェクトのリレーションを確認したい時は、スキーマビルダーが便利です。主従関係、参照関係のリレーションを色で確認でき、項目作成もデータ型を選択してドラッグ＆ドロップで作成できます。オブジェクトが多数になって、オブジェクトとリレーションを俯瞰して確認する時に非常に便利です。

設定からクイック検索で「スキーマビルダー」と検索すると、確認できます。

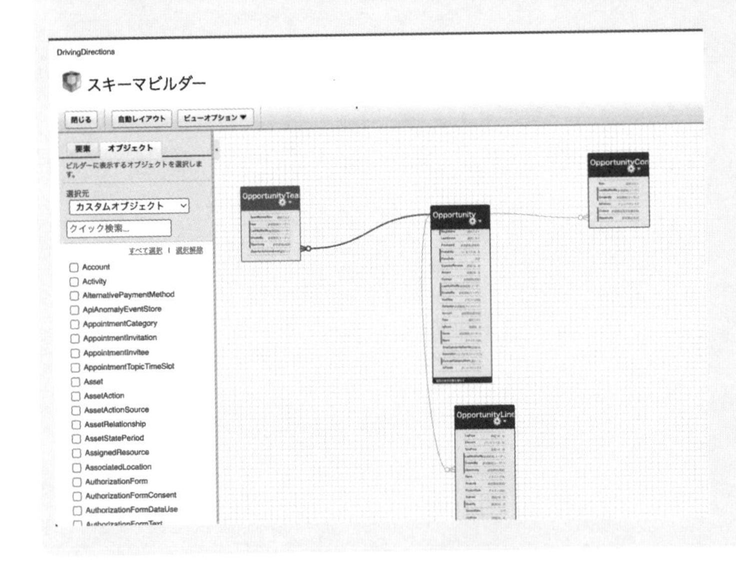

第3章

セキュリティとアクセスの設定

Salesforceでは、セキュリティ制御やデータを守るためのアクセスのコントロールが必要です。第3章では、セキュリティとデータへアクセスの設定方法について学びます。

1 パスワードポリシー

パスワードポリシーの設定

Salesforceでは、パスワードの制限やログインの制限に関する**パスワードポリシー**を設定できます。設定の手順は、以下の通りです。

1 ［クイック検索］で「パスワードポリシー」と検索し、検索結果の［パスワードポリシー］を選択します。
2 ［パスワードポリシー］画面で、それぞれのパスワードポリシーを設定したら、［保存］ボタンをクリックします。

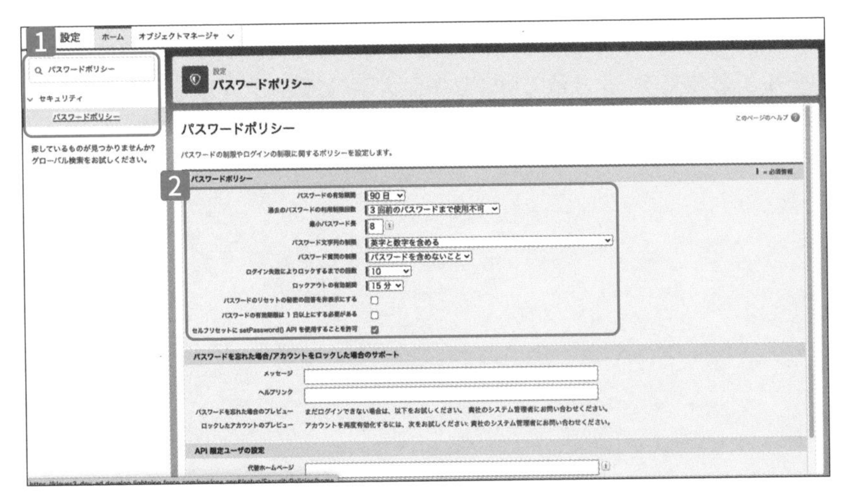

パスワードポリシーでは、［パスワードの有効期限］、［過去パスワードの利用制限回数］、［最小パスワード長］、［パスワード文字列の制限］、［パスワード質問の制限］、［ログイン失敗によりロックするまでの回数］、［ロックアウトの有効期限］などを設定できます。

> **Hint**
> **クイック検索**
> 画面右上の［歯車］アイコンから［設定］を選択すると、画面左上に［クイック検索］欄が表示されます。

> **Hint**
> **ログイン失敗によりロックするまでの回数**
> Salesforceを使い始めた時は、［ログイン失敗によりロックするまでの回数］（ログイン失敗が許される回数）を少なく設定してしまうと、パスワードの入力ミスも考えられるので、ロックがかかりやすくなってしまいます。ロックがかかってしまうとログインができなくなるので、回数を少なく設定するのはお勧めできません。

> **Hint**
> **ロックアウトの有効期限**
> ［ログイン失敗によりロックするまでの回数］を超えた時にロックがかかりますが、そのロックがかかる期間を意味します。

2 ログインIPアドレス

ログインIPアドレスの設定

Salesforceでは、**ログインIPアドレス**の範囲を設定できるのため、アクセス元のIPアドレスを制限ができます。

ログインIPアドレスの設定は、プロファイルごとに設定するので、プロファイルから設定画面に進んでいきます。設定の手順は、以下の通りです。

> **Hint**
>
> **IPアドレス**
>
> IPアドレス（IPv4）の範囲は、0.0.0.0から255.255.255.255までになります。

1 ［クイック検索］で「プロファイル」と検索し、検索結果の［プロファイル］を選択します。

2 ［プロファイル］画面で、ログインIPアドレスを設定したいプロファイル名をクリックします。

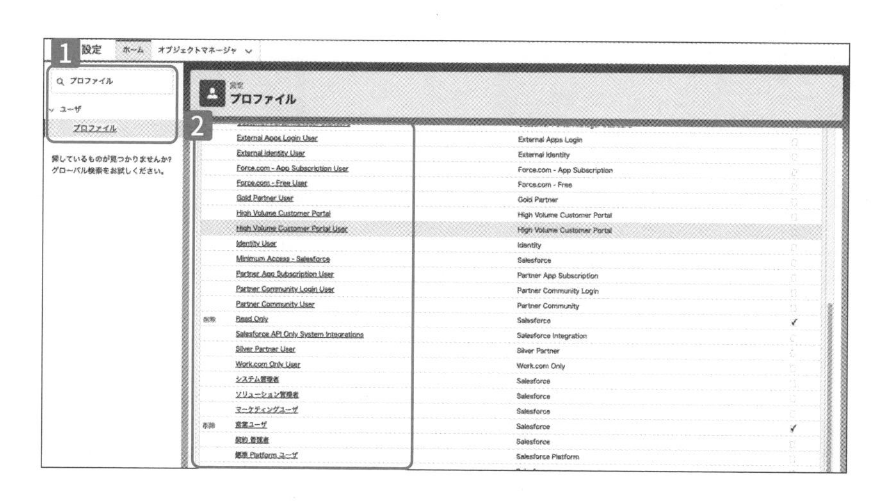

3 [システム] の [ログインIPアドレスの制限] をクリックします。

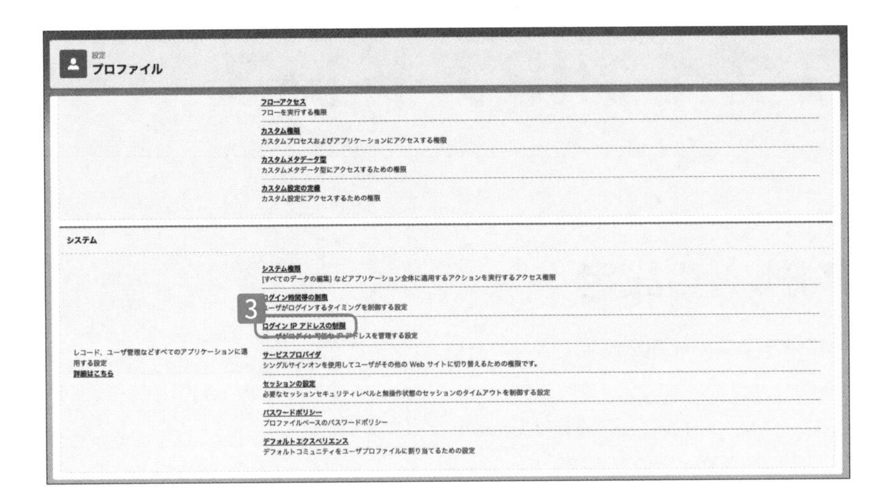

4 [ログインIPアドレスの制限] の [IP範囲の追加] ボタンをクリックします。

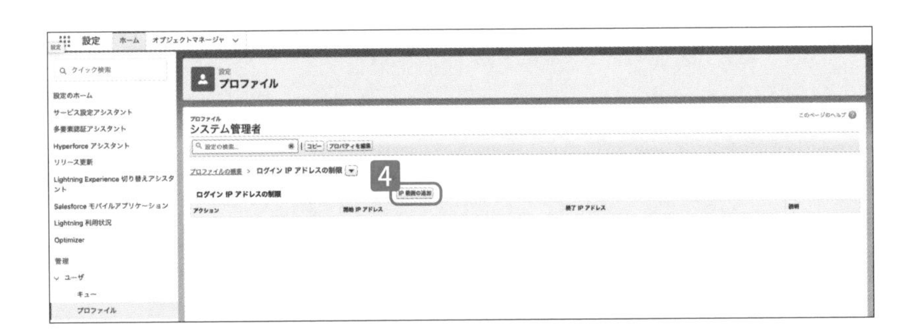

5 [ログインIPアドレスの制限] 画面が表示されます。[開始IPアドレス] と [終了IPアドレス] にIPアドレスを入力します。

6 設定が終了したら、[保存] ボタンをクリックします。

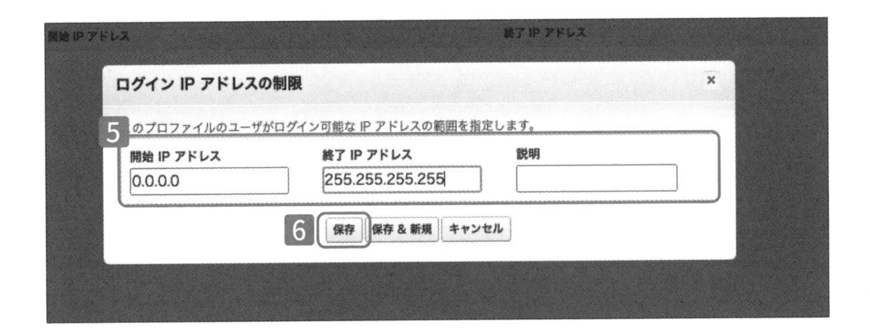

3 ログイン時間

ログイン時間の設定

Salesforceでは、**ログイン時間**でログインできる時間帯を制限できます。

ログイン時間の設定は、プロファイルごとに設定するので、プロファイルから設定画面に進んでいきます。設定の手順は、以下の通りです。

1 ［クイック検索］で「プロファイル」と検索し、検索結果の［プロファイル］を選択します。

2 ［プロファイル］画面で、ログイン時間の制限を設定したいプロファイル名をクリックします。

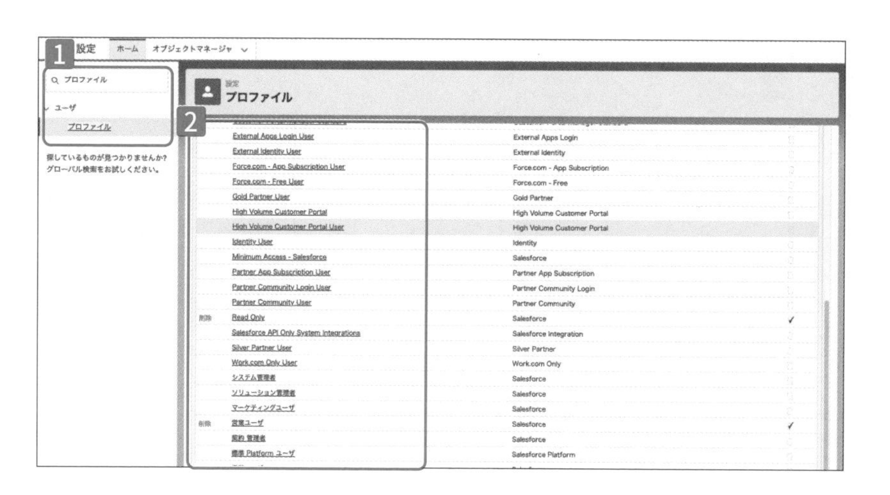

3 [システム] の [ログイン時間帯の制限] をクリックします。

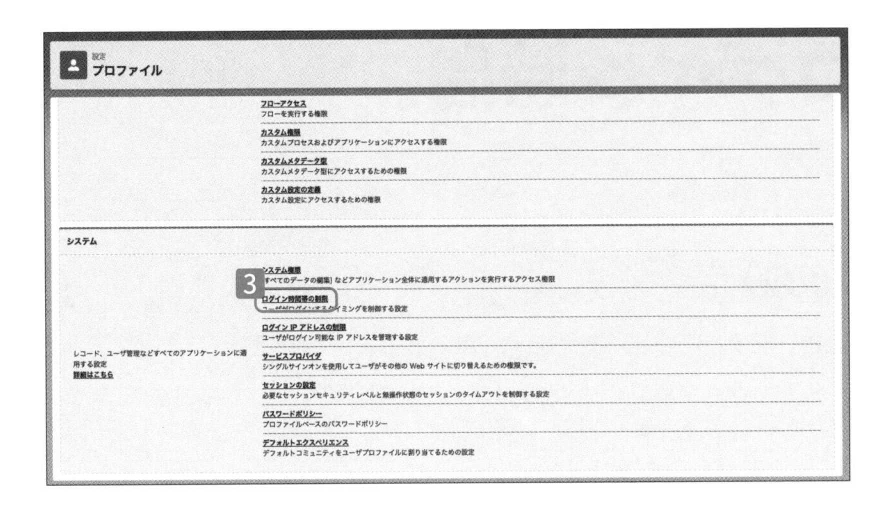

4 [編集] ボタンをクリックします。

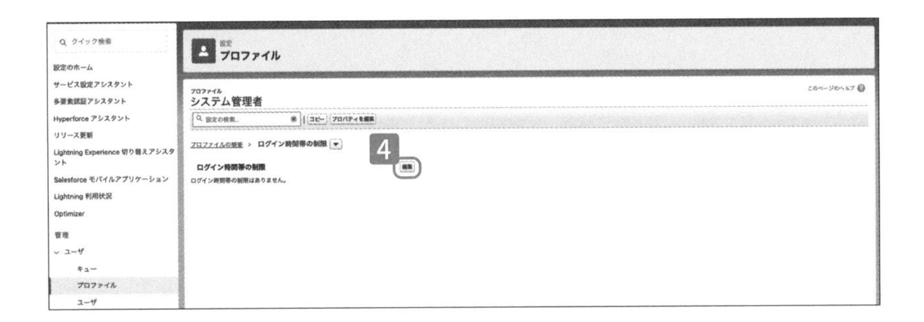

5 曜日ごとに [開始時刻] と [終了時刻] を入力します。

6 設定が終了したら、[保存] ボタンをクリックします。

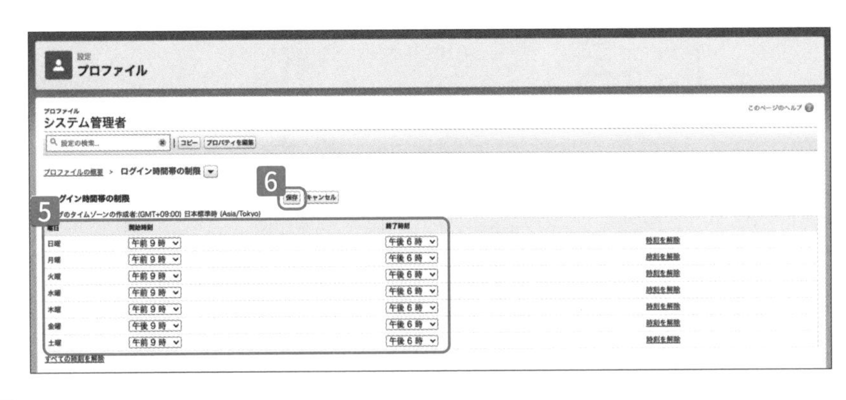

Hint

開始時間/終了時間

ログイン時間帯以外はログインができなくなりますので、開始時間/終了時間の設定は十分に気をつけましょう。

4 ログインアクセスポリシー

3

ログインアクセスポリシーの設定

ログインアクセスポリシーで、ユーザがログインアクセスできるサポート組織を制御ができます。設定の手順は、以下の通りです。

1. [クイック検索] で「ログインアクセス」と検索し、検索結果の [ログインアクセスポリシー] を選択します。
2. [ログインアクセスポリシー] 画面の [管理者は任意のユーザでログインできる] にチェックを入れると、代理ログインができるようになります(設定を反映した後、別ユーザで確認が必要な場合に便利な機能になります)。
3. [サポート組織] は、アクセス権を許可するユーザになり、セキュリティ上の観点から [システム管理者のみが利用可能] にするほうがよいでしょう。

Hint

代理ログイン

設定を反映した後などに代理ログインを使用して、設定を確認しましょう。

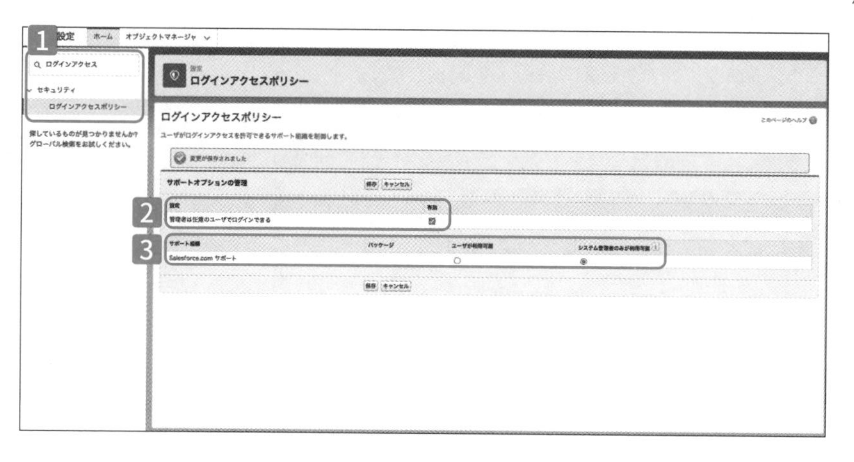

4 別ユーザとしてログインする場合は、ユーザ一覧から別ユーザの［ログイン］をクリックします。これにより、別ユーザとしてSalesforceにログインすることができます。

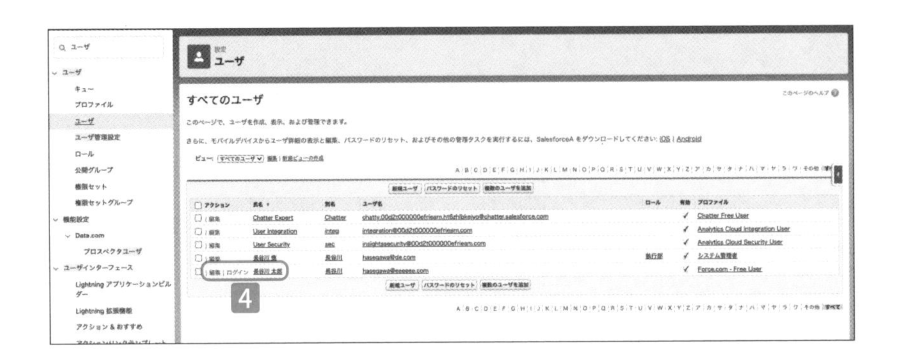

Salesforceサポートにログインアクセスを許可

Salesforceサポートにログインアクセスを求められることがあります。その際は、ログインアクセスを許可する設定が必要になります。

設定の手順は、以下の通りです。

1 ユーザのアイコンをクリックした後、［設定］をクリックします。
2 ［私の個人情報］→［アカウントログインアクセスの許可］を選択します。

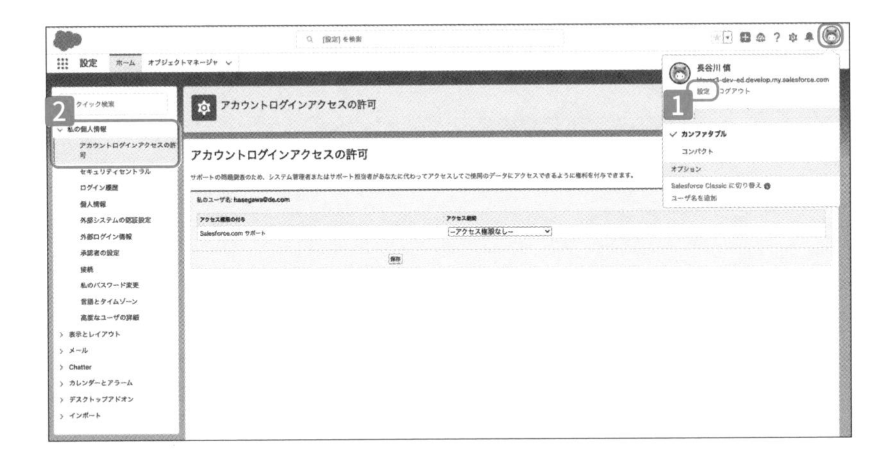

3 [アクセス期間] を選択します。
4 設定が終了したら、[保存] ボタンをクリックします。

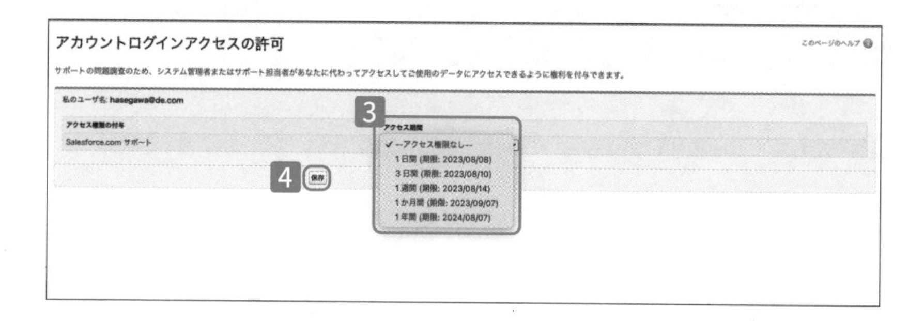

これで選択した期間内でSalesforceサポートが組織内にログインができるようになります。

Column **リードや取引先責任者は重複しないように**

Salesforceの導入初期は、リードや取引先責任者が重複してしまうことがあります。重複してしまうと、どこに活動の記録などを登録してよいか迷ってしまうので、重複に関するルールなどを決めて、なるべく重複しないようにしておきましょう。

MA(マーケティング・オートメーション)の製品であるAccount Engagementは、リードや取引先責任者が同期するので、Account Engagementを利用している場合は、より注意が必要です。

5 設定変更履歴の参照

設定変更履歴の参照

組織における**設定変更履歴**は参照したり、CSVファイルとしてダウンロードすることができます。設定変更履歴を参照する手順は、以下の通りです。

1 ［クイック検索］で「設定変更」と検索し、検索結果の［設定変更履歴の参照］を選択します。

2 ［設定変更履歴の参照］画面が表示され、組織の過去20回の設定変更履歴を確認することができます。

Hint

設定変更履歴

設定するシステム管理者が複数いる場合は、設定したユーザが誰なのかを確認できます。

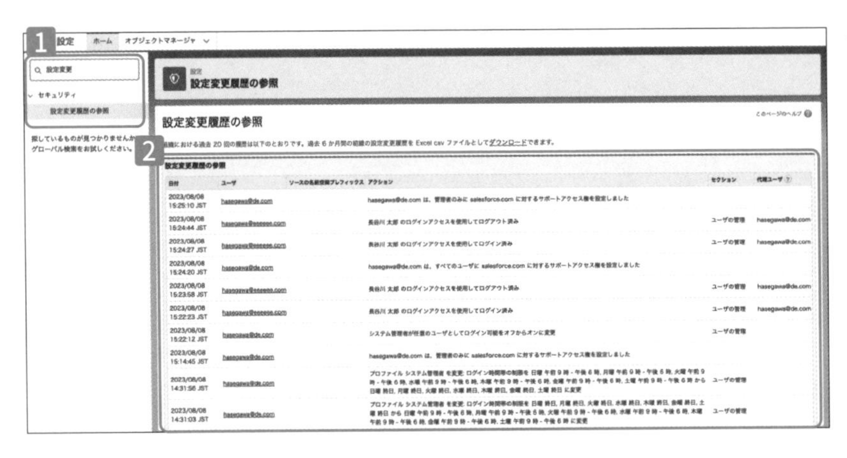

設定変更履歴をCSVファイルでダウンロード

設定変更履歴をCSVファイルとしてダウンロードする手順は、以下の通りです。

1 ［設定変更履歴の参照］画面を一番下までスクロールし、［過去6か月間の設定変更履歴をダウンロード（Excel csvファイル）］をクリックすると、設定変更履歴のCSVファイルをダウンロードできます。

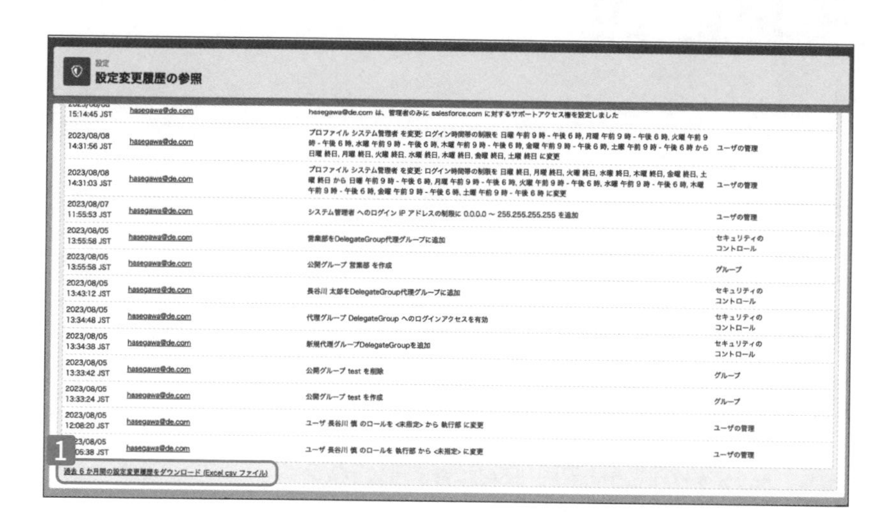

3

Column 逆算してカスタマイズ

Salesforceを導入した後、カスタマイズする前に、まずは「何をゴールとするか」を決めましょう。例えば、「部門別の売上の管理をしたい」がゴールであれば、部門の情報、売上金額、売上日などの項目が必要になることがわかってきます。そして、必要な項目が明確になった時点でオブジェクトを作成します。

「売上管理」というオブジェクトを作成する場合、データ型については、例えば部門（例:4部門）は［選択リスト］、売上日は［日付］、金額は［通貨］にするなど、集計することを常に考えながらデータ型を選定します。

ちなみに、部門を［選択リスト］にしたのは、テキスト型にしてしまうと4種類以外の入力が可能になってしまうことや、入力ミスによる集計漏れが発生することがあるためです。また、売上日は［日付］にしておくことで、期間集計が可能になり、金額は［通貨］にしておくことで集計が可能となります。

6 共有設定

組織の共有設定

組織の共有設定は、各オブジェクトに対するデフォルトのアクセス権を定義します。設定の手順は、以下の通りです。

1. ［クイック検索］で「共有設定」と検索し、検索結果の［共有設定］を選択します。
2. ［組織の共有設定］の［編集］ボタンをクリックすると、共有設定を編集できるようになります。

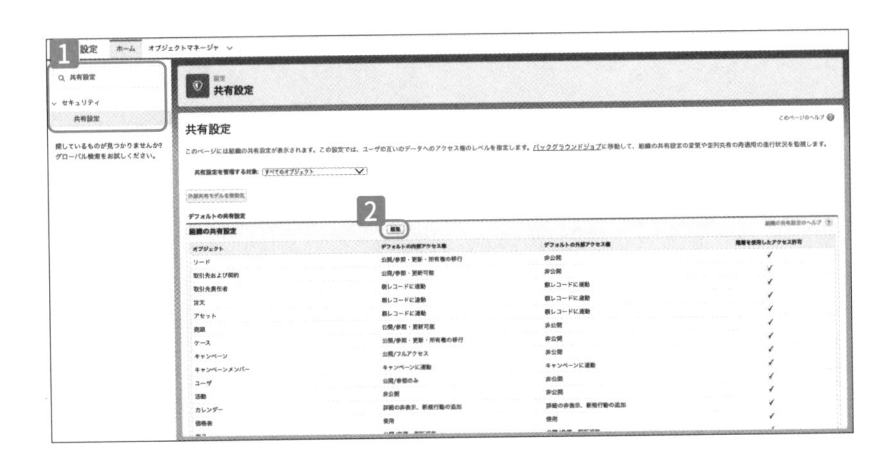

共有設定では、以下の3つのアクセス権を設定が可能です。

①デフォルトの内部アクセス権
社内ユーザのアクセス権の設定です。

②デフォルトの外部アクセス権
顧客、パートナーなどの外部ユーザのアクセス権の設定です。

③階層を使用したアクセス許可

ロール階層を使用したアクセス権を設定できます。ロール上位のユーザは下位のユーザが所有するレコードに対して自動でアクセス権が付与されます。

なお、階層を使用したアクセス許可の設定は、カスタムオブジェクトのみ無効にすることが可能です。

また、デフォルトの内部アクセス権とデフォルトの外部アクセス権は、以下の設定に変更できます。

①親レコードに連動

例えば、取引先責任者が取引先のKLever株式会社に関連付けられている場合、KLever株式会社に対して編集権限を持つユーザのみがその取引先責任者を編集できます。

②非公開

レコードの所有者と階層内でそのロールの上位にあるユーザのみが、レコードに対して参照、編集、およびレポートを実行できます。

例えば、長谷川さんが取引先の所有者で「東日本営業」のロールを割り当てられていて、上司は（「西日本営業」の「統括責任者」のロールを割り当てられている）田中さんだとします。この場合、田中さんは長谷川さんの取引先に対して参照、編集、およびレポートを実行できます。

③公開/参照のみ

すべてのユーザは、レコードに対して参照とレポートを実行できますが、編集はできません。レコードの所有者と階層内でそのロールの上位にあるユーザのみが、そのレコードを編集できます。

例えば、鈴木さんは取引先「KLever株式会社」の所有者です。鈴木さんは、「東日本営業」のロールも割り当てられていて、「東日本営業」の「統括責任者」のロールを割り当てられている田中さんが上司です。この場合、鈴木さんと田中さんは「KLever株式会社社」に対して参照・更新のフルアクセスの権限を持ちます。鈴木さん（別の「東日本営業」担当者）も、「KLever株式会社」に参照とレポートを実行できますが、編集はできません。

④公開/参照・更新可能

すべてのユーザがレコードすべてに対して参照、編集、およびレポートを実行できます。

例えば、長谷川さんが「KLever株式会社」の所有者だった場合、他のすべての

> **Hint**
> **ロールの設定**
> ロールはレコードのアクセス権も考慮しながら、階層を設定しましょう。

> **Hint**
> **カスタムオブジェクト**
> カスタムオブジェクトは、標準オブジェクトとは別に作成したオブジェクトのことです。

> **Hint**
> **レポート**
> 関連する複数オブジェクト（最大4つ）のレコード（データ）を抽出し、グルーピングして、レコード件数、金額などを集計（最大/最小/合計/平均/中央値）する機能です。グラフを追加することもできます。

> **Hint**
> **所有者**
> レコード（取引先責任者またはケースなど）が割り当てられるユーザです。所有者のみが参照/編集できる設定などができます。

ユーザが取引先「KLever株式会社」に対して参照、編集、およびレポートを実行できます。ただし、取引先「KLever株式会社」の削除や、設定の共有を実行できるのは長谷川さんだけです。

⑤公開/参照・更新・所有権の移行

すべてのユーザがすべてのレコードに対して参照、編集、移行、およびレポートを実行できます。この設定が使用できるのは、ケースとリードでのみです。

例えば、長谷川さんがKLever株式会社のケース番号200の所有者だった場合、すべてのユーザがこのケースに対して参照、編集、移行、およびレポートを実行できます。ただし、200番のケースを削除、または共有設定を変更できるのは長谷川さんだけです。

> **Hint**
>
> リード
>
> Salesforce上で取引の開始されていない見込み客を登録ができます。Salesforceで取引の開始を行うと、取引先・取引先責任者・商談の3つに自動で移行します。

⑥公開/フルアクセス

すべてのユーザがレコードすべてに対して参照、編集、移行、削除、およびレポートを実行できます。この項目は、キャンペーンでのみ使用できます。

例えば、田中さんがキャンペーンの所有者である場合、他のすべてのユーザがそのキャンペーンに対して参照、編集、移行および削除を実行できます。

> **Hint**
>
> キャンペーン
>
> 広告、メール、展示会などのマーケティング活動の追跡と分析ができる標準オブジェクトです。

3 設定が終了したら、[保存] ボタンをクリックします。

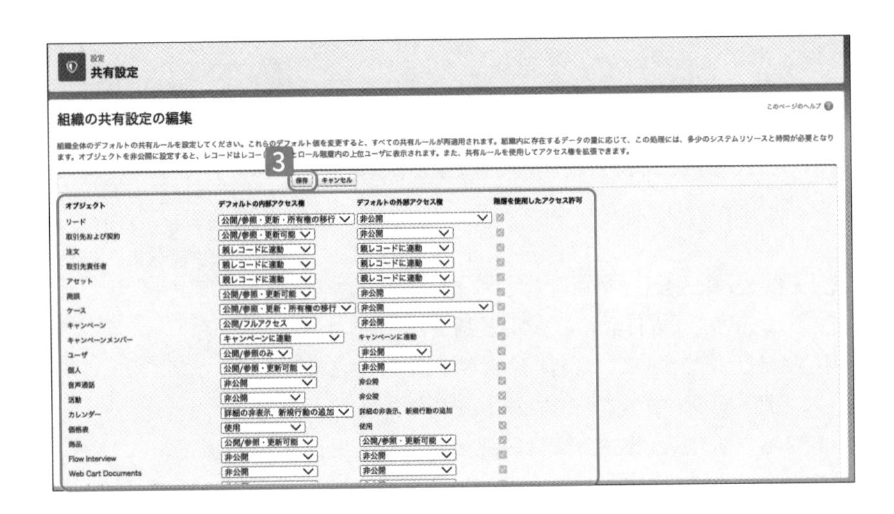

7 共有ルール

共有ルールの設定

共有ルールは、「組織の共有設定」の例外ルールを定義できます。例えば、オブジェクトの組織の共有設定が非公開の場合でも、ユーザが自身で所有していないレコードにアクセス権を付与するルールを定義できます。

共有ルールを設定する手順は、以下の通りです。

1. ［クイック検索］で「共有設定」と検索し、検索結果の［共有設定］を選択します。
2. ［共有設定］画面が表示されます。さらに下にスクロールすると、共有ルールが表示されます。

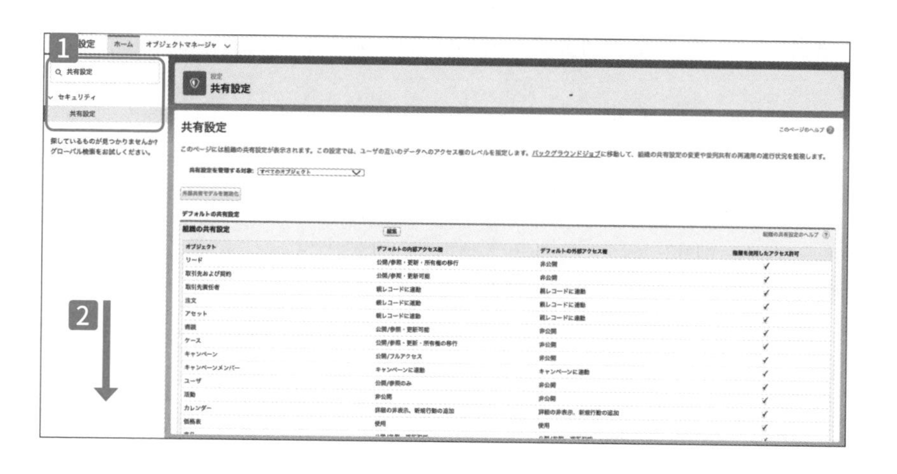

3 [リード共有ルール] の [新規] ボタンをクリックします。

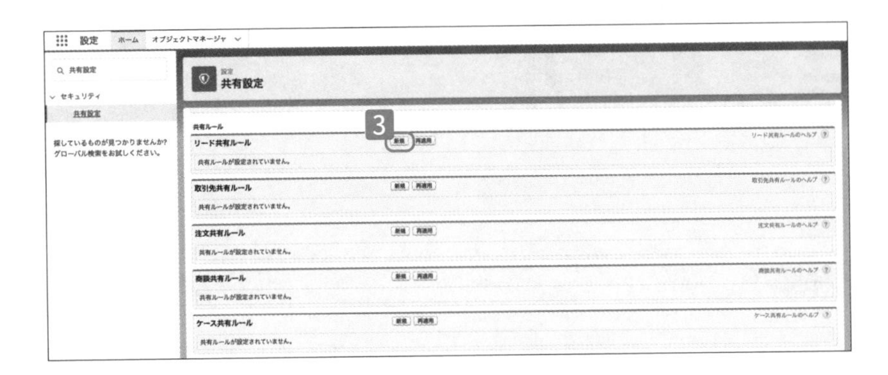

4 [表示ラベル] にラベル名 (ここでは「サンプルルール」)、[ルール名] にルール名 (英数字とアンダースコアのみ使用可能) を入力します。

5 [ルールタイプ] を選択します。共有ルールが [レコード所有者に基づく] か、次の「ステップ 3:」で設定する [条件に基づく] かのどちらかを選択します。

6 共有するレコードを選択します。例えば、[リード状況] が [Open - Not Contacted] の時、手順5で [レコード所有者に基づく] を選択した場合は、[リード: 所有者の所属] を選択します。

7 [共有先] を設定します。共有ルールでアクセス権を付与するユーザを指定します。

8 [リードのアクセス権] を選択します。[参照のみ] [参照・更新] のどちらかになります。

9 設定が終了したら、[保存] ボタンをクリックします。

Hint

共有先

共有先は、[ロール] [ロール&下位ロール] [公開グループ] から選択できます。

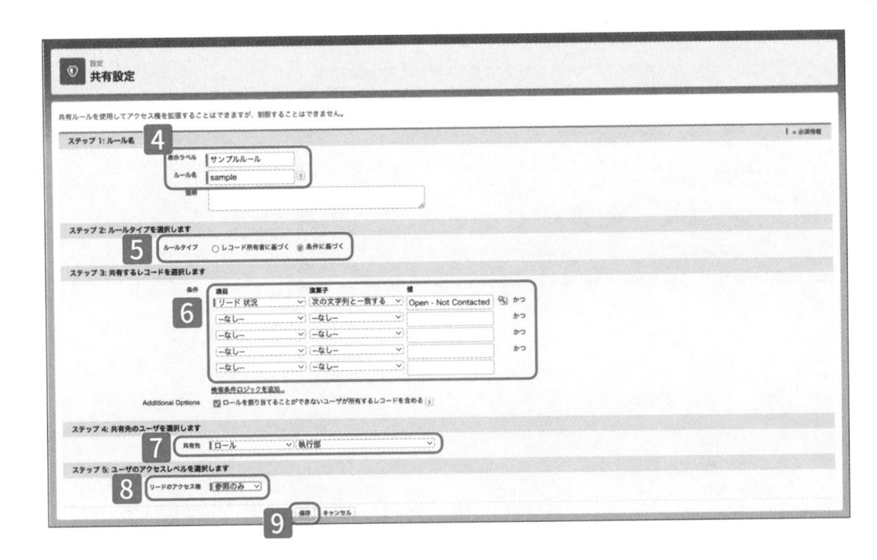

8 レポートおよびダッシュボードのフォルダ

レポートおよびダッシュボードのフォルダの共有

レポートおよびダッシュボードのフォルダは、フォルダ単位で共有設定ができます。レポートフォルダの作成手順は、以下の通りです。

1 ［ナビゲーションバー］の［レポート］タブを選択し、［新規フォルダ］ボタンをクリックします。

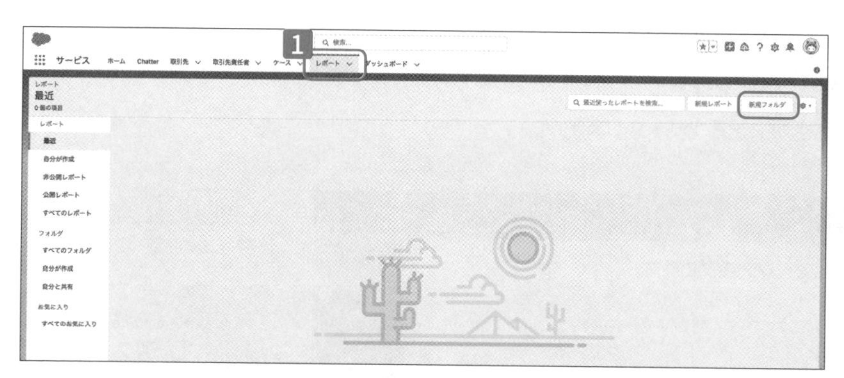

2 ［フォルダを作成］画面が表示されます。［フォルダの表示ラベル］にラベル名、［フォルダの一意の名前］にフォルダ名（英数字とアンダースコアのみ使用可能）を入力し、［保存］ボタンをクリックします。

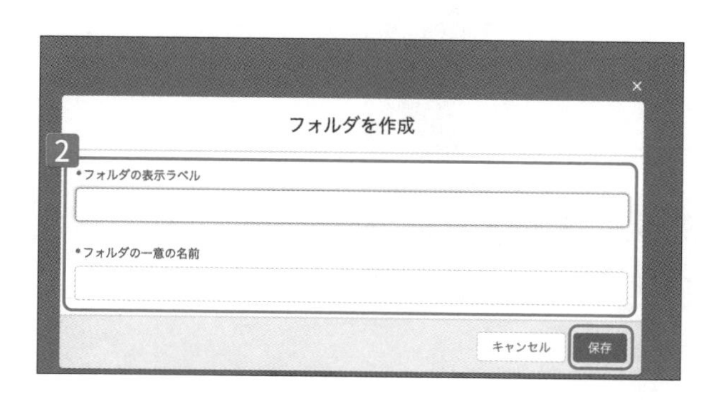

Hint

レポート

関連する複数オブジェクトの複数のレコード（データ）を抽出し、グルーピングしてレコード件数、金額などを集計（最大・最小・合計・平均・中央値）する機能です。

Hint

ダッシュボード

レポートのデータをビジュアル化して、1つの画面に集約する機能です。複数のレポートデータが一目瞭然で、全体像を俯瞰して素早く把握することができます。

Hint

ダッシュボードフォルダの作成

ダッシュボードフォルダの作成は、まず［ダッシュボード］タブを選択しますが、それ以降の手順は、レポートフォルダの作成と同じです。

Hint

ナビゲーションバー

画面上部に「タブ」というメニューが並びます。タブの表示順は、並べ替えることができます。

3 作成したフォルダの右端にある［▼］ボタンをクリックし、ドロップダウンメニューから［共有］を選択します。

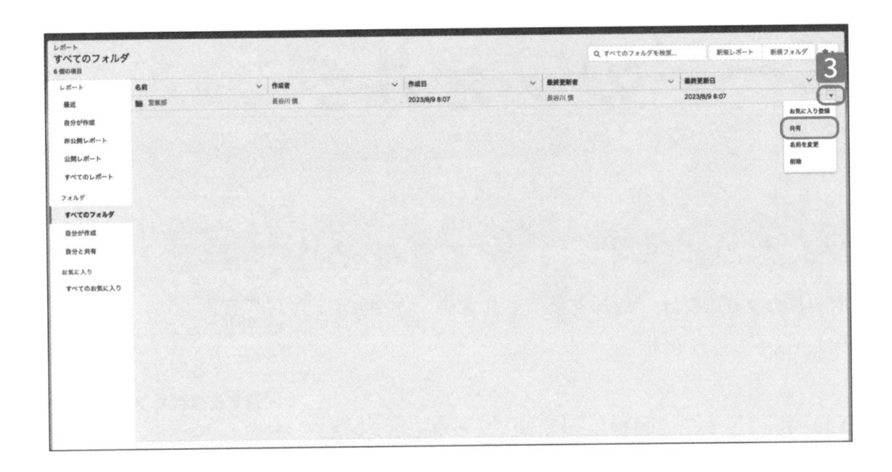

4 ［フォルダの共有］画面が表示されます。［共有先］（ユーザ、ロール、ロール&下位ロール、公開グループ）を選択し、［名前］を指定します。

5 ［アクセス］（表示、編集、管理）を選択し、［共有］ボタンをクリックします。

6 設定が終わったら、［完了］ボタンをクリックします。

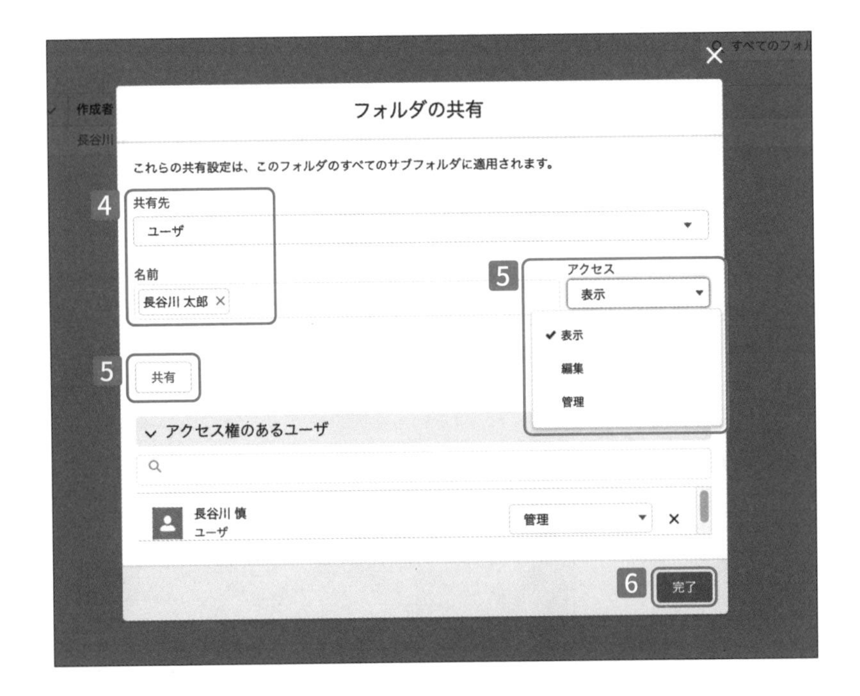

Hint

共有先と名前

すべてのユーザにアクセス権を設定する場合、［共有先］で［公開グループ］、［名前］で［すべての内部ユーザ］を選択すると、効率よく設定できます。

［アクセス］の［表示］［編集］［管理］で対応可能な操作は、それぞれ次の表の通りです。

●表示・編集・管理の違い

操作	表示	編集	管理
フォルダ内のレポートまたはダッシュボードを表示する	✓	✓	✓
フォルダに対して誰がどのようなアクセス権を持っているかを確認する	✓	✓	✓
フォルダ内のレポートまたはダッシュボードを保存する	–	✓	✓
フォルダ内のレポートまたはダッシュボードの名前を変更する	–	✓	✓
フォルダからレポートまたはダッシュボードを削除する	–	✓	✓
フォルダを共有する	–	–	✓
フォルダの名前を変更する	–	–	✓
フォルダの共有設定を変更する	–	–	✓
フォルダを削除する	–	–	✓

Column Salesforceを学ぶ時に心掛けていること

すべてのことに言えるかもしれませんが、短時間でもよいので、日々Salesforceに触れることです。Salesforceは、設定方法だけでも覚えることがたくさんあります。人間の脳はパソコンとは違って、一度覚えてもすぐに忘れてしまいます。

インプットも重要ですが、適度にアウトプットして、覚えた知識がなくならないように工夫していきましょう。アウトプットは、インプットよりも記憶に残りやすいです。ブログやSNSなどで自分のためにどんどん発信していきましょう。

Column **認定資格オンライン受験で気をつけること**

認定資格はオンラインでも受験可能ですが、事前にカメラの設定の確認するとともに、机のまわりを片付けておきましょう。机のまわりにカンニングペーパーとみなされるような資料があると、試験前に片付けるように指示されます。

私の場合ですが、カメラの設定がうまくいかず、別日程で受験をしなければならなくなりました。

せっかく勉強したのですから、スムーズに受験できるように、カメラの確認、机のまわりの整理整頓、インターネットの通信状況はしっかりと確認しておきましょう。

第4章

オブジェクト

Salesforce内のデータベーステーブルには、標準オブジェクトとカスタムオブジェクトがあります。第4章では、Salesforceのオブジェクトの概要とカスタマイズ方法について学びます。

1 標準オブジェクトとカスタムオブジェクト

標準オブジェクトとカスタムオブジェクト

Salesforceには**オブジェクト**と言われるデータベーステーブルがあり、Salesforceを導入時に最初から用意されている**標準オブジェクト**と、自分で一から作成できる**カスタムオブジェクト**があります。

標準オブジェクトの一覧

標準オブジェクトには、いくつかの種類があります。まずは代表的な標準オブジェクトについて説明します。

①取引先

自社との間で何らかの関係が成立している団体や個人、企業の情報を保存します。顧客企業、競合企業、パートナー企業なども含まれます。個人取引先という個人に関する情報を保存するタイプもあります。

②取引先責任者

取引先に所属する担当者の情報を保存します。1つの取引先に複数の取引先責任者を登録できます。

商談、ケース、契約などでは、取引先責任者を登録することで、取引先責任者がどのように関わっているかを管理できます。

③リード

見込み客の情報を保存します。

④ケース

顧客からの問い合わせや質問などの内容を保存します。

⑤キャンペーン

メールによる販売促進、展示会、Webセミナーのマーケティングキャンペーンの情報を保存します。

⑥商談

進行中の案件の情報を進捗状況（進行中、成立、不成立など）と共に保存します。

⑦商談商品

商談で対象となる商品情報を保存します。

⑧価格表

販売する商品の価格情報を保存しておくことができます。

⑨商品

自社の取扱商品を保存し、商談商品で選択可能になります。

⑩契約

取引先との契約情報を保存し、取引先に関連付けることができます。

⑪ユーザ

Salesforce内のユーザアカウント情報を保存します。

⑫ToDo

ToDo（やることリスト）情報を保存します。

⑬行動

日々のスケジュールの情報を保存でき、その情報はカレンダーに反映されます。

Hint

ToDo

期日やステータスも入力可能です。期限切れのToDoの一覧を作成し、確認することもできます。

オブジェクトの確認

オブジェクトを確認する手順は、以下の通りです。

1 ［設定］→［オブジェクトマネージャ］タブを選択すると、オブジェクトの一覧が表示されます。

2 一覧の［種別］で、標準オブジェクトとカスタムオブジェクトを見分けることができます。

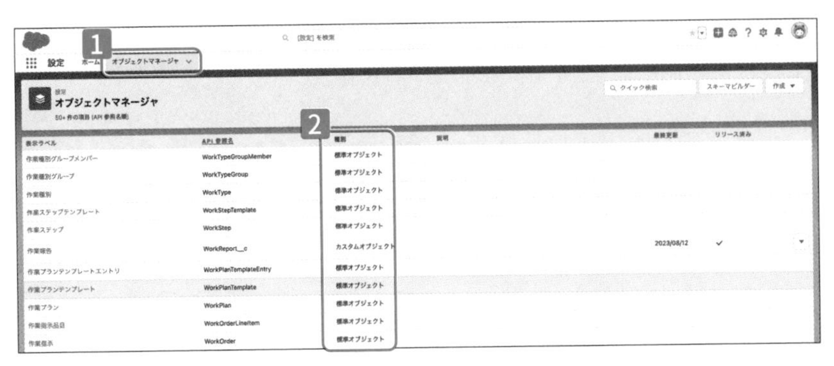

3 それぞれのオブジェクトをクリックすると、詳細が確認できます。

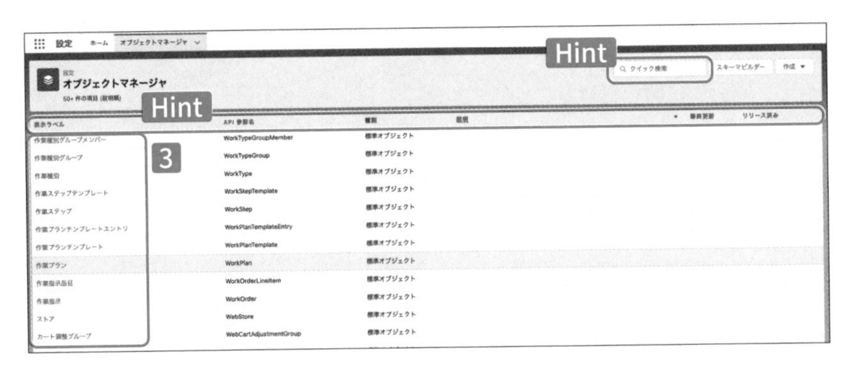

4 オブジェクトの詳細がそれぞれメニューで表示されます。

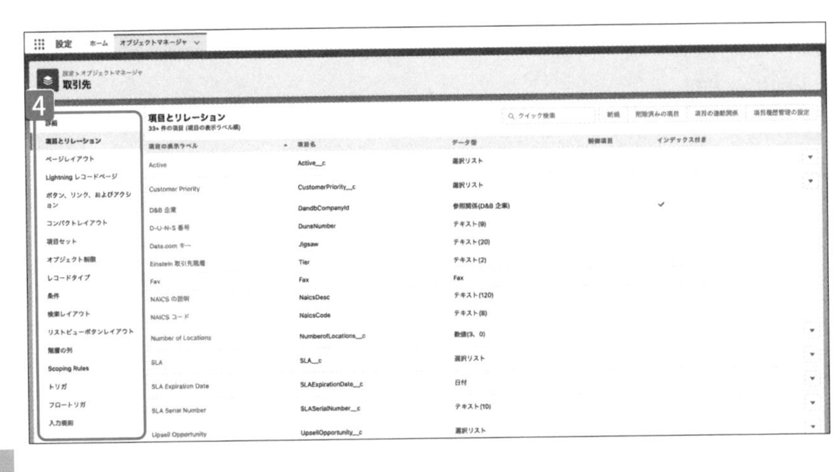

Hint

オブジェクトマネージャ

標準オブジェクトとカスタムオブジェクトのすべてのオブジェクトを管理する場所です。

Hint

API参照名

オブジェクトの［API参照名］だけでも標準オブジェクトとカスタムオブジェクトを見分けることができます。API参照名の最後尾に「__c」が付いているものがカスタムオブジェクトになります。

Hint

青字の項目名

項目名が青字のもの（表示ラベル、API参照名、最終更新、リリース済み）は、クリックするとオブジェクトの昇順・降順が切り替わります。オブジェクトが多い場合に、目的のオブジェクトを探す効率が上がります。

Hint

クイック検索

［クイック検索］を使うと、［表示ラベル］列の名前でオブジェクトを検索できます。

オブジェクトの詳細の主な項目

使用頻度の高い項目をいくつか説明します。

①項目とリレーション

オブジェクト内で作成された項目が一覧で確認でき、項目の新規作成などが可能です。

②ページレイアウト

入力画面の項目の配置を変更できます。ページレイアウトは複数作成することが可能です。

③Lightningレコードページ

Lightningアプリケーションビルダーでページレイアウトとは別に関連リストやコンポーネントの配置を変更することができます。

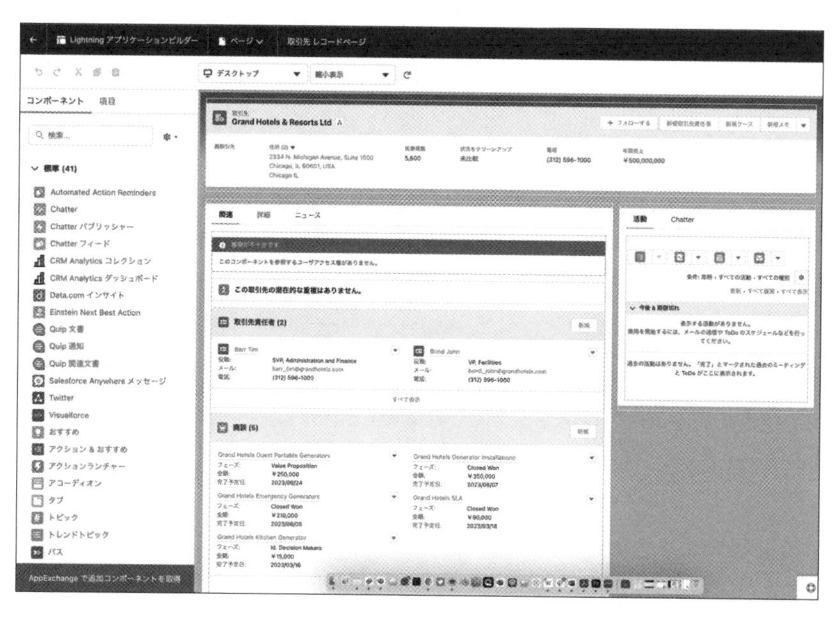

Hint

Lightningアプリケーションビルダー

画面右上の［歯車］アイコン→［編集ページ］でLightningアプリケーションビルダーが起動します。

Hint

コンポーネント

「部品」を意味し、ダッシュボードやLightningアプリケーションビルダーで使います。コンポーネントは、ドラッグ＆ドロップで配置を変更できます。

④ボタン、リンク、およびアクション

レコードページ上部に配置できるボタンの新規作成や編集が行えます（下の画面を参照）。

⑤コンパクトレイアウト

作成した項目を配置し、レコード詳細ページを下にスクロールすることなく、確認できます（下の画面を参照）。確認の頻度が高いものを配置しておくとよいでしょう。

Hint

コンパクトレイアウト

レコード画面の上部にある強調表示パネルで、ユーザに表示させる項目を設定します。ページレイアウトと同様に割り当ての設定が必要です。

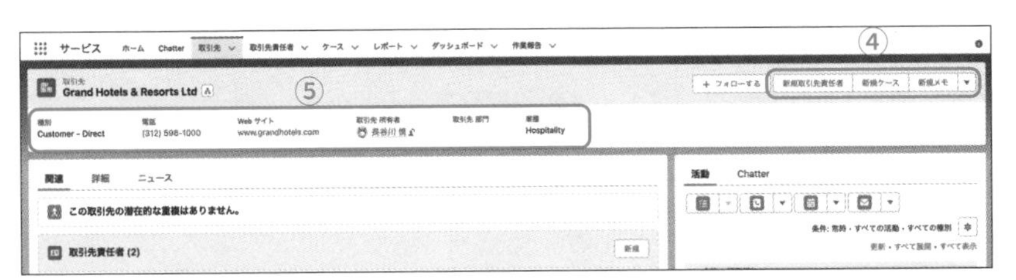

⑥レコードタイプ

レコードタイプは、データを分類できます。レコードタイプごとにページレイアウトを割り当て、レイアウトを変更することも可能です。

⑦入力規則

データクレンジンジングの手間を省いたり、正確にデータを集計したりするために、入力規則を設定できます。入力規則に従っていない場合のエラー表示内容もカスタマイズが可能です。

オブジェクト数の制限

オブジェクトは、いくつでも使用できるわけではありません。組織のEditionによって使用可能なオブジェクト数が変わりますので、確認が必要です。

●Salesforceの機能とエディションの割り当て（Salesforceヘルプ）

```
https://help.salesforce.com/s/articleView?id=sf.overview_limits_
general.htm&type=5
```

2 項目のデータ型

項目のデータ型

標準オブジェクトとカスタムオブジェクトでは、自分で**項目**を作成できます。項目には様々な**データ型**があり、適切なデータ型を選んで作成しましょう。

カスタム項目のデータ型

カスタム項目のデータ型にはいくつか種類がありますので、代表的なものについて説明します。

カスタム項目は、作成時にいずれかのデータ型を選択する必要があります。[オブジェクトマネージャ] から、作成したいオブジェクトの [オブジェクトマネージャ] に進むと、項目とリレーションの新規作成時にデータ型の一覧が表示されます。

> **Hint**
> **カスタム項目**
> Salesforceにはじめから用意されている標準項目に対して、自分で作成した項目をカスタム項目と言います。

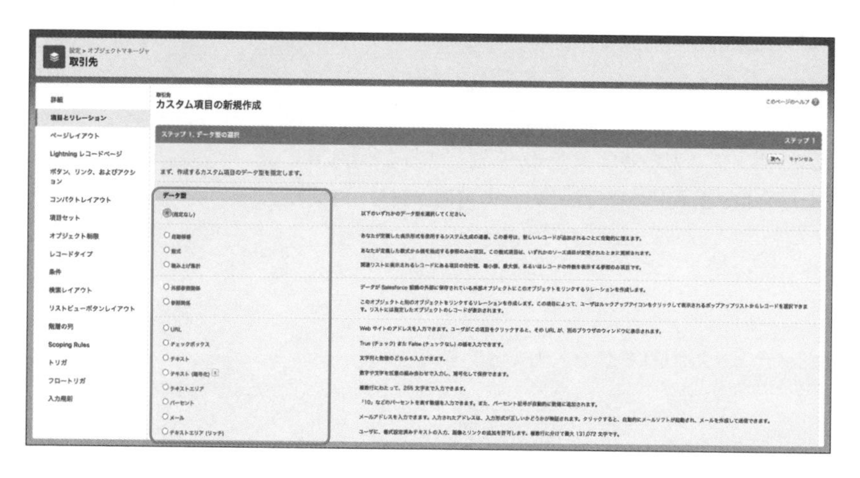

カスタム項目のデータ型をいくつか紹介します。

①テキスト

文字列と数値のどちらも入力できます。

②数値

数値を入力できます。先頭の「0」は削除されます。

③通貨

ドルまたはその他の通貨で金額を入力でき、自動的に通貨形式の金額にします。この形式は、エスクポート後のExcelや、他のスプレッド形式のデータでも有効です。

④選択リスト

あらかじめ設定されたリストから値を選択する項目です。

⑤選択リスト（複数選択）

複数の値を選択可能な選択リストです。

⑥日付

日付を直接入力したり、ポップアップのカレンダーから選択することもできます。日付形式を使用して、レポートで期間集計が可能になります。

⑦日付/時間

日付/時間を直接入力したり、ポップアップのカレンダーから選択することもできます。ポップアップから選択した場合は、選択した日付とその時の時間が日付/時間項目に入力されます。

⑧チェックボックス

True（チェック）またはFalse（チェックなし）の値を入力できます。

⑨パーセント

「10」などのパーセントを表す数値を入力できます。また、パーセント記号が自動的に数値に追加されます。

⑩数式

定義した数式から値を抽出する「参照のみ」の項目です。

⑪メール

メールアドレスを入力できます。入力されたメールアドレスは、形式が正しいかどうかが検証されます。クリックすると、自動的にメールソフトが起動され、メールを作成して送信できます。

⑫参照関係

オブジェクト同士でリレーションを作成できます。

⑬主従関係

オブジェクト同士でリレーションを作成できる部分は参照関係と変わりませんが、主と従の関係になります。項目を作成したオブジェクトが従オブジェクトになります。

⑭積み上げ集計

主従関係が前提条件となります。主レコードで従レコードの合計値、最小値、最大値、あるいはレコードの件数を集計が可能です。積み上げ集計項目は主オブジェクトで作成します。

●主従関係と参照関係の違い

	主従関係	参照関係
リレーションの数	2つまで	いくつでも
積み上げ集計項目	○	×

取引先オブジェクトに「商談合計金額」という積み上げ集計項目を作成し、複数の商談金額を取引先オブジェクトに積み上げることできます。積み上げ集計では条件設定が可能で、例えば、商談で受注した金額だけを積み上げることもできます。

●積み上げ集計の仕組み

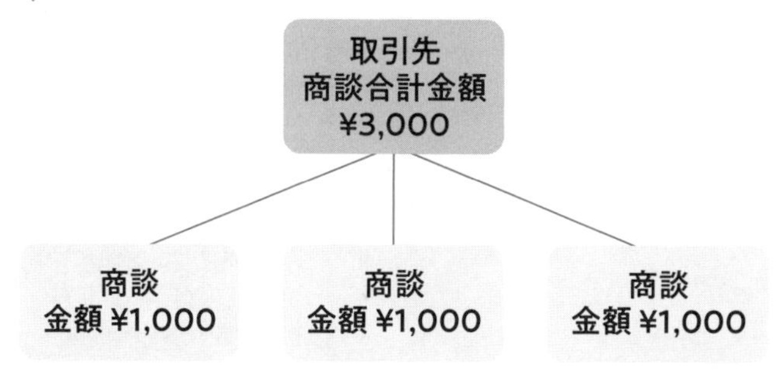

Hint

参照関係

オブジェクトの結び付きを示す関係で、結び付きは主従関係より弱く、主レコードが削除されても、従レコードは削除されません。標準で設定されている参照関係の例としては、取引先と取引先責任者です。

Hint

主従関係

オブジェクトの結び付きを示す関係で、主オブジェクトに積み上げ集計項目を作成できます。1つのオブジェクトから主従関係を2つまで設定できます。主レコードが削除された時は、従レコードも削除されます。

Hint

積み上げ集計項目

従オブジェクトのレコード数や数値、通貨のデータ型項目の合計などを表示する項目です。日付項目で使用できます。

データ型の確認

オブジェクトのデータ型を確認するには、[設定] → [オブジェクトマネージャ] タブでオブジェクトを指定し、[項目とリレーション] を選択します。項目一覧が表示され、それぞれのデータ型を確認できます。

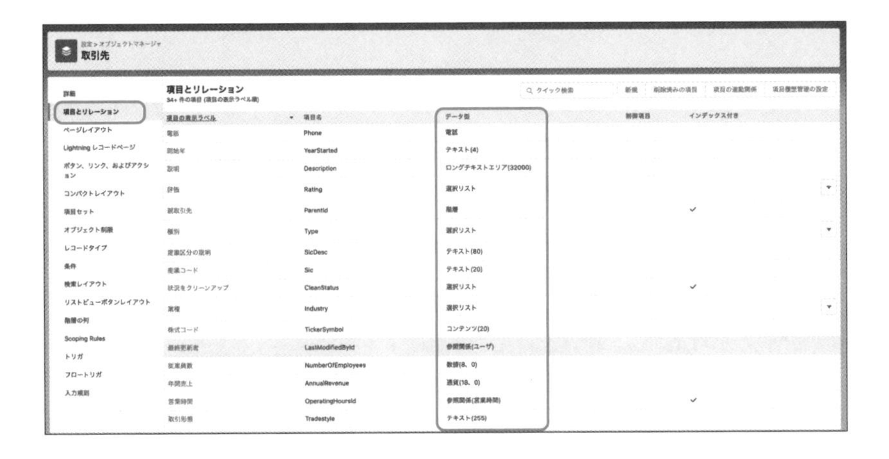

データ型の変更

既存の項目のデータ型は、変更することができます。変更の手順は、以下の通りです。

1 データ型を変更したい項目の表示ラベルをクリックします。

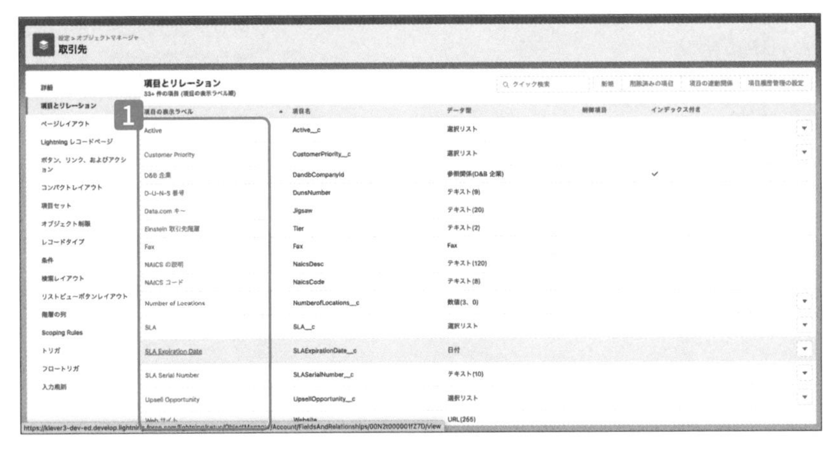

Hint

データ型の変更

データが失われるリスクがあるため、データ型を変更できない場合があります。

●カスタム項目のデータ型の変更に関するメモ（Salesforceヘルプ）

https://help.salesforce.com/s/articleView?id=sf.notes_on_changing_custom_field_types.htm&type=5

2 ［編集］ボタンをクリックします。

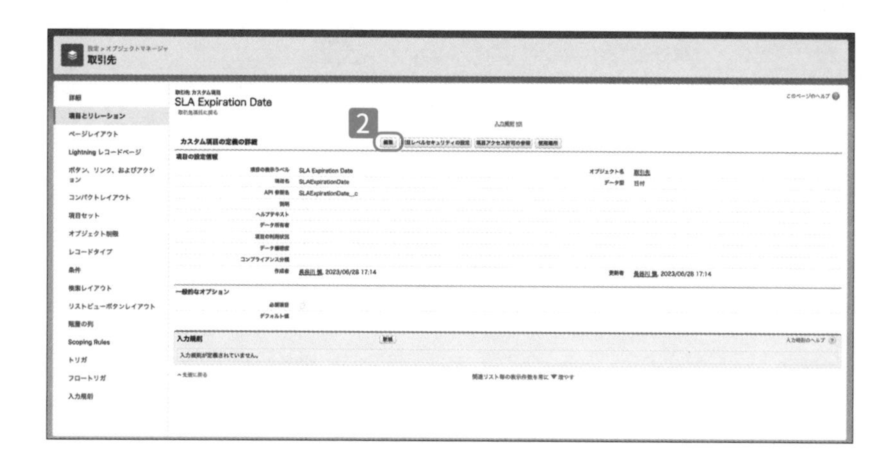

3 ［データ型の変更］ボタンをクリックして、データ型を変更します。

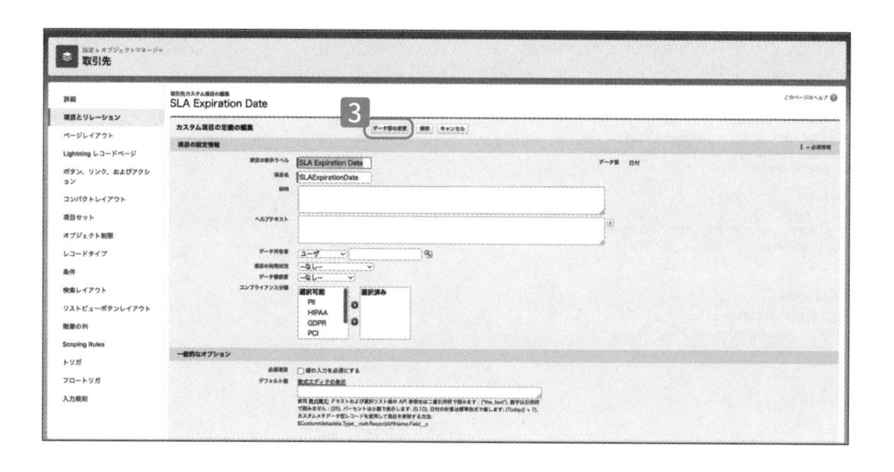

数式について

データ型が「数式」のカスタム項目を作成する場合は、あらかじめ**関数**を知っておく必要があります。関数の一覧と［この関数に関するヘルプ］のリンクがあるので、事前に確認できます。

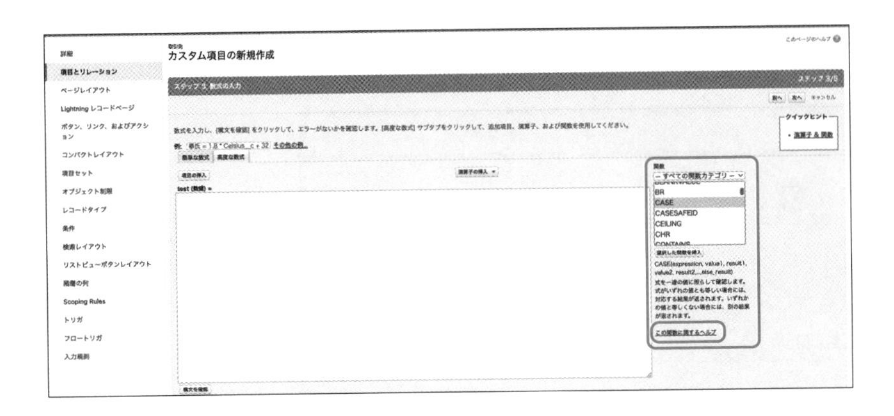

数式に関しては、様々な使用方法があります。Googleなどで「Salesforce 数式」と検索し、参考にするのもよいでしょう。

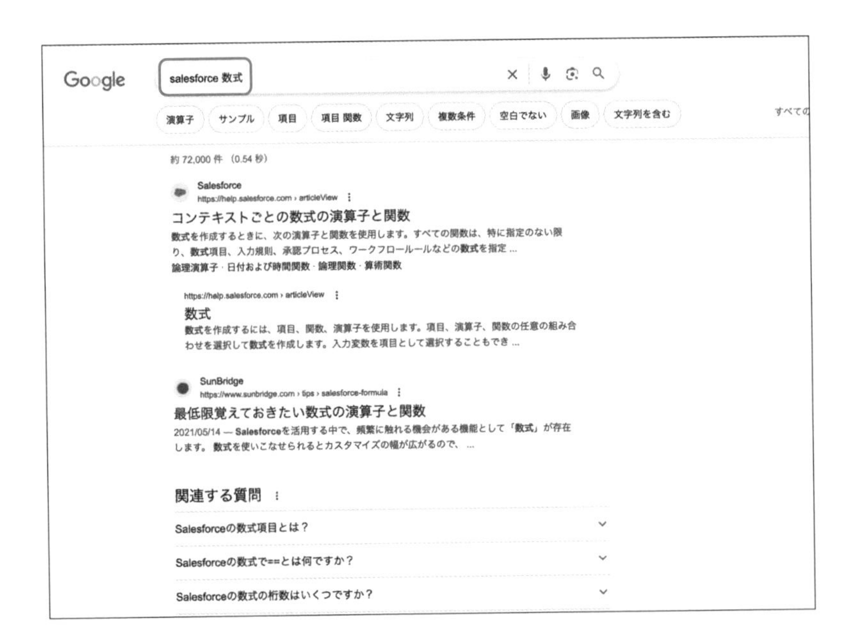

3 ページレイアウト

ページレイアウトの設定

カスタム項目を作成後、**ページレイアウト**上で項目の配置を変更できます。変更の手順は、以下の通りです。

1 [設定] → [オブジェクトマネージャ] タブでオブジェクトを指定し、[ページレイアウト] を選択します。
2 [新規] ボタンをクリックします。

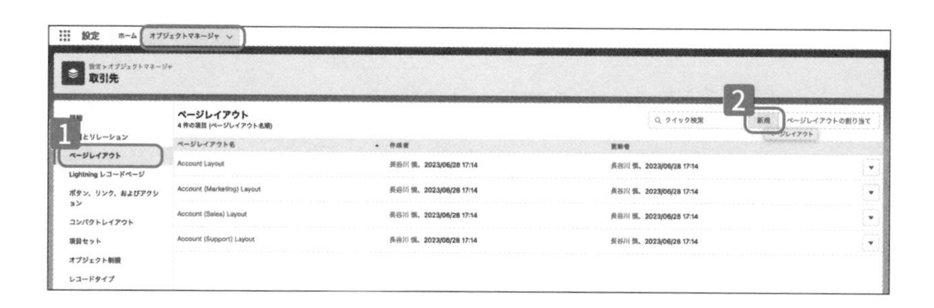

3 [既存のページレイアウト] で既存のページレイアウトを選択し（それをコピーして新規のページレイアウトを作成します）、[ページレイアウト名] にページレイアウト名（ここでは「取引先レイアウト」）を入力します。
4 [保存] ボタンをクリックします。

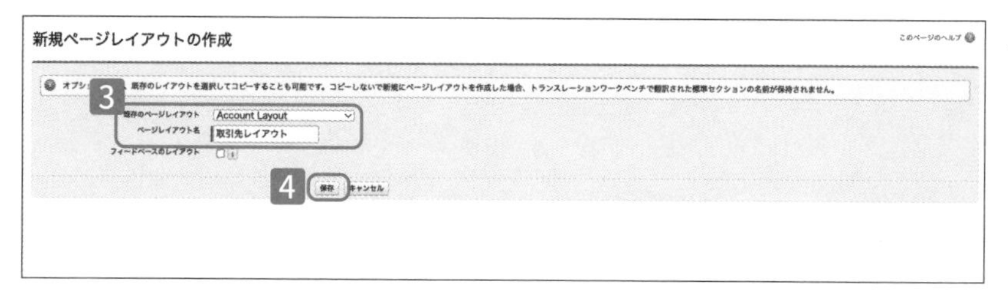

Hint

ページレイアウト名

ページレイアウト名が複数になる場合は、使用する場面がイメージしやすい名前にしておくとよいでしょう。例えば、「得意先レイアウト」「仕入先レイアウト」などです。

5 ページレイアウトの編集画面が表示されたら、配置されている項目をドラッグ&ドロップして配置を変更します。

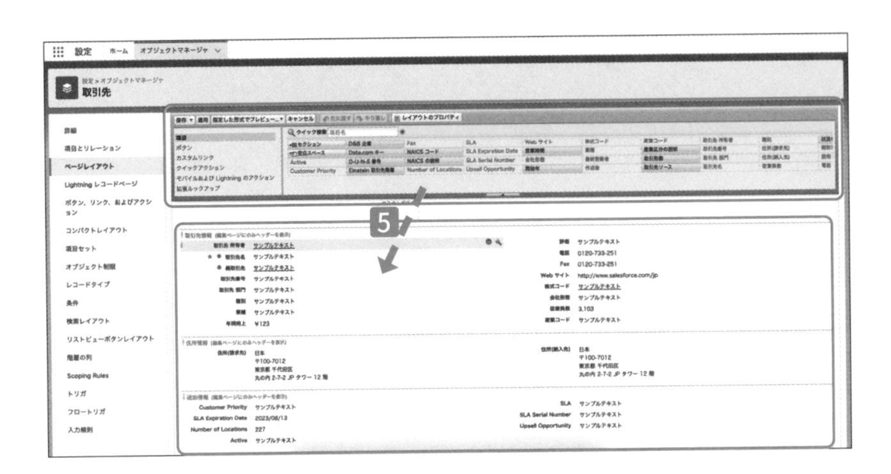

項目を必須項目に設定

それぞれの項目を必須項目にすることもできます。設定の手順は、以下の通りです。

1 項目にマウスポインタを当てて、プロパティ（工具マーク）をクリックします。

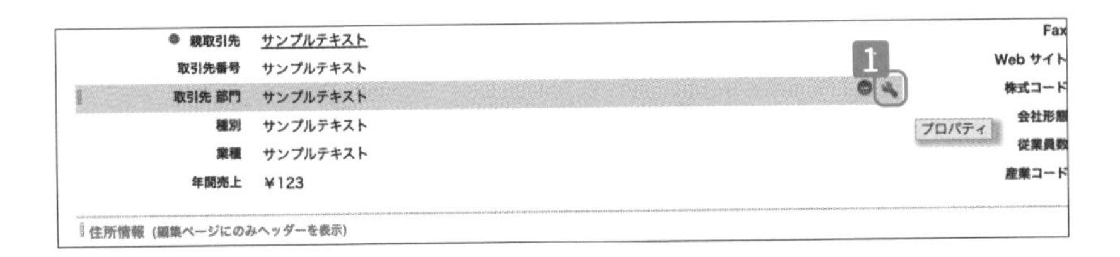

2 [項目プロパティ] 画面が表示されます。[必須項目] にチェックを入れ、[OK] ボタンをクリックします。

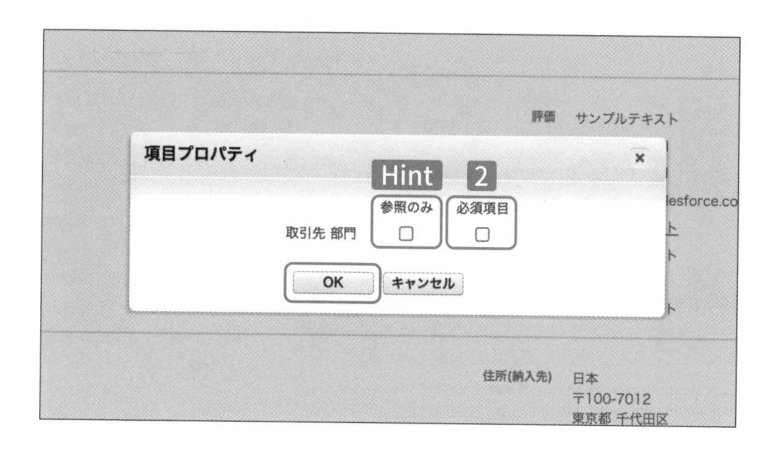

Hint

参照のみ

[参照のみ] にチェックを入れると、参照はできますが、編集できなくなります。

ページレイアウト上にない項目の配置

ある項目が存在していても、ページレイアウト上で表示されていない場合があります。そのような場合は、それをページレイアウト上に配置することで表示されます。

配置の手順は、以下の通りです。

1 配置したい項目を探して、選択します。

2 選択した項目をページレイアウト上にドラッグ&ドロップで配置します。

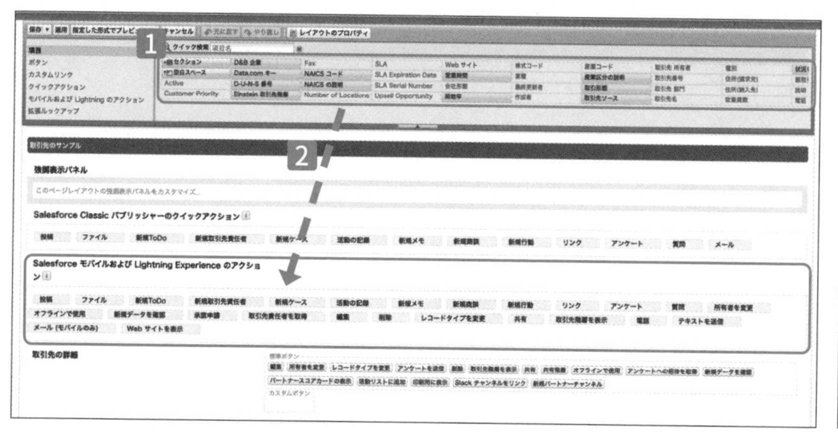

Hint

クイック検索

項目が多い場合は [クイック検索] を利用すると、探す時間を短縮できます。

ボタンの配置

ボタンを配置する手順は、以下の通りです。ここでは［モバイルおよびLightningのアクション］を例に説明します。

1 ［モバイルおよびLightningのアクション］を選択します。

2 配置したいボタンを［Salesforceモバイルおよび Lightning Experienceのアクション］にドラッグ&ドロップします。

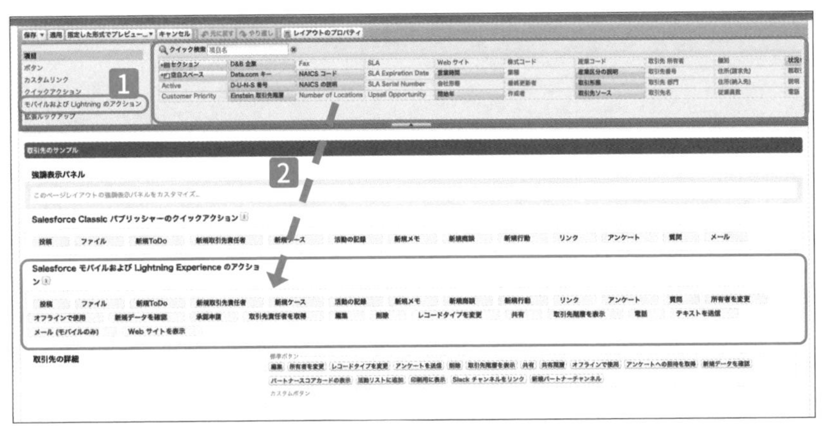

Hint

Lightning Experience

Salesforceの新しいユーザインターフェースで、カスタマイズ性も強く、プログラムなしで柔軟にレイアウトを変更できます。Lightning Experienceより前のユーザインターフェースはClassicと呼び、Lightning Experienceから切り替えて使用することも可能です。

Hint

ボタンを非表示にする

不要なボタンがある場合は、逆に下から上にドラッグ&ドロップすると非表示にできます。

セクションの追加

ページレイアウトで、次の画面のようなセクションを配置できます。

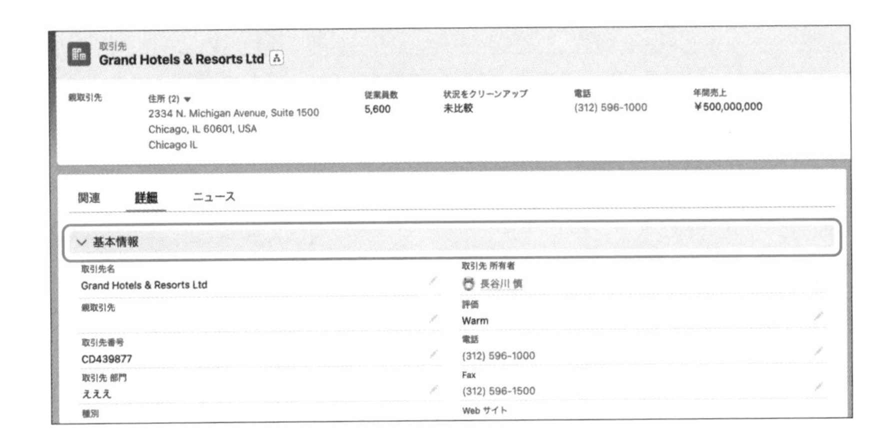

配置の手順は、以下の通りです。

1 項目を選択します。
2 [セクション]を任意の場所にドラッグ&ドロップします。

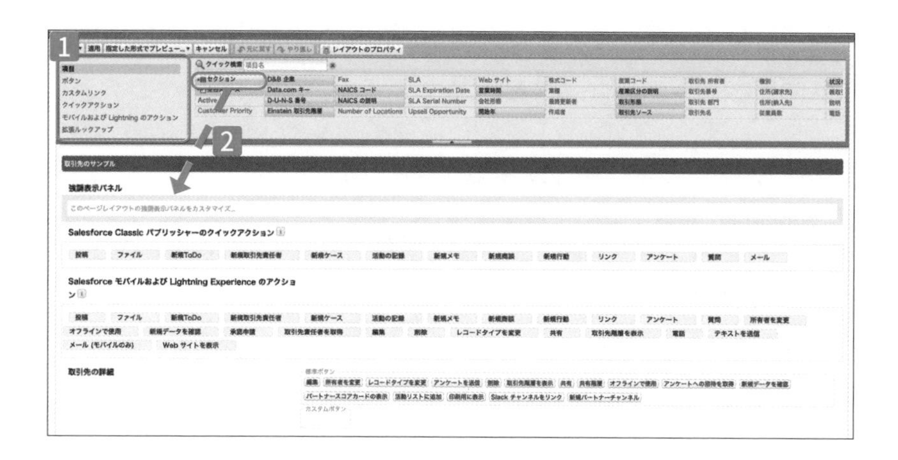

3 [セクション名]に名前(ここでは「取引先情報」)を入力します。
4 [レイアウト]で項目の並びを[1-列]か[2-列]のどちらかにするかを選択できます。
5 [OK]ボタンをクリックすると、セクションが配置されます。

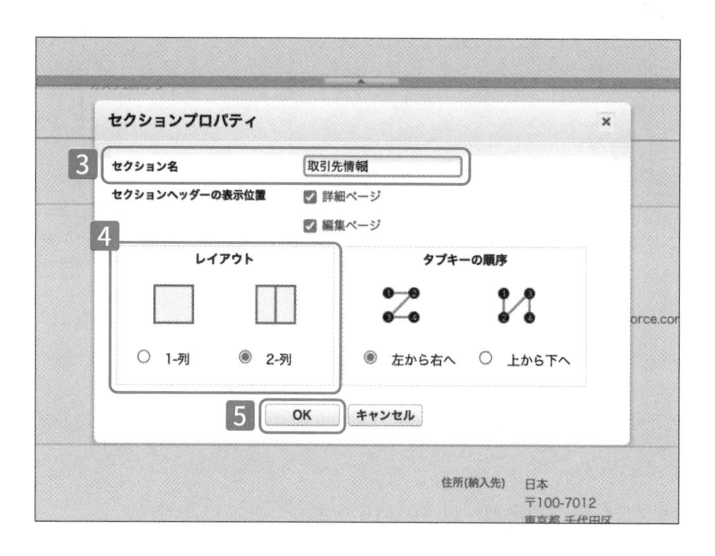

空白スペースの配置

項目が多い場合は、空白スペースを配置してそれぞれの間隔を空け、見やすくすることができます。配置の手順は、以下の通りです。

1 項目を選択します。

2 [空白スペース] を項目と項目の間にドラッグ&ドロップで配置します。

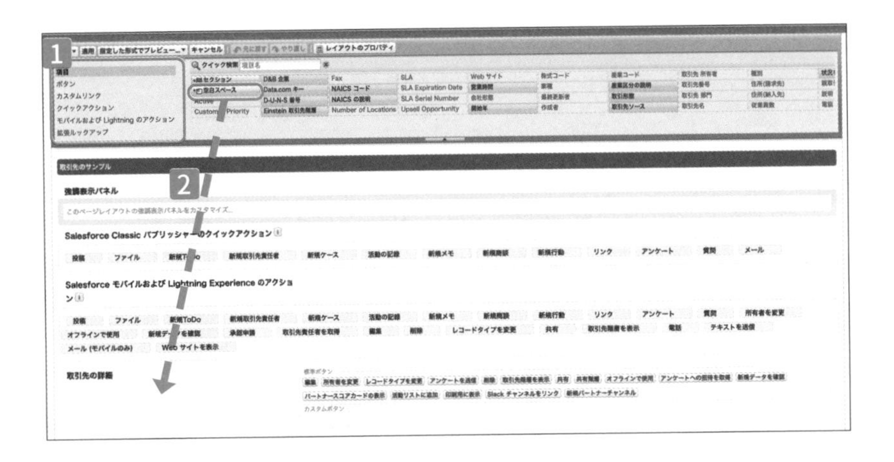

3 空白スペースが配置されて、項目が見やすくなります。

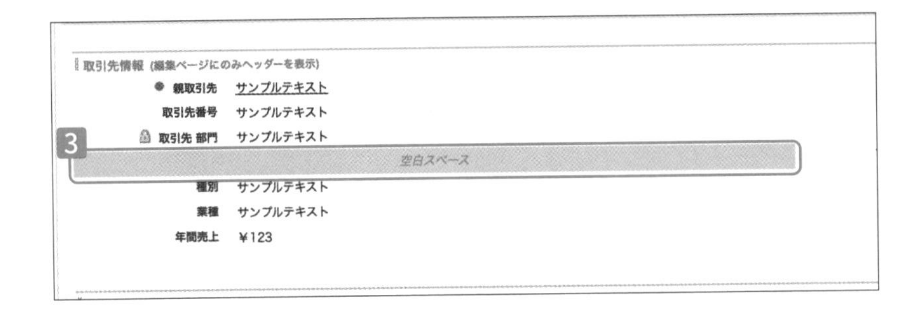

複数項目の移動

複数項目をまとめて移動させることができます。移動の手順は、以下の通りです。

1 Windowsでは［Ctrl］ボタン、Macでは［command］ボタンを押しながら、複数の項目を選択します。
2 複数の項目を選択したままドラッグ&ドロップすると、まとめて移動できます。

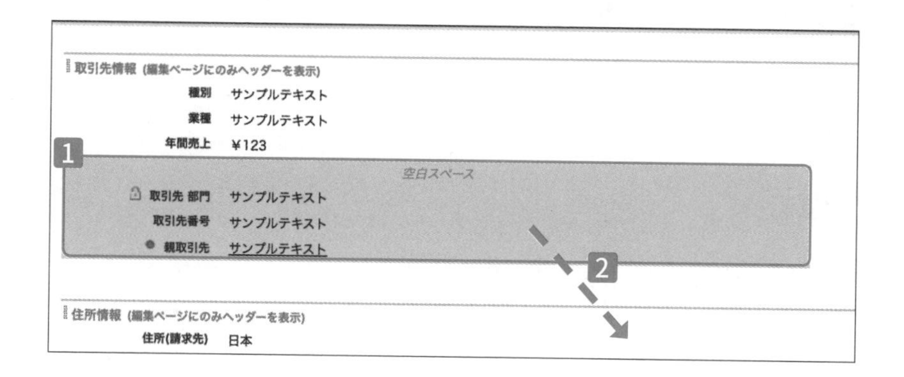

編集後は保存

ページレイアウトの編集が終わったら、必ず［保存］ボタンをクリックして、レイアウトの変更を保存してください。

4 関連リスト

関連リストの設定

関連リストは、主レコードから従レコードを参照するために使用するリストです。主従関係、参照関係のリレーション設定によって、従オブジェクトの情報を関連リストに表示できます。

関連リストの設定は、ページレイアウトから行います。設定の手順は、以下の通りです。

1 ［設定］→［オブジェクトマネージャ］タブからオブジェクトを指定し、［ページレイアウト］を選択します。

2 関連リストの設定をしたいページレイアウト名をクリックします。

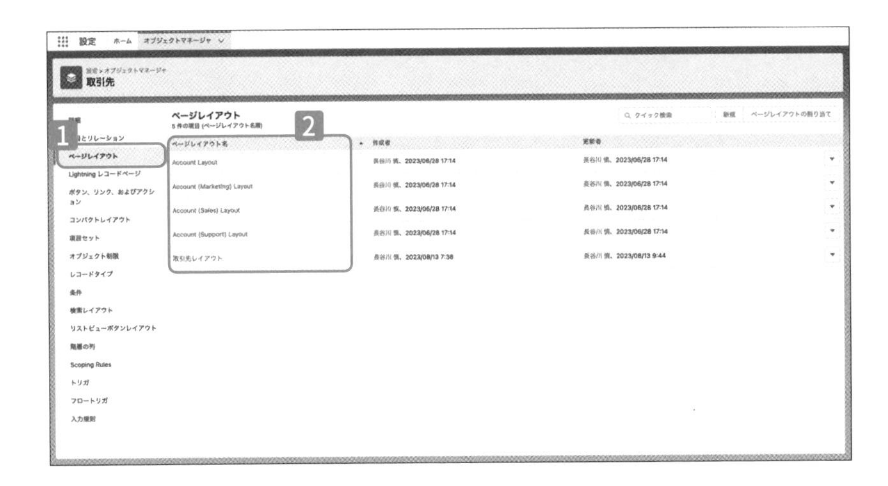

3 [関連リスト] をクリックします。

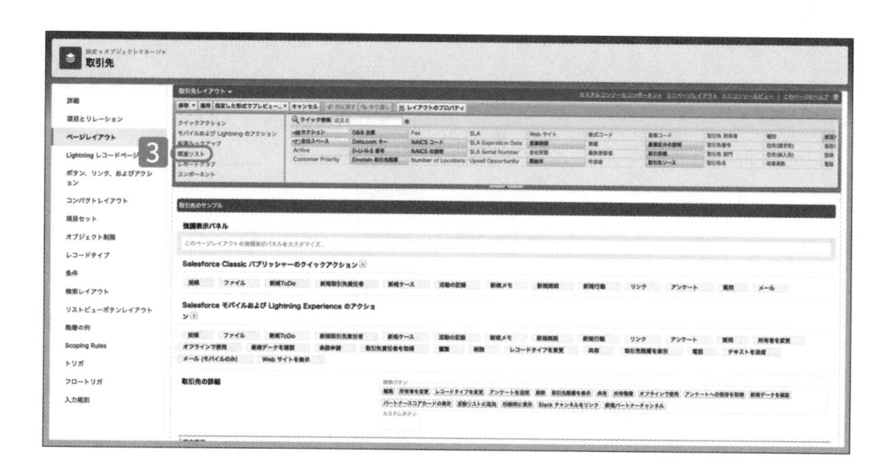

4 配置したい関連リストをドラッグ&ドロップで任意の場所に配置します。

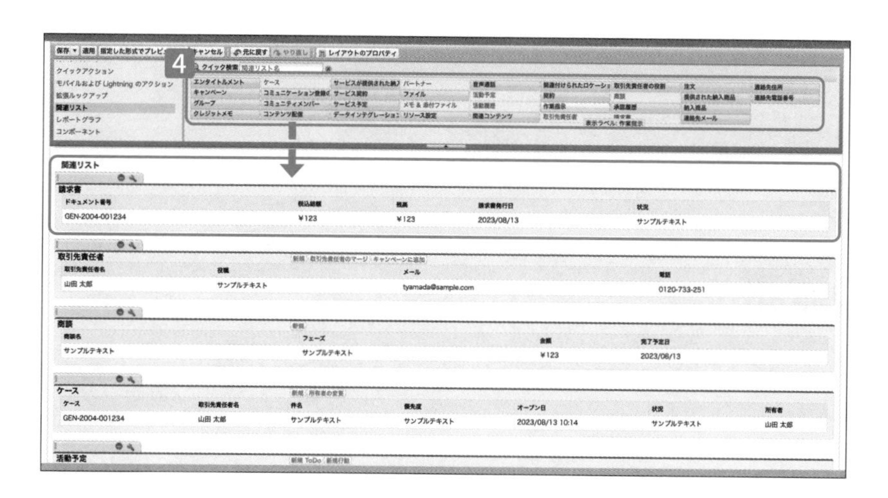

5 項目の表示や並び替えを設定するため、関連リストの [プロパティ] をクリックします。

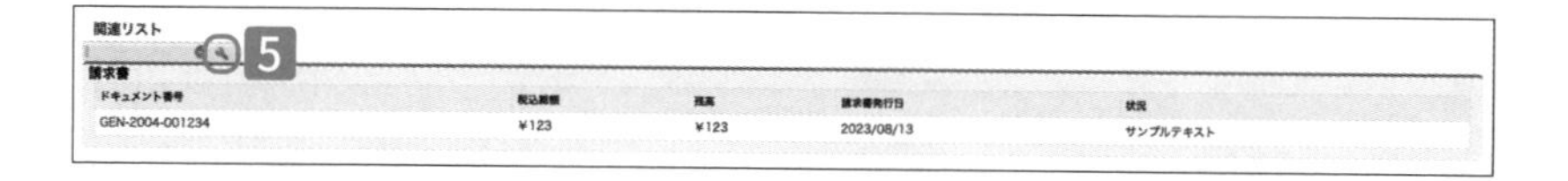

6 関連リストに表示したい項目を［選択可能な項目］から［選択済みの項目］に［追加］ボタンをクリックして移動させます。

7 設定が終了したら、［OK］ボタンをクリックします。

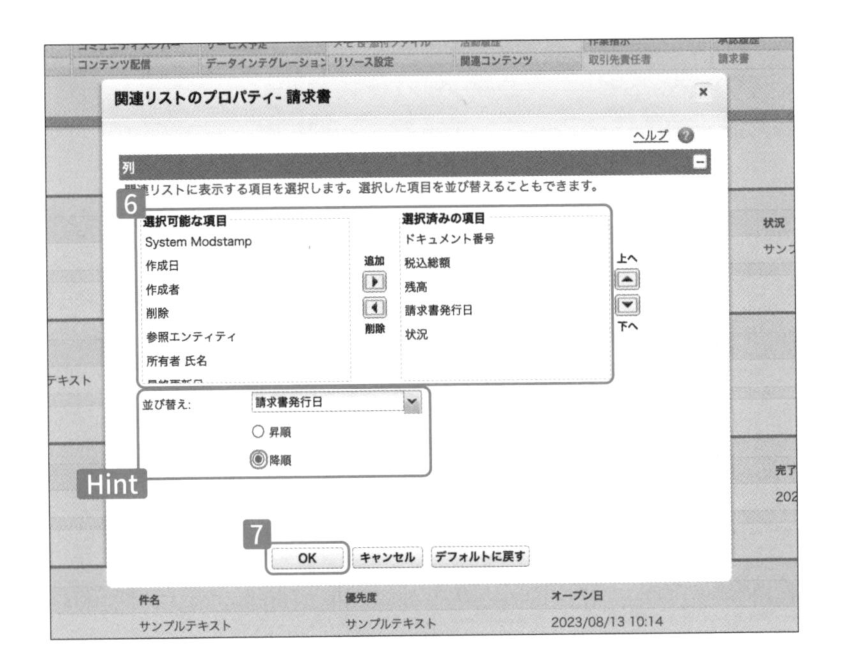

Hint

関連リストの項目

関連リストの項目は、確認頻度の高いものを優先的に配置しましょう。

Hint

並び替え

関連リストに複数のレコードがある場合の並び替えも可能です。並び替えする項目と昇順・降順を設定することができます。日付項目で昇順にすると、古い日付のレコードが上に表示され、降順はその逆になります。

関連リストの確認

レコードページの［関連］タブをクリックして、設定が反映されているかを確認できます。

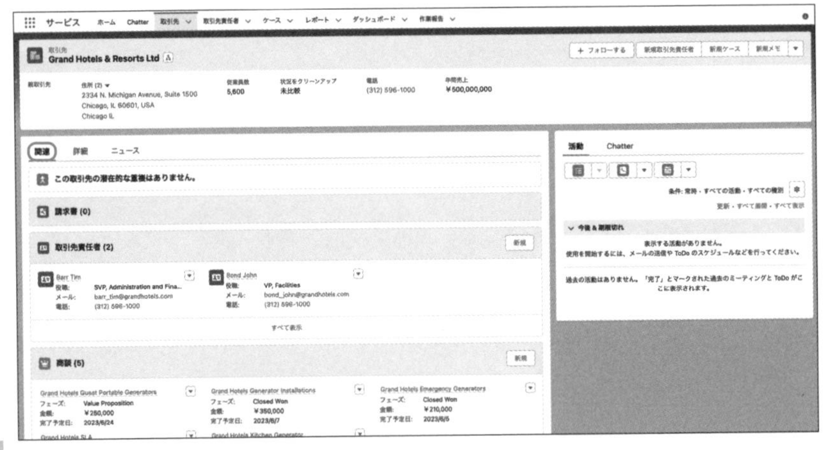

Hint

関連リストの確認

関連リストを確認して表示されていない場合は再度、ページレイアウトの関連リストを確認しましょう。また、別のページレイアウトで設定してしまった場合もありますので、こちらも確認が必要です。

Hint

関連リストの並び順

ページレイアウトの設定の関連リストの部分でも、関連リストの並び順を変更できます。

5 レコードタイプ

レコードタイプの作成

レコードタイプは、1つのオブジェクトのレコード（データ）を分類し、ページレイアウト（項目の表示方法）を変更する機能です。標準オブジェクト、カスタムオブジェクトのどちらでも作成できます。

設定の手順は、以下の通りです。

1 ［設定］→［オブジェクトマネージャ］タブからオブジェクトを指定し、［レコードタイプ］を選択します。

2 ［新規］ボタンをクリックします。

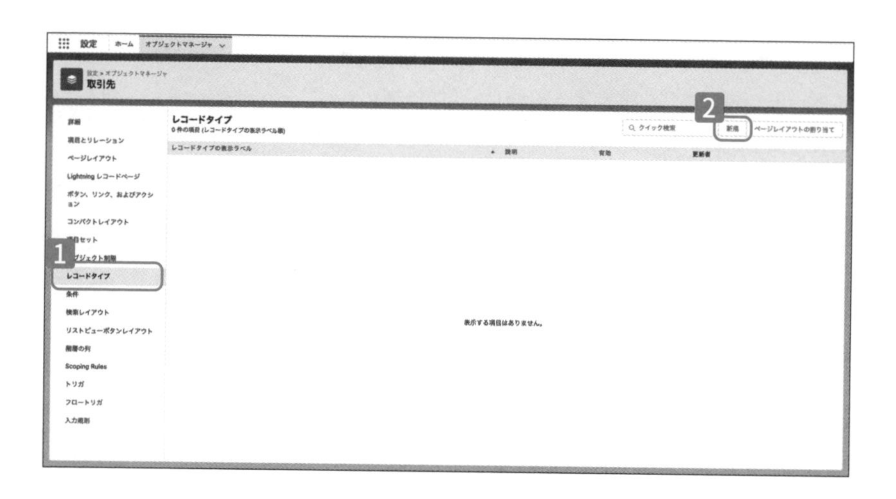

3 ［既存のレコードタイプからコピーする］でコピーしたいレコードタイプ（ここでは「マスタ」）を選択し、［レコードタイプの表示ラベル］にラベル名（ここでは「得意先」）、［レコードタイプ名］にレコードタイプ名（英数字とアンダースコアのみ使用可能）、［説明］（必須ではありません）を入力し、［有効］にチェックを入れます。

4 ［次へ］ボタンをクリックします。

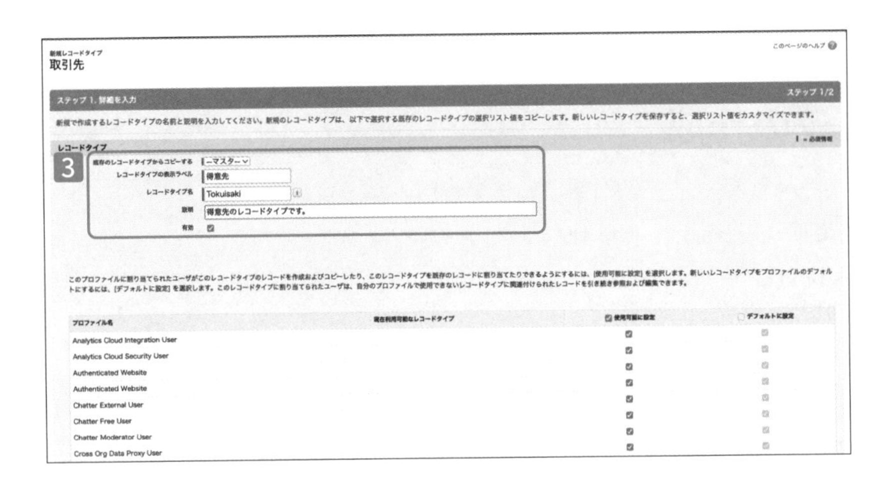

5 すべてのプロファイルを同じページレイアウトにする場合は、［1つのレイアウトをすべてのプロファイルに適用する］を選択し、ページレイアウトを指定します。プロファイルごとに異なるページレイアウトを設定する場合は、［プロファイルごとに異なるレイアウトを適用する］を選択し、プロファイルごとにページレイアウトを指定します。

6 指定が終わったら、［保存］ボタンをクリックします。

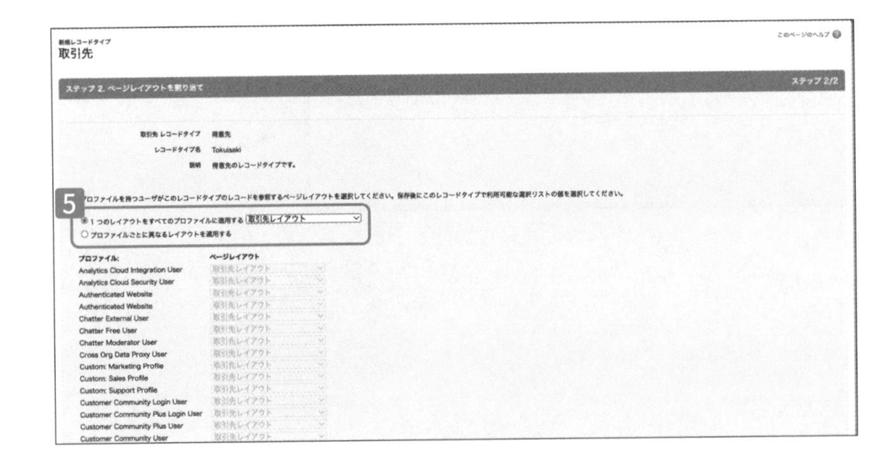

7 レコードタイプが作成され、選択リストの値が設定できるようになります。設定する場合は、各選択リストの［編集］をクリックします。

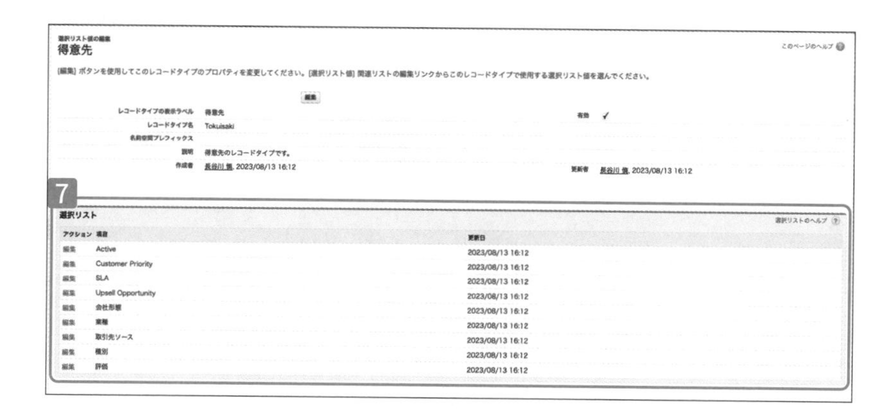

8 作成したレコードタイプの選択リストで使用しない値があれば削除します。また作成したレコードタイプのデフォルト値も指定できます。

9 設定が終わったら、［保存］ボタンをクリックします。

Hint

選択リスト値

レコードタイプごとに選択リストで［選択可能な値］を指定できるので、作成したレコードタイプで不要な選択リストの値があれば削除しておきましょう。

ページレイアウトの割り当て

レコードタイプを作成した後、割り当てるページレイアウトを変更できます。変更の手順は、以下の通りです。

1 [設定] → [オブジェクトマネージャ] タブからオブジェクトを指定し、[レコードタイプ] を選択します。さらに、[ページレイアウトの割り当て] ボタンをクリックします。

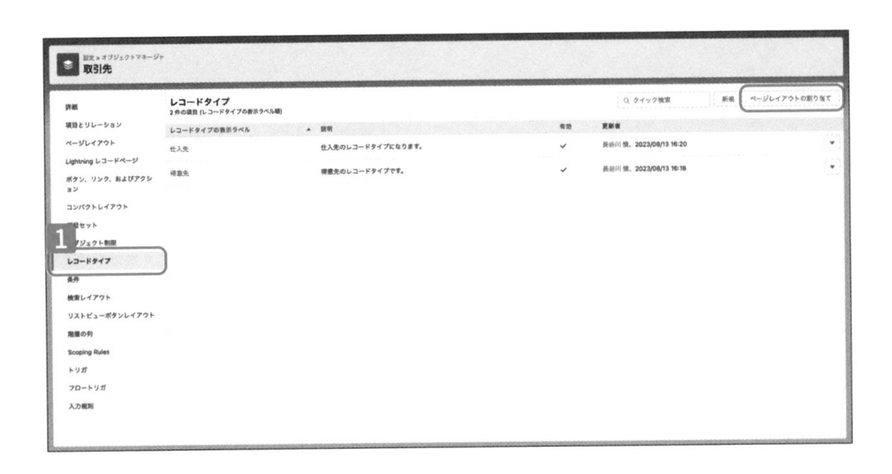

2 [割り当ての編集] ボタンをクリックします。

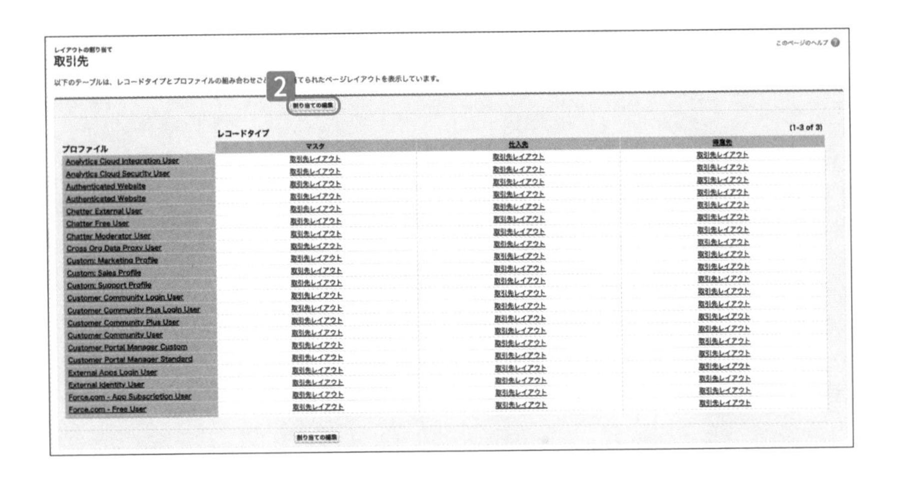

3 変更したいレコードタイプと、プロファイルを選択します。
4 [使用するページレイアウト] を設定します。
5 設定が終わったら、[保存] ボタンをクリックします。

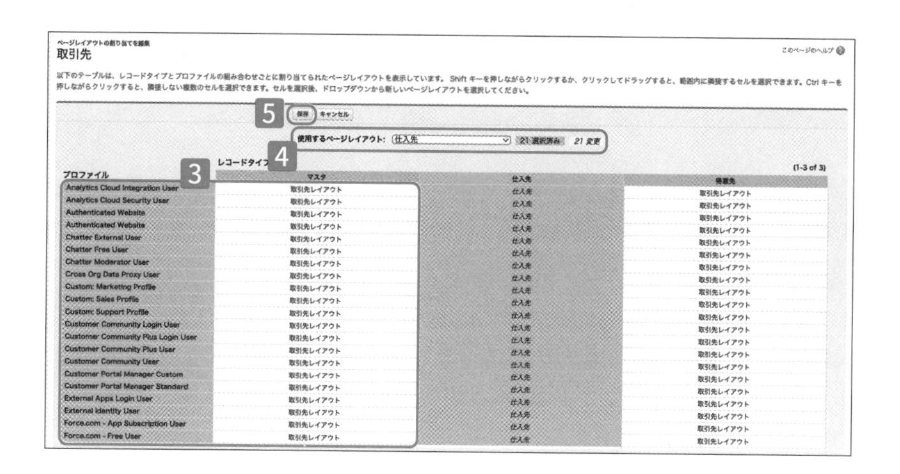

プロファイル	マスタ	仕入先	得意先
Analytics Cloud Integration User	取引先レイアウト	仕入先	取引先レイアウト
Analytics Cloud Security User	取引先レイアウト	仕入先	取引先レイアウト
Authenticated Website	取引先レイアウト	仕入先	取引先レイアウト
Authenticated Website	取引先レイアウト	仕入先	取引先レイアウト
Chatter External User	取引先レイアウト	仕入先	取引先レイアウト
Chatter Free User	取引先レイアウト	仕入先	取引先レイアウト
Chatter Moderator User	取引先レイアウト	仕入先	取引先レイアウト
Cross Org Data Proxy User	取引先レイアウト	仕入先	取引先レイアウト
Custom: Marketing Profile	取引先レイアウト	仕入先	取引先レイアウト
Custom: Sales Profile	取引先レイアウト	仕入先	取引先レイアウト
Custom: Support Profile	取引先レイアウト	仕入先	取引先レイアウト
Customer Community Login User	取引先レイアウト	仕入先	取引先レイアウト
Customer Community Plus Login User	取引先レイアウト	仕入先	取引先レイアウト
Customer Community Plus User	取引先レイアウト	仕入先	取引先レイアウト
Customer Community User	取引先レイアウト	仕入先	取引先レイアウト
Customer Portal Manager Custom	取引先レイアウト	仕入先	取引先レイアウト
Customer Portal Manager Standard	取引先レイアウト	仕入先	取引先レイアウト
External Apps Login User	取引先レイアウト	仕入先	取引先レイアウト
External Identity User	取引先レイアウト	仕入先	取引先レイアウト
Force.com - App Subscription User	取引先レイアウト	仕入先	取引先レイアウト
Force.com - Free User	取引先レイアウト	仕入先	取引先レイアウト

レコードタイプを選択してレコードを作成

レコードタイプを複数作成して有効にすると、新規作成画面で好きなレコードタイプを選択できるようになります。

レコードタイプの説明は必須項目ではありませんが、記載しておくとレコードの新規作成時に表示されるので、ユーザがレコードタイプを選ぶ時に迷うことが少なくなります。

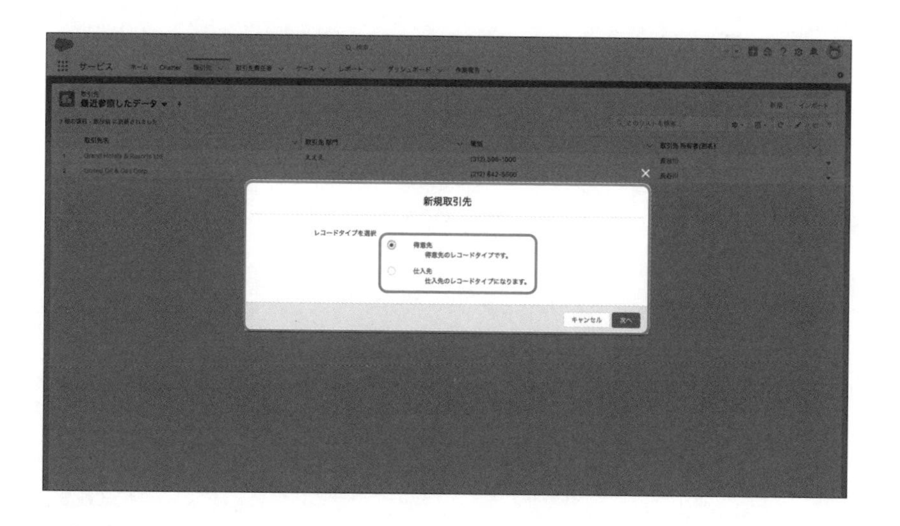

6 カスタムオブジェクト

カスタムオブジェクトの作成

Salesforceで最初から用意されている標準オブジェクトとは別に、自分で作成したオブジェクトを**カスタムオブジェクト**と言います。

カスタムオブジェクトの作成手順は、以下の通りです。

1 ［設定］→［オブジェクトマネージャ］タブを選択します。

2 ［作成］ボタンをクリックし、ドロップダウンリストから［カスタムオブジェクト］を選択します。

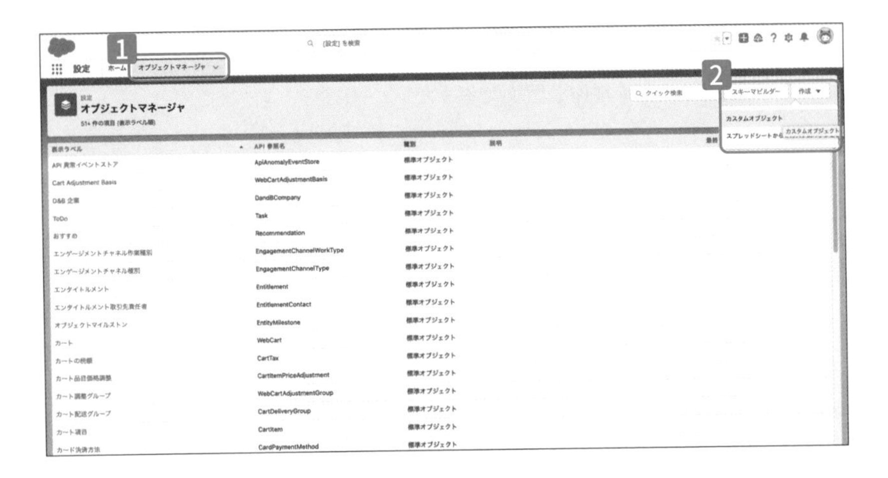

3 [表示ラベル] にラベル名 (ここでは「報告書」)、[オブジェクト名] (英数字とアンダースコアのみ使用可能)、[レコード名] にレコード名 (ここでは「報告書名」) を入力し、[データ型] では [テキスト] と [自動採番] のどちらかを選択します。

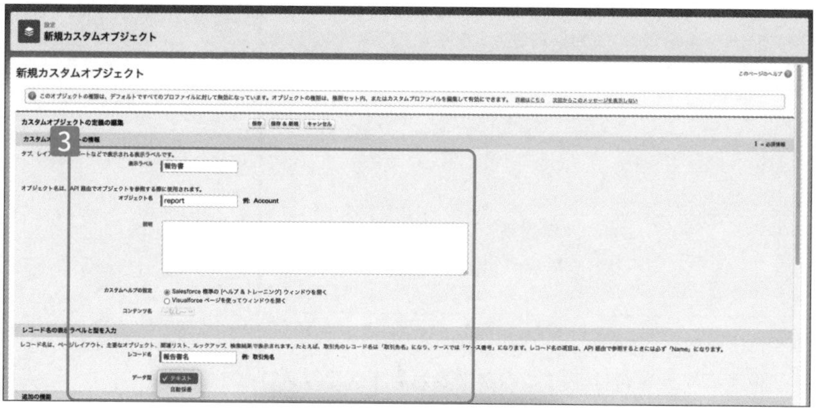

Hint

データ型の選択

・**テキスト**……テキスト形式で自由に入力が可能です。
・**自動採番**……次の画面のように設定した形式で自動採番されるので、レコード名を入力する必要がなくなります。

4 画面を下にスクロールし、[デフォルトのページレイアウトに、メモと添付ファイルを追加する] と [カスタムオブジェクトの保存後、新規カスタムタブウィザードを起動する] にチェックを入れます。

5 必要に応じて、[レポートを許可]、[活動を許可]、[項目履歴管理]、[Chatter グループに内で許可]、[検索を許可] にチェックを入れます。

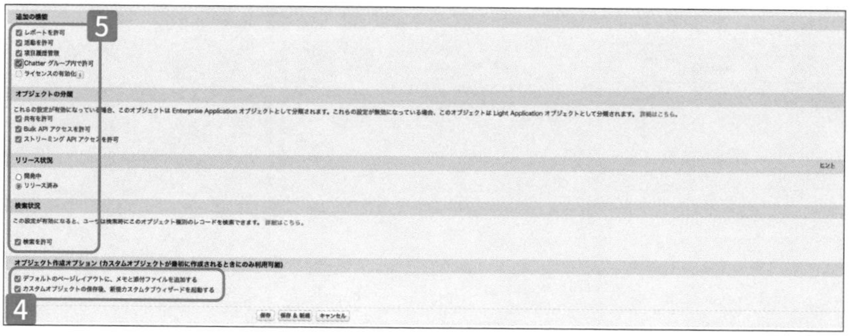

Hint

カスタムオブジェクトの保存後~

[カスタムオブジェクトの保存後、新規カスタムタブウィザードを起動する] にチェックを入れないで作成してしまうと、タブとして表示されません。タブが必要な場合はこの時点でチェックを入れて作成しましょう。

Hint

チェックしなくても作成可能

[デフォルトのページレイアウトに、メモと添付ファイルを追加する] と [カスタムオブジェクトの保存後、新規カスタムタブウィザードを起動する] の2項目は、チェックなしでも作成できますが、タブ作成や、メモ/添付ファイルの追加漏れを予防できます。

6 ［タブスタイル］を選択し、［次へ］ボタンをクリックします。

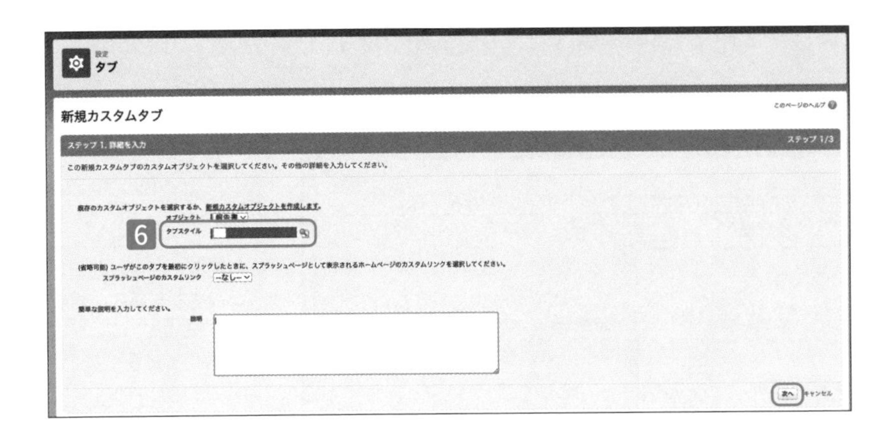

7 すべてのプロファイルで同じ設定にする場合は、［1つのタブ表示をすべてのプロファイルに適用する］を選択し、表示設定を選択します。プロファイルとタブごとに表示設定を変更したい場合は、［プロファイルごとに異なるタブ表示を適用する］を選択し、プロファイルごとにタブの表示設定を選択してください。

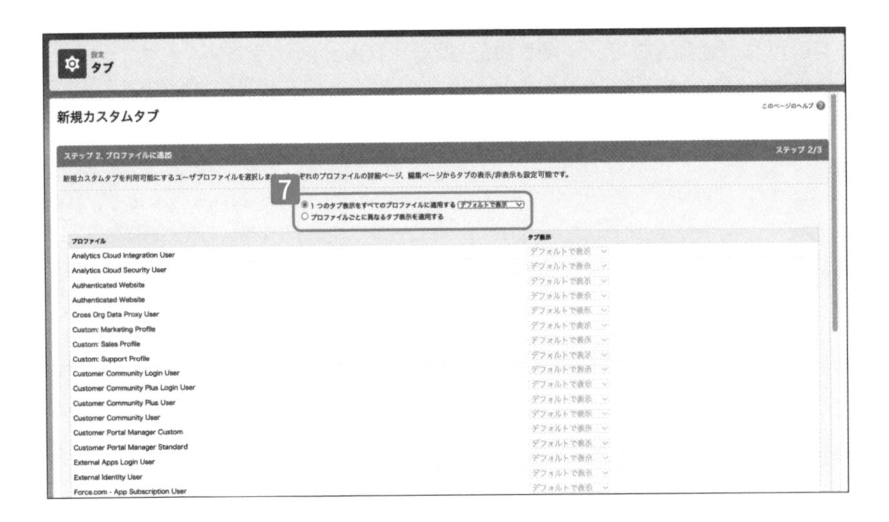

8 作成したオブジェクトの［タブを含めるアプリケーション］にチェックを入れ、［保存］ボタンをクリックします。

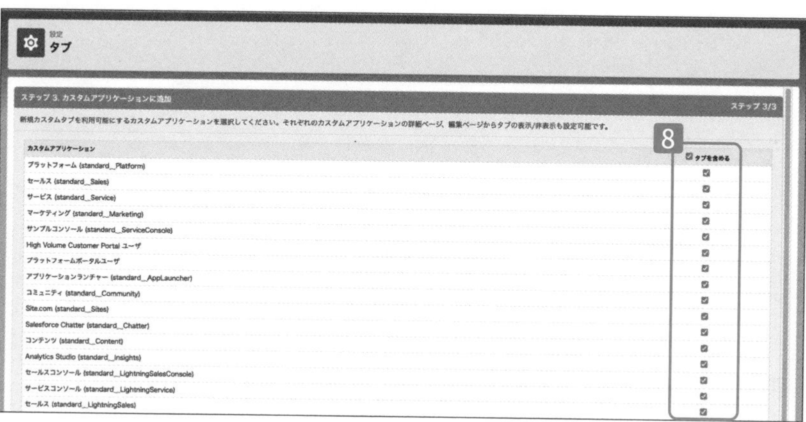

カスタムオブジェクトが作成できたら、オブジェクト内にカスタム項目を作成→ページレイアウトを編集という流れでカスタムオブジェクトを作成していきます。

Hint

タブを含めるアプリケーション

［タブを含めるアプリケーション］は、画面左上にあるアプリケーションランチャーなどで表示されるアプリケーションになります。作成したオブジェクトのタブを含める必要のあるものだけチェックしましょう。

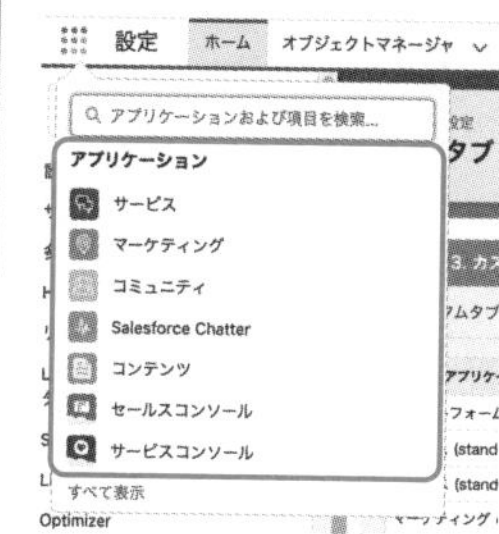

スプレッドシートでカスタムオブジェクトの作成

項目が多い場合などは、スプレッドシートでカスタムオブジェクトを作成すると効率的です。作成の手順は、以下の通りです。

1 ［設定］→［オブジェクトマネージャ］タブを選択します。

2 ［作成］ボタンクリックし、ドロップダウンリストから［スプレッドシートからのカスタムオブジェクト］を選択します。

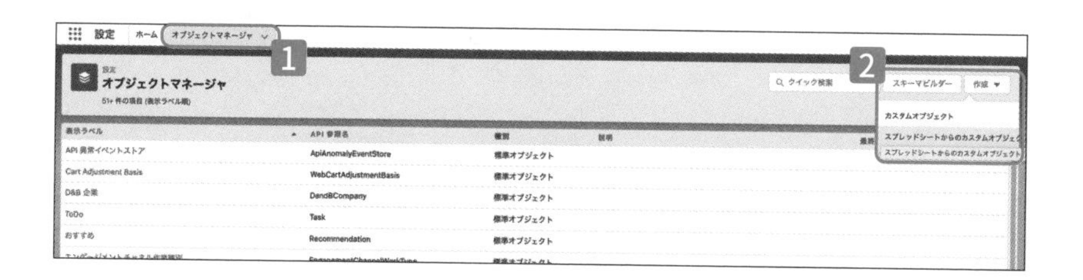

3 スプレッドシートを選択します。ExcelやCSVファイル、Googleシート、Office 365またはドライブなどからカスタムオブジェクトが作成できます。

7 Lightning アプリケーションビルダー

Lightningアプリケーションビルダーの使用

Lightningアプリケーションビルダーを使用すると、Lightning Experienceおよびモバイルアプリケーション用のレイアウトなどが設定できます。

レイアウトの設定手順は、以下の通りです。

1 レイアウトを変更したいレコードページで［歯車］アイコンをクリックし、［編集ページ］を選択します。

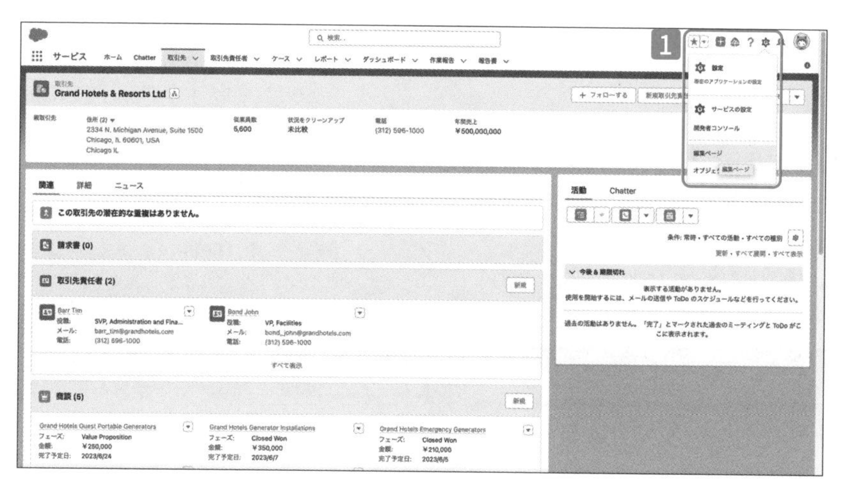

Hint

Lightningアプリケーションビルダー

SalesforceモバイルアプリケーションやLightning Experienceのカスタムページを簡単にプログラミングなしで作成ができます。コンポーネントと呼ばれる部品をドラッグ&ドロップで配置可能です。

2 [Lightningアプリケーションビルダー] が表示されます。コンポーネント（部品）が並んでいるので、ドラッグ&ドロップで画面中央のプレビュー画面に配置します。

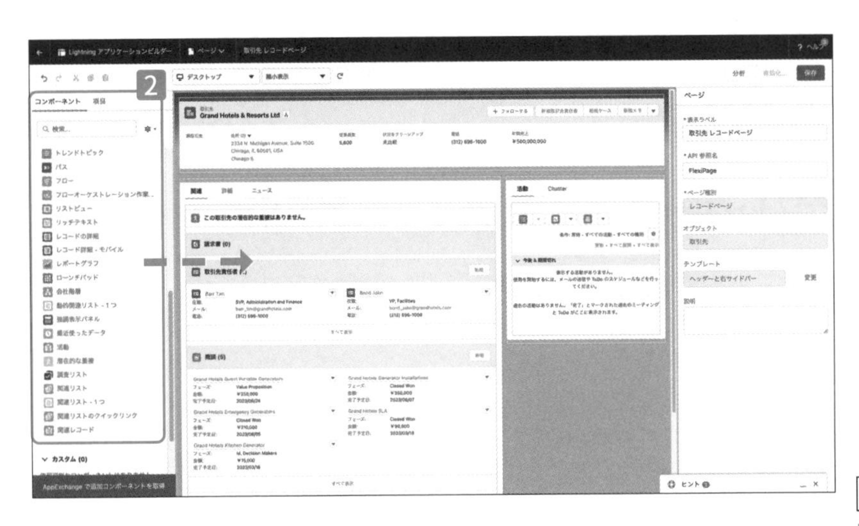

具体的な設定例として、コンポーネントの [関連リスト -1つ] を中央に配置してみます。

3 [関連リスト -1つ] を中央にドラッグ&ドロップします。
4 取引先のページレイアウトで使用する関連リストとして、[関連リスト] から「商談」を選択します。
5 設定を反映させる場合は、[保存] ボタンをクリックします。

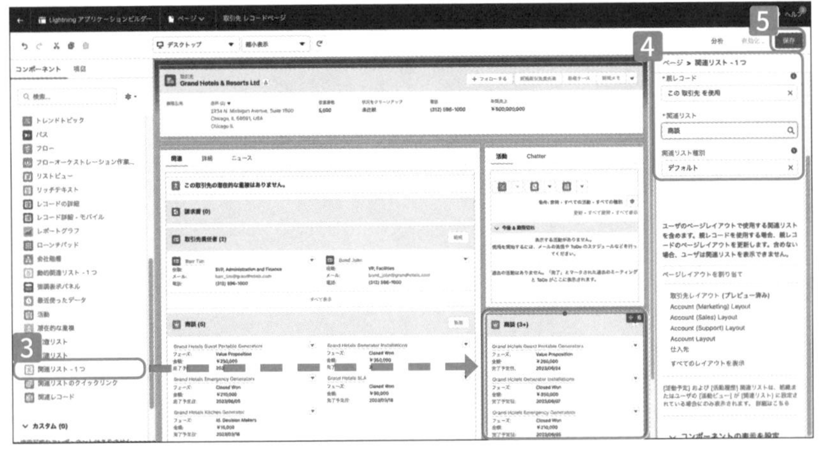

Hint

関連リスト -1つ

[関連リスト -1つ] を使用すると、レコードページで関連のタブを切り替えることなく、関連リストだけを確認できます。

Hint

関連リストが非表示

[関連リスト -1つ] や [関連リスト] で表示されない関連リストがある場合は、ページレイアウトで表示されない設定になっている可能性があります。

Hint

[有効化...] ボタン

一度も有効化していない場合は、[保存] ボタンの左にある [有効化...] ボタンをクリックします。

6 ［有効化：取引先 レコードページ］画面が表示されます。デフォルトを割り当て、［完了］ボタンをクリックします。

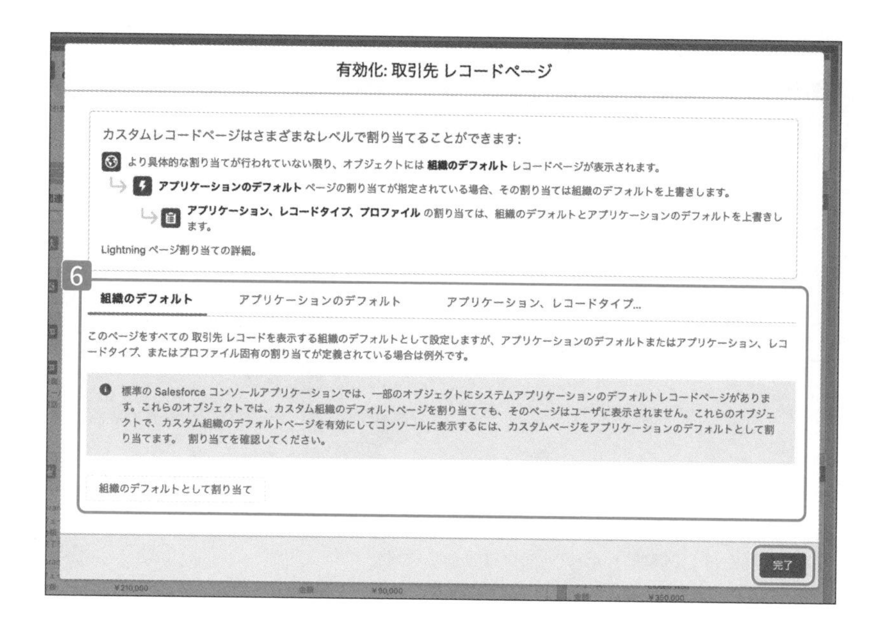

3種類あるデフォルトの表示内容は、それぞれ次の表のようになります。

●デフォルトの種類と表示内容

デフォルトの種類	表示内容
組織のデフォルト	割り当てが他にない場合、組織のデフォルトが表示される
アプリケーションのデフォルト	割り当てがある場合、組織のデフォルトを上書きしてレコードページが表示される
アプリケーション、レコードタイプ、プロファイル	割り当てがある場合、設定したレコードページが組織のデフォルト、アプリケーションのデフォルトを上書きしてレコードページが表示される

7 ［フォーム要素を割り当て］画面が表示されます。使用可能にするフォーム要素を選択します。

8 ［次へ］ボタンをクリックします。

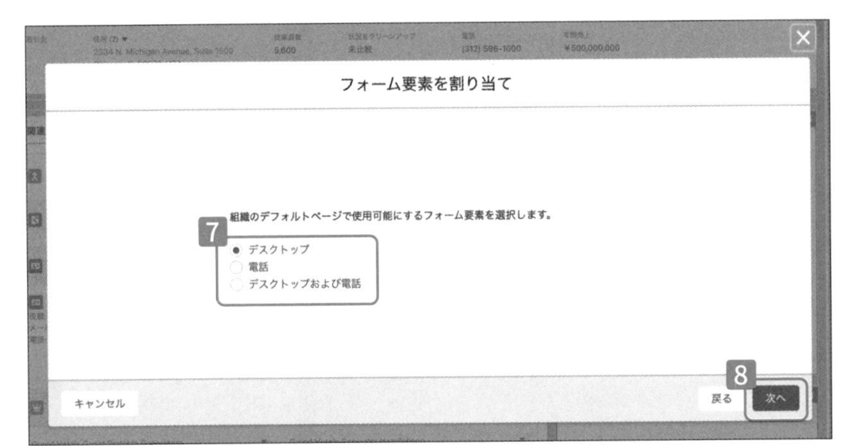

Hint
電話

フォーム要素の［電話］は、モバイルアプリケーションを意味します。

9 ［割り当てを確認］画面が表示されます。［保存］ボタンをクリックします。

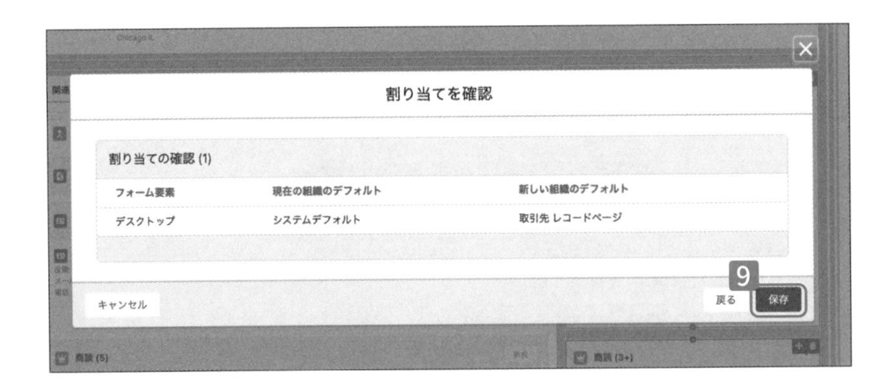

⑩設定が反映されているかを確認します。

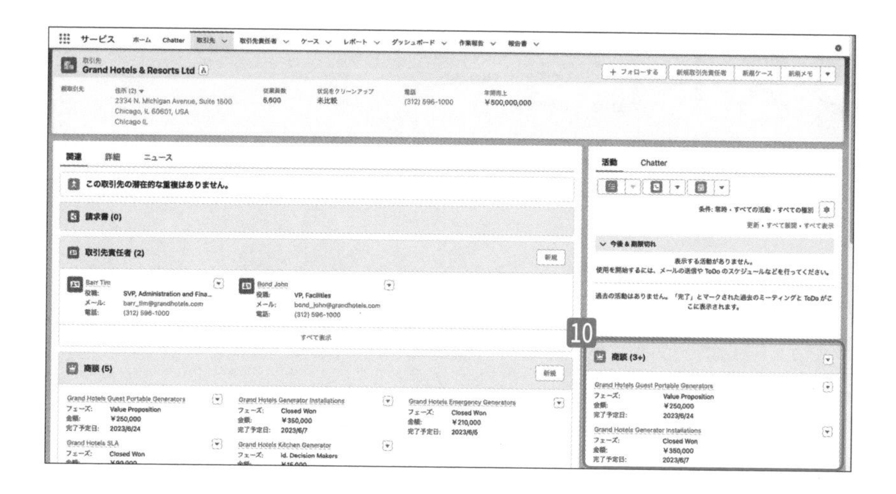

項目の配置も可能

Lightningアプリケーションビルダーでは、項目を配置することができます。配置の手順は、以下の通りです。

1 [Lightningアプリケーションビルダー] で [項目] を選択します。
2 項目セクションや項目をドラッグ&ドロップで配置して、レイアウトを設定します。

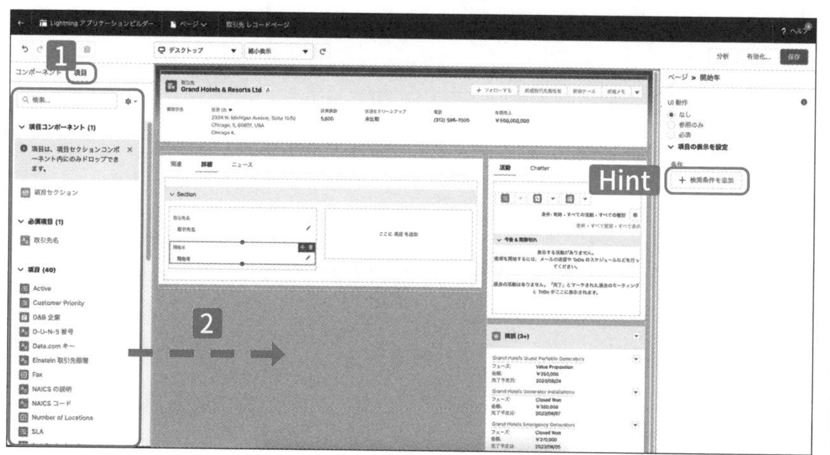

Hint

[検索条件を追加] ボタン

項目ごとに [検索条件を追加] ボタンをクリックすると、表示条件を設定できます。

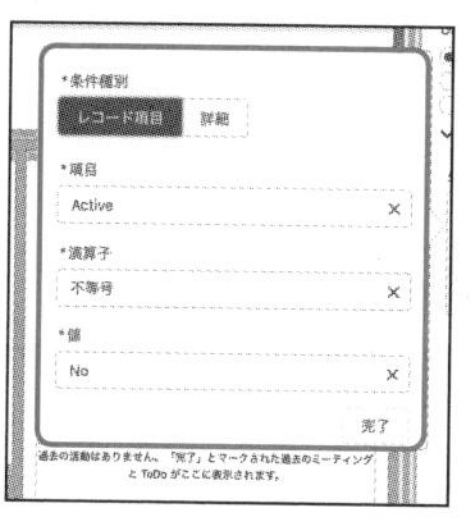

4

リストビューの設定

リストビューは、標準オブジェクトおよびカスタムオブジェクトで数あるレコードから、特定の条件で抽出したレコードの一覧を表示する機能です。グラフも追加できます。

リストビューを設定する手順は、以下の通りです。

1 オブジェクトのタブ（ここでは［取引先］タブ）を選択します。
2 リストビューが表示されます。

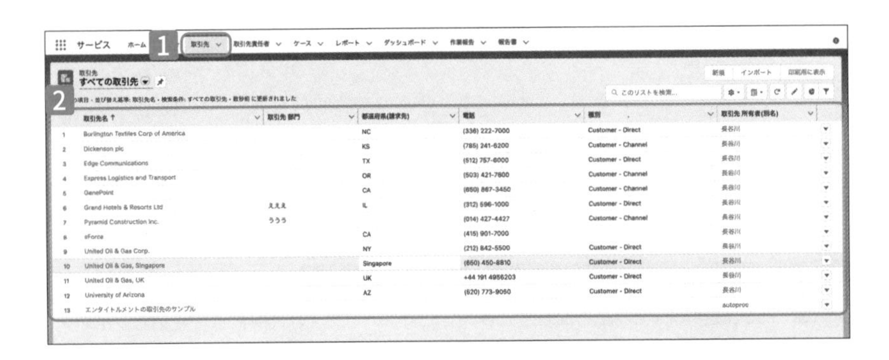

3 ［リストビューコントロール］の［歯車］アイコンをクリックし、ドロップダウンリストから［新規］を選択します。

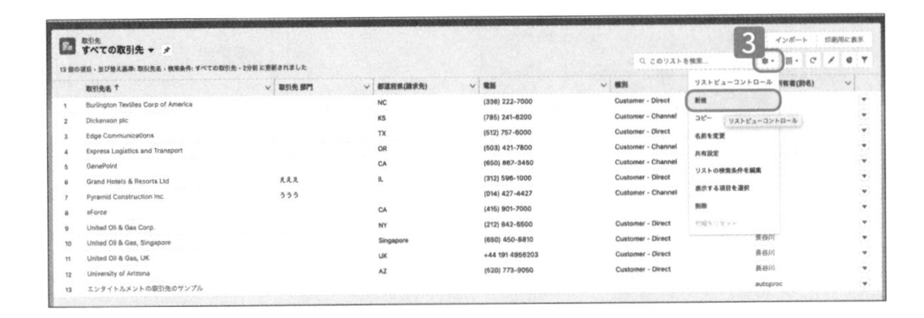

4 [新規リストビュー] 画面が表示されます。[リスト名] にリスト名（ここでは「CAの取引先」）、[リストAPI 参照名] に参照名（ここでは「CA」）を入力します。

5 このリストビューの共有範囲を設定し、[保存] ボタンをクリックします。

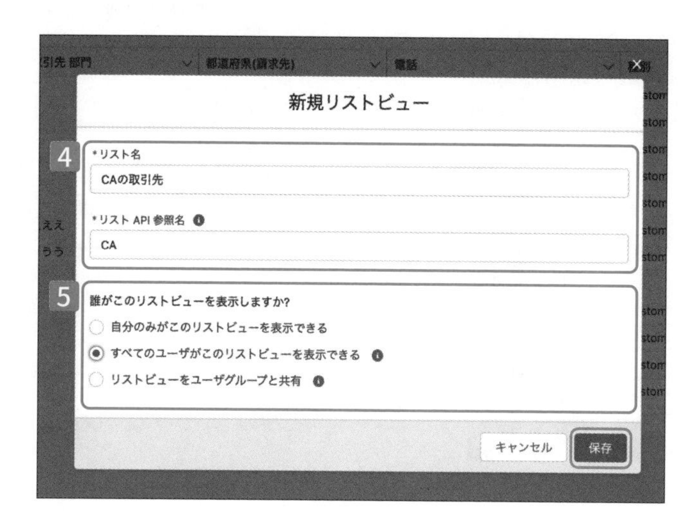

6 再度、[リストビューコントロール] の [歯車] アイコンをクリックし、ドロップダウンリストから [表示する項目を選択] をクリックします。

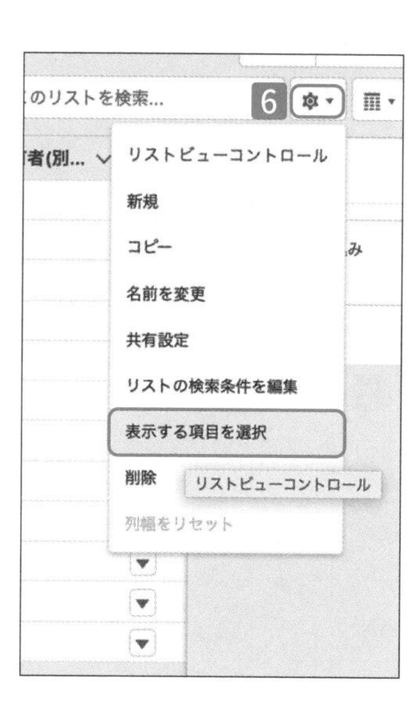

7 リストビューで表示したい項目を［選択可能な項目］から［参照可能項目］へ追加します。
8 設定が終了したら、［保存］ボタンをクリックします。

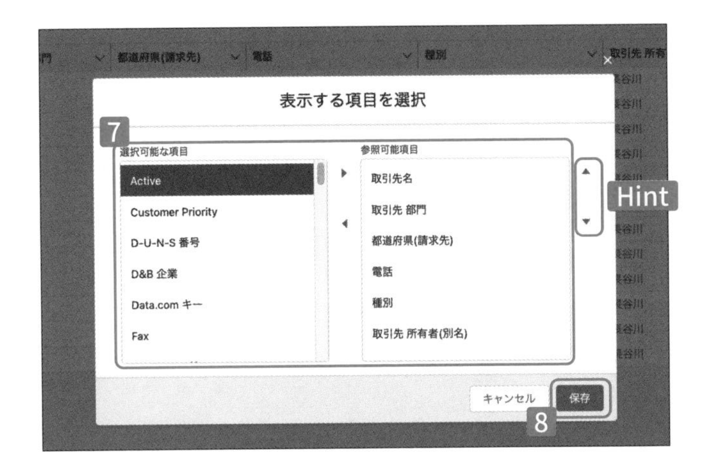

Hint

リストビューの項目

リストビューの項目は、最大で15個まで配置できます。

Hint

［▲］［▼］ボタン

参照可能項目の右側にある［▲］［▼］をクリックすると、表示順を変更できます。

検索条件の追加

リストビューでは検索条件を追加し、条件で絞られたデータを表示することが可能です。条件を追加する手順は、以下の通りです。

1 ［フィルター］アイコンをクリックします。
2 ［検索条件を追加］をクリックします。

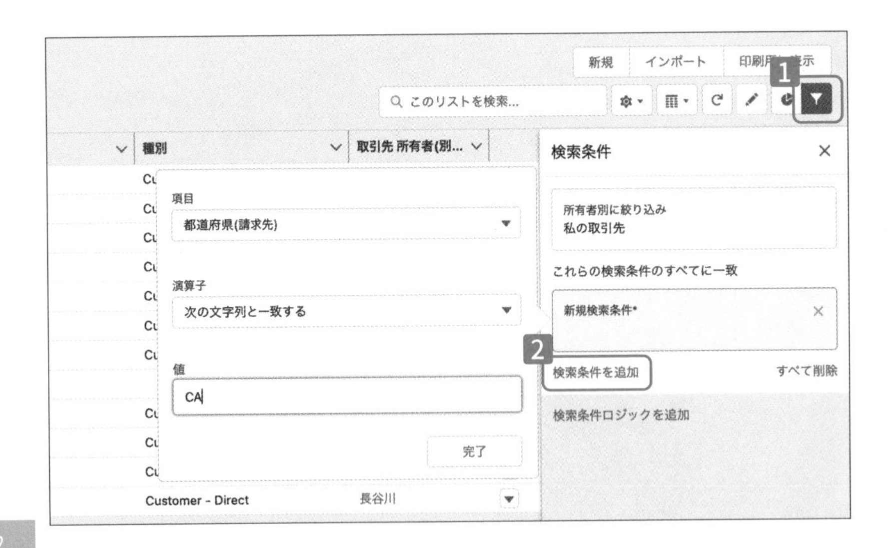

3 新規検索条件を追加します。

4 検索条件に合致した取引先のみ表示されます。

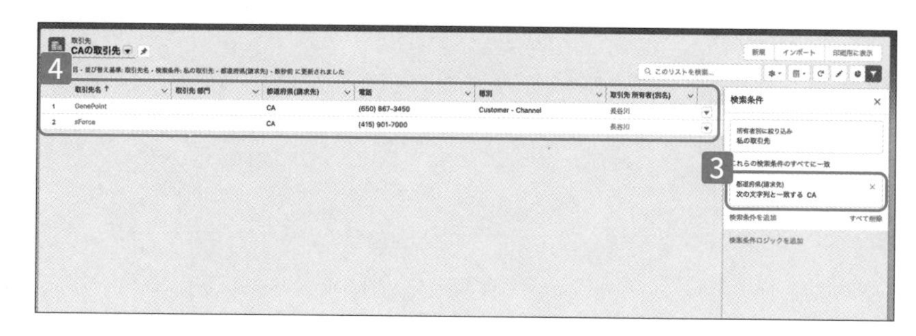

Hint

検索条件

右の画面で追加した検索条件は、「所有者がログインしたユーザ（自分）」かつ、都道府県（請求先）にCAの文字列が入っている」になります。

Column 認定資格のロゴは名刺に載せてしっかりアピール

がんばって取得した認定資格。だったら、そのロゴをダウンロードし、名刺に載せてアピールしましょう。Salesforceのイベントなどで名刺交換した際には、その資格の数でSalesforceへの本気度をアピールできます。そこからビジネスチャンスが生まれるかもしれません。苦労して取得した資格ですから、どんどんアピールしましょう。

イベント会場で「資格の数がすごいですね！」と言ってもらえるのはとても嬉しいことです。

Column　Trailblazer Community をのぞいてみる

Salesforce には、全国のユーザーが参加する Trailblazer Community（トレイルブレイザーコミュニティ）があります。もちろん無料で参加でき、質問もできます。設定などで困ったことがあれば、思い切って質問してみましょう。

私も Salesforce を始めた頃は、毎日のように質問していました。全国の親切なユーザーが丁寧に回答してくれるのでぜひのぞいてみてください。

また、質問しなくても全国のユーザーがどんなことに困っているのか、どのように解決しているのかを確認できるので、同じように困っている場合は、その解決方法を利用してみましょう。

● Trailblazer Community グループ * カスタマーサクセス日本 *

```
https://trailhead.salesforce.com/ja/trailblazer-community/groups/0F9300000001s0HCAY?tab=discussion&sort=LAST_MODIFIED_DATE_DESC
```

第5章

セールス
アプリケーション

第5章では、商談、売上予測などの営業プロセスに関する機能が含まれるアプリケーションについて学びます。

1 商談の設定

商談の設定

Salesforceの**商談**は、営業プロセスを管理できる標準オブジェクトです。
商談の設定で最初にやっておきたい設定手順は、以下の通りです。

1 [クイック検索]で「商談の設定」と検索し、検索結果の[商談の設定]を選択します。

2 [商談の設定]画面で、[商談に追加するようユーザに促す]と[ユーザが商品を商談に追加した場合、数量1を挿入する]にチェックを入れ、[保存]ボタンをクリックします。

> **Hint**
>
> **クイック検索**
>
> 画面右上の[歯車]アイコンから[設定]を選択すると、画面左上に[クイック検索]欄が表示されます。

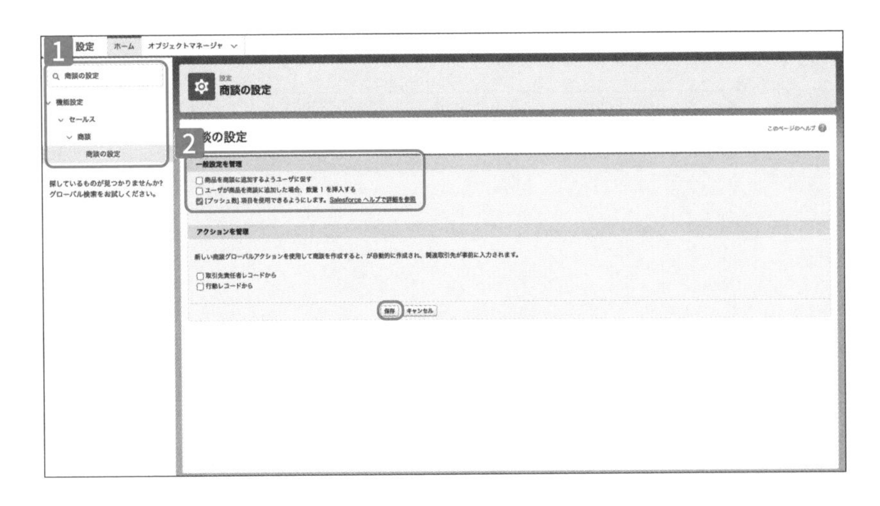

3 これにより、商品を追加する際に［商談に追加するようユーザに促す］で商品の追加し忘れを未然に防ぎ、［ユーザが商品を商談に追加した場合、数量1を挿入する］で商品の数量を0にしたままの状態を防いでくれます。

フェーズの新規作成

商談オブジェクトからフェーズを新規に作成する手順は、以下の通りです。

1 ［ナビゲーションバー］から［商談］を選択します。
2 ［歯車］アイコンをクリックし、ドロップダウンリストから［オブジェクトを編集］を選択します。

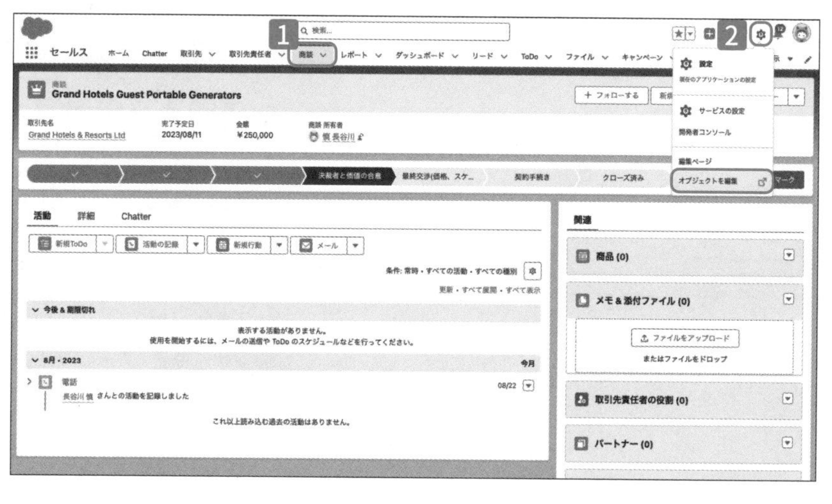

Hint

フェーズ

商談の区切りのことです。商談の進捗状況を入力します。

Hint

ナビゲーションバー

ナビゲーションバーの左側に表示されているのは、現在選択しているアプリケーションです。アプリケーションは業務内容に応じてタブをまとめることができます。標準で用意されている［セールス］は営業支援を目的としたものです。

3 商談の［オブジェクトマネージャ］が表示されたら、［項目とリレーション］を選択します。

4 ［フェーズ］を選択します。

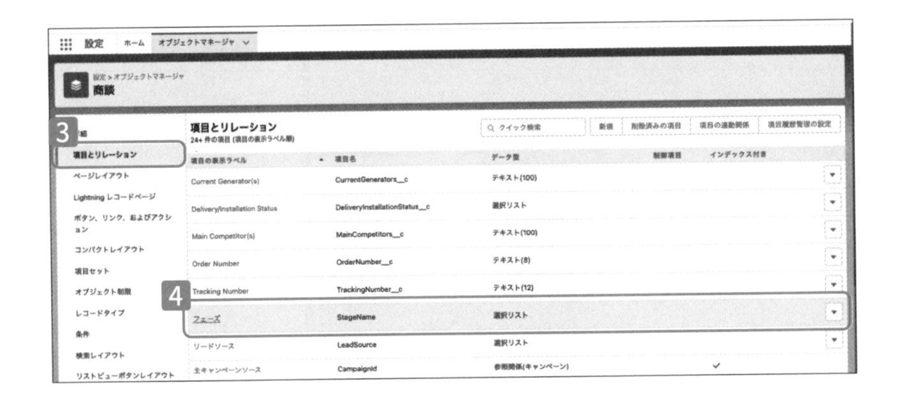

5 これでフェーズを新規に作成したり、並び替え、置換ができるようになります。新規に作成する場合は、［新規］ボタンをクリックします。

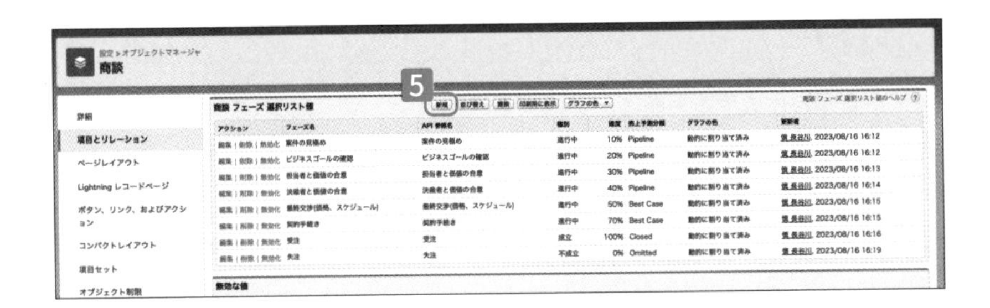

6 ［フェーズ名］、［確度］、［種別］、［売上予測分類］を入力し、［保存］ボタンをクリックします。

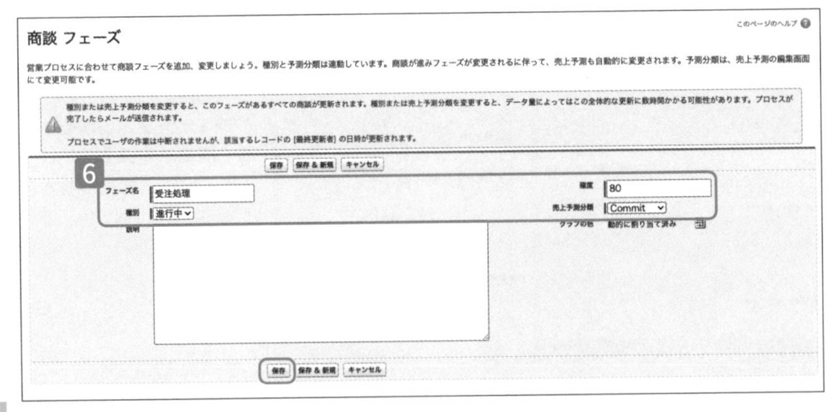

Hint

種別と売上予測分類

［種別］は、［進行中］、［成立］、［不成立］から選択します。［売上予測分類］は、［Omitted］（売上予測から除外）、［Pipeline］（パイプライン）、［Best Case］（最善達成予測）、［Commit］（達成予測）、［Closed］（完了）を選択します。［売上予測分類］は、売上予測の機能で使用します。

フェーズの削除と無効化

　不要なフェーズは削除したり、無効化したりできます。削除または無効化する手順は、以下の通りです。

1 フェーズ名の左側にある［削除］や［無効化］のリンクをクリックします。
2 無効化をしたフェーズは、画面下の［無効な値］に表示されるようになります。

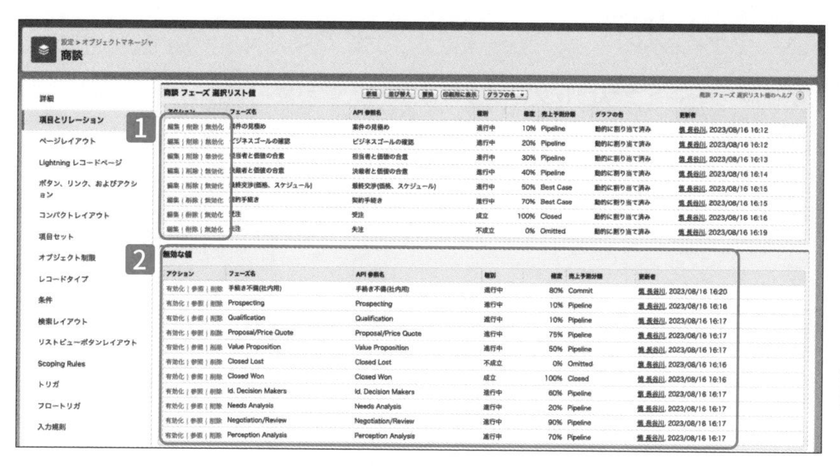

3 削除した場合は、別フェーズに置き換えることができます。

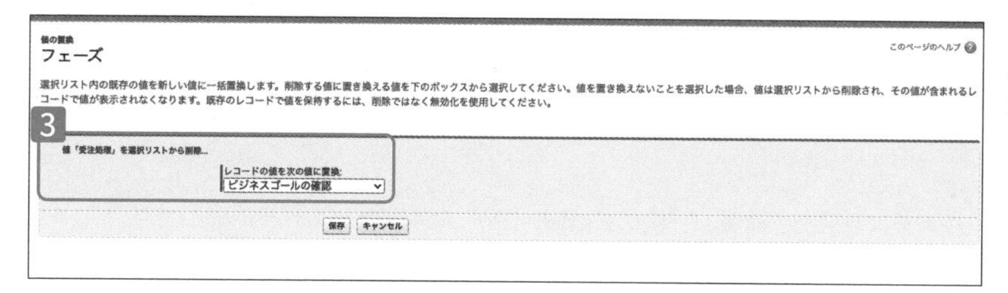

Hint

Pipeline（パイプライン）

完了予定日が当四半期にある進行中の商談の金額合計です。売上予測ページに表示されます。マネージャの場合、この値には、自分自身とチーム全体で進行中の商談が含まれます。

Hint

Best Case（最善達成予測）

各営業担当者が、特定の月または四半期で達成する見込みのある総売上予測金額です。マネージャの場合は、自分自身とチーム全体で達成する見込みのある金額に等しくなります。

Hint

Commit（達成予測）

各営業担当者が特定の月または四半期で確実に達成可能な売上予測の金額です。マネージャの場合、この値は、自分自身とチーム全体で確実に達成可能な金額に等しくなります。

2 セールスプロセス

セールスプロセスの設定

商談でレコードタイプを複数作成し、**セールスプロセス**に関連付けることで、複数種類のフェーズの流れを設定できます。

> **Hint**
> **セールスプロセス**
> 商談でレコードタイプを作成する場合、セールスプロセスを選択する必要があります。事前にセールスプロセスを作成しておくと、商談レコードタイプの作成がスムーズです。

新規にセールスプロセスを作成する手順は、以下の通りです。

1. ［クイック検索］で「セールスプロセス」と検索し、検索結果の［セールスプロセス］を選択します。
2. ［セールスプロセス］で、［新規］ボタンをクリックします。

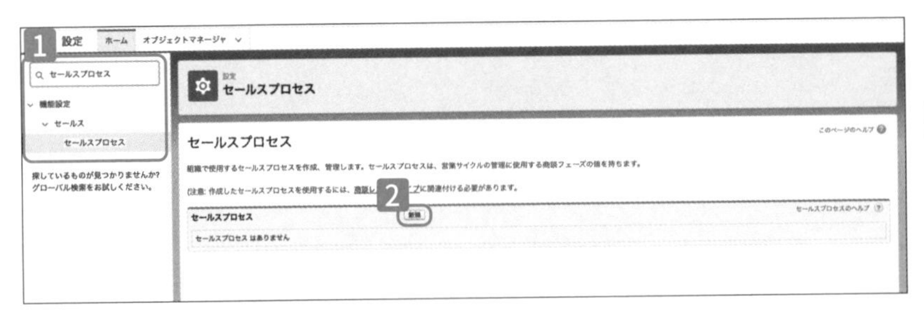

> **Hint**
> **コピーしても作成できる**
> 既存セールスプロセスを選択し、コピーして効率的に作成することもできます。

3 ［セールスプロセス名］に名前（ここでは「新規」）を入力して、［保存］ボタンをクリックします。

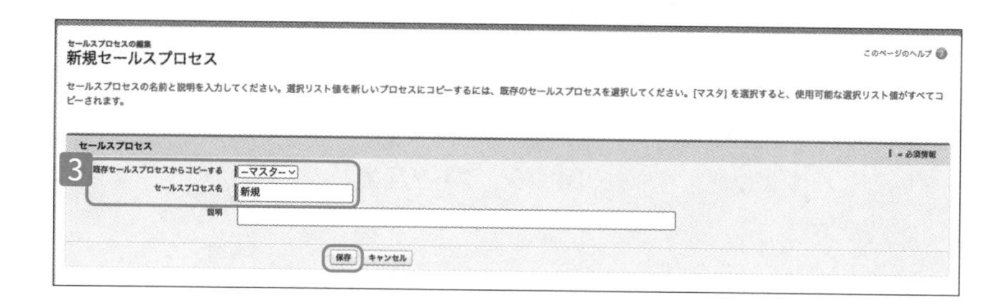

4 セールスプロセスに含めるフェーズを［追加］ボタンと［削除］ボタンで調整し、［保存］ボタンをクリックします。

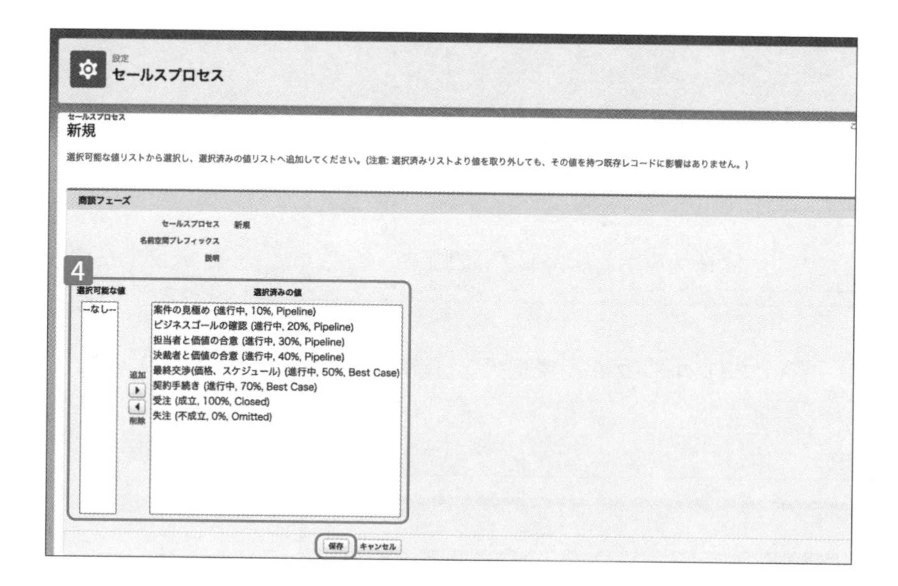

5 セールスプロセスは複数作成できるので、手順1～4を繰り返して、必要に応じてセールスプロセスを作成します。

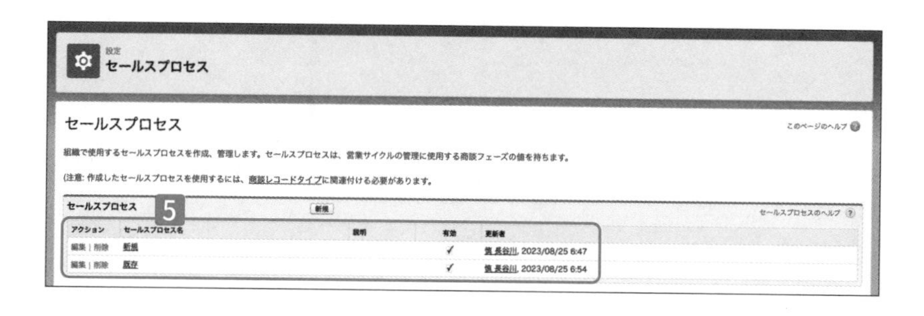

商談レコードタイプとセールスプロセスの関連付け

セールスプロセスを作成したら、商談のレコードタイプと関連付けが必要です。関連付けの手順は、以下の通りです。

1 [ナビゲーションバー] から [商談] タブを選択します。
2 [歯車] アイコンをクリックし、ドロップダウンリストから [オブジェクトを編集] を選択します。

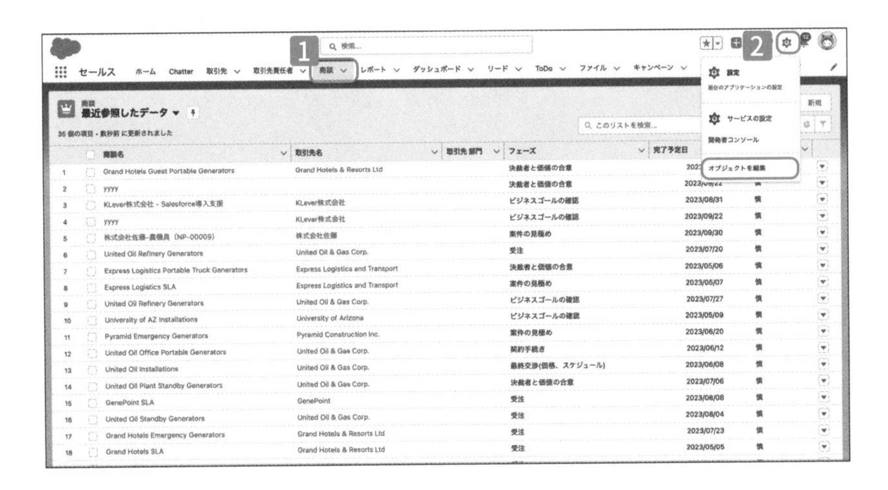

3 商談の [オブジェクトマネージャ] で [レコードタイプ] を選択し、[新規] ボタンをクリックします。

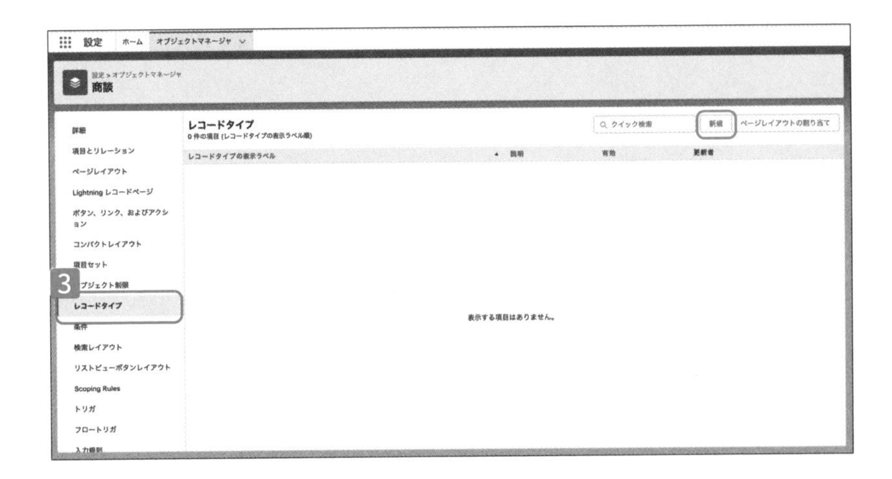

4 ［既存のレコードタイプからコピーする］でレコードタイプを選択します。続いて［レコードタイプの表示ラベル］にラベル名（ここでは「新規」）、［レコードタイプ名］にレコードタイプ名を入力し、［セールスプロセス］で作成済みのセールスプロセスを選択したら、［次へ］ボタンをクリックします。

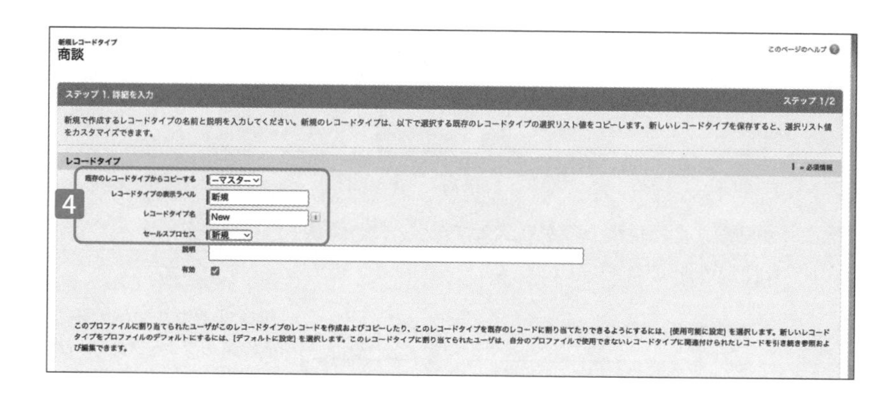

5 ページレイアウトの割り当て後、［保存］ボタンをクリックし、商談レコードタイプとセールスプロセスの関連付けが完了します。

6 複数の商談レコードタイプを作成する場合は、手順1～5を繰り返します。

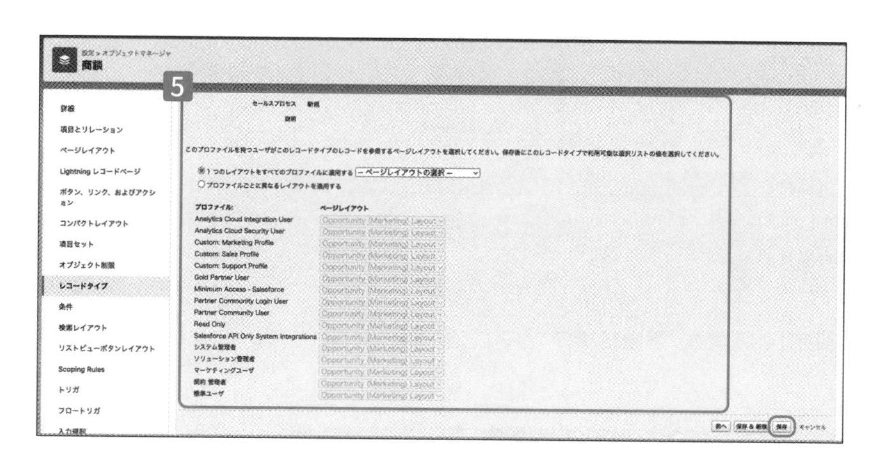

3 パスの設定

パスの設定

レコードページで進捗状況をわかりやすく表現するのが**パス**です。パスは、商談オブジェクト以外のオブジェクトでも設定可能です。

パスの設定手順は、以下の通りです。

1 ［クイック検索］で「パス設定」と検索し、検索結果の［パス設定］を選択します。

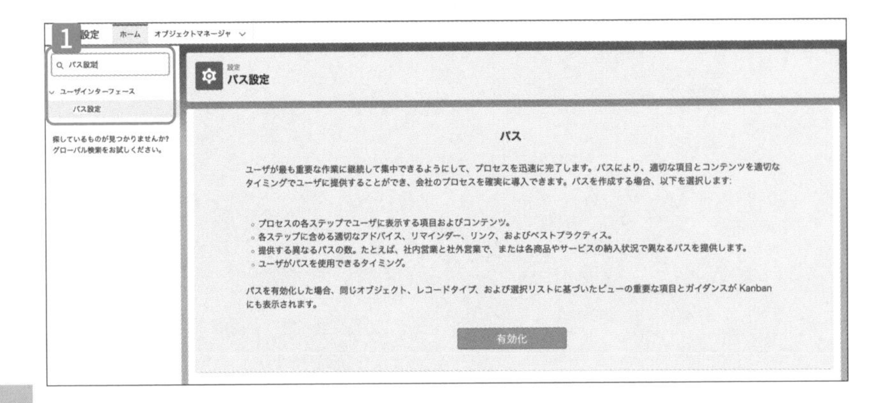

Hint

矢羽型のパス

［商談］タブを開いた際に、その時のフェーズの状況を可視化したのが矢羽型のパスです。矢羽型のパスがあることで、進行状況が一目で確認ができます。変更したいフェーズがあればクリックして選択し、［現在のフェーズとしてマーク］をクリックすると、フェーズが変更されます。

2 [パス設定] 画面で [有効化] ボタンをクリックすると、[新しいパス] ボタンに変化するのでクリックします。

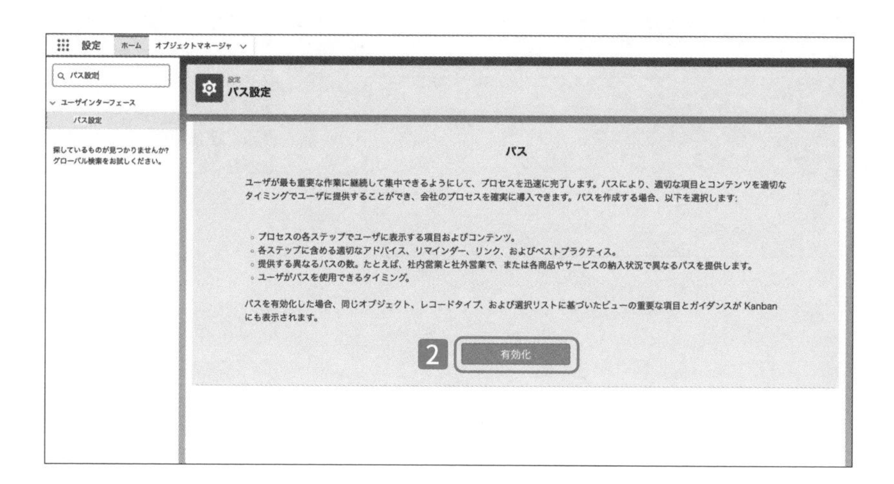

3 [パス名] にパス名(ここでは「商談パス」)、[API 参照名]、[オブジェクト](ここでは「商談」)、[レコードタイプ](作成していれば選択)、[選択リスト](パスに設定する選択リストを選択)を入力・設定し、[次へ] ボタンをクリックします。

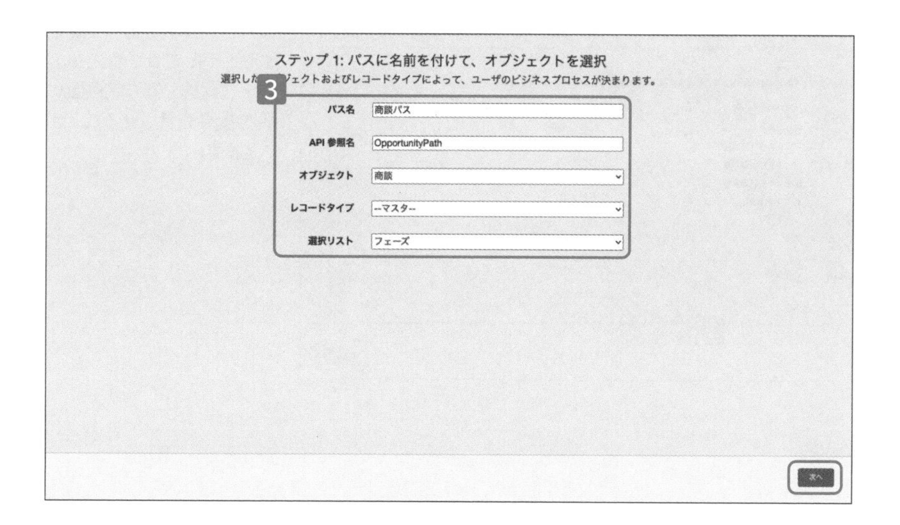

4 「成功へのガイダンス」を設定し、［次へ］ボタンをクリックします。

ステップ 2: 項目を選択してパスの各ステップのガイダンスを入力
プロセスのステップごとに、次の作業を行います:
- ユーザに表示する項目を選択します。
- 成功へのガイダンス (ヒント、Chatter グループまたはファイルへのリンク、ベストプラクティス、ポリシーの確認事項など) を入力します。

4

案件の見極め　ビジネスゴール...　担当者と価値の...　決裁者と価値の...　最終交渉(価格...　契約手続き　受注　失注

項目
＋項目を追加/更新
成功へのガイダンス

戻る　次へ

Hint

成功へのガイダンス

成功へのガイダンスでは、各ステップごとに最大で５項目入力できます。各ステップごとのヒントやアドバイス、注意事項などを記載しておくとよいでしょう。

5 ［あなたのパスを有効化］を有効化し、［完了］ボタンをクリックします。

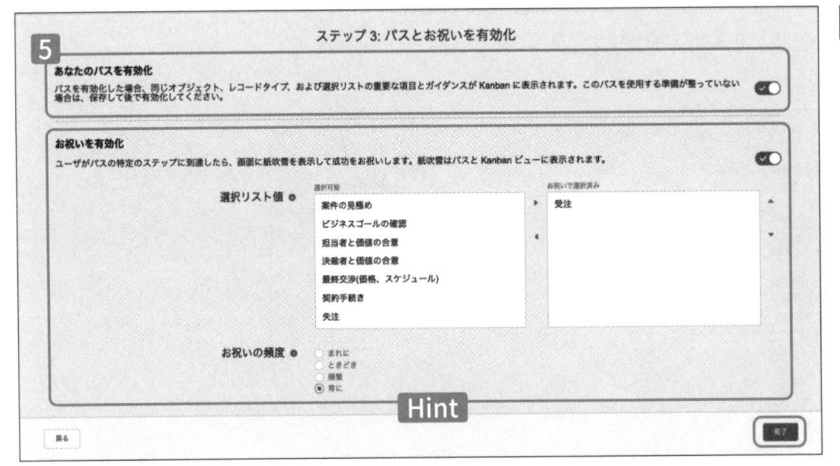

Hint

お祝いを有効化

［お祝いを有効化］を設定すると、指定した特定のステップに達したら、画面に紙吹雪を表示させることができます。

6 手順 3 で指定したオブジェクトのレコードページを表示している状態で、画面右上の［歯車］アイコンをクリックし、ドロップダウンリストから［編集ページ］を選択し、［Lightningアプリケーションビルダー］を表示させます。

7 ［パス］コンポーネントをプレビュー画面の任意の場所にドラッグ&ドロップで配置し、［保存］ボタンをクリックして設定を反映させます。

Column ユーザが主役

Salesforceによって組織がより良い方向に変化していくためには、ユーザがストレスなくSalesforceを使えることが何より重要です。そして、そのためにはブラッシュアップのための設定変更や、定期的なヒアリングが求められます。

例えば、新たな設定、機能追加、不具合の確認などは、ユーザに確認してもらう前に「代理ログイン」の機能を使って自分で確認することをオススメします。代理ログインでの確認を怠り、万が一自分のミスで設定が反映されなかった場合、ユーザが不信感を抱き、Salesforceを使うことがユーザのストレスにつながってしまいます。「ユーザが主役」という意識を忘れずに、必ずユーザの立場で確認しましょう。

売上予測

売上予測の設定

商談情報から**売上予測**を確認することができます。売上予測は事前に有効化が必要で、その手順は、以下の通りです。

1 [クイック検索] で「売上予測」と検索し、検索結果の [売上予測の設定] を選択します。

2 [売上予測の設定] 画面で、[売上予測を有効化] を有価化します。

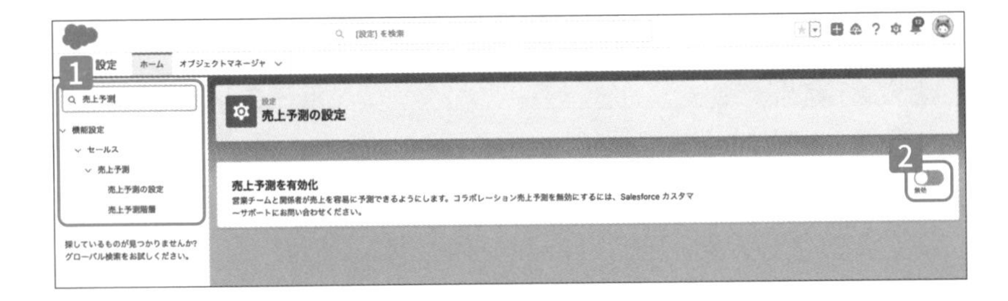

3 [ナビゲーションバー] から [売上予測] タブを選択します。

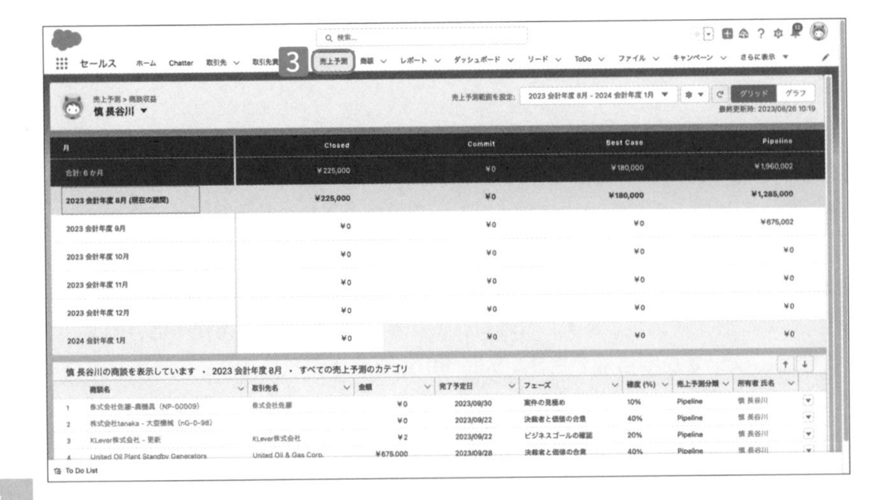

4 商談の完了予定日の月と、売上予測分類（Closed、Commit、Best Case、Pipelineなど）で売上予測の表が表示されます。

5 商談の内訳が複数ある場合、項目名をクリックすると降順・昇順の切り替えが可能です。

6 ［売上予測範囲を設定］をクリックすると、期間を変更することが可能です。

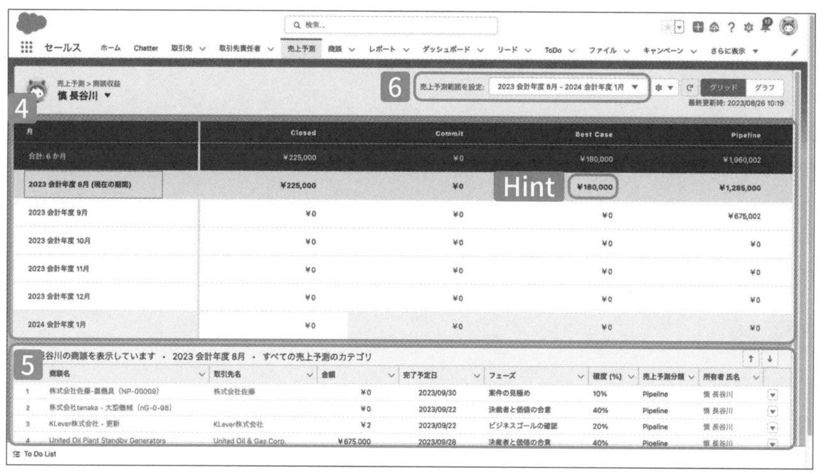

7 ［売上予測範囲を設定］画面が表示されます。［開始期間］と［終了期間］を設定し、［保存］ボタンをクリックします。

Hint
売上予測分類

商談フェーズごとに設定した売上予測分類が売上予測で使用されます。デフォルトの売上予測分類設定は、［フェーズ］選択リストで設定されているフェーズに関連付けられています。特定の商談の［売上予測分類］を更新するには、その商談の売上予測を編集する必要があります。

Hint
商談の内訳

例えば、売上予測分類の「Bast Case」列と「2023会計年度8月（現在の期間）」が交わる「¥180,000」をクリックするとその商談の内訳を確認することができます。

売上予測目標の設定

売上予測目標の設定手順は、以下の通りです。

1 ［クイック検索］で「売上予測目標」と検索し、検索結果の［売上予測目標］を選択します。
2 ［売上予測目標］画面で、［目標を表示］ボタンをクリックします。
3 目標が表示されたら、目標値を入力して［保存］ボタンをクリックします。

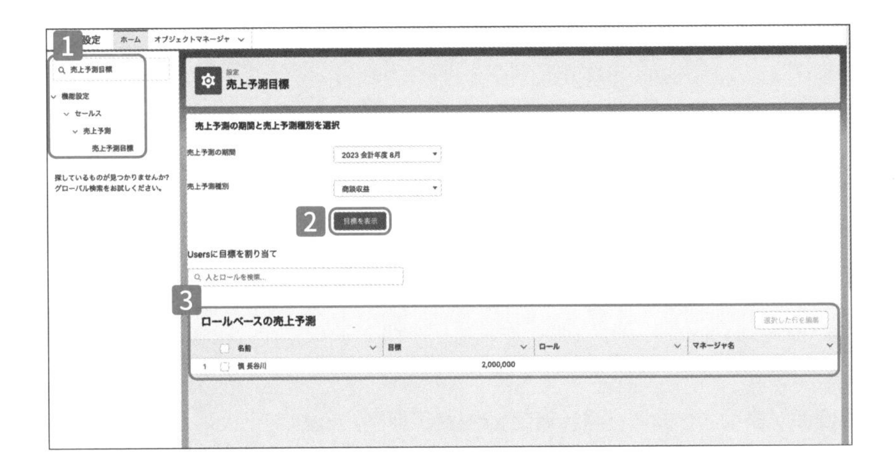

4 ［クイック検索］で「売上予測の設定」と検索し、検索結果の［売上予測の設定］を選択します。
5 ［売上予測の設定］画面で［目標を表示］にチェックを入れ、［保存］ボタンをクリックします。

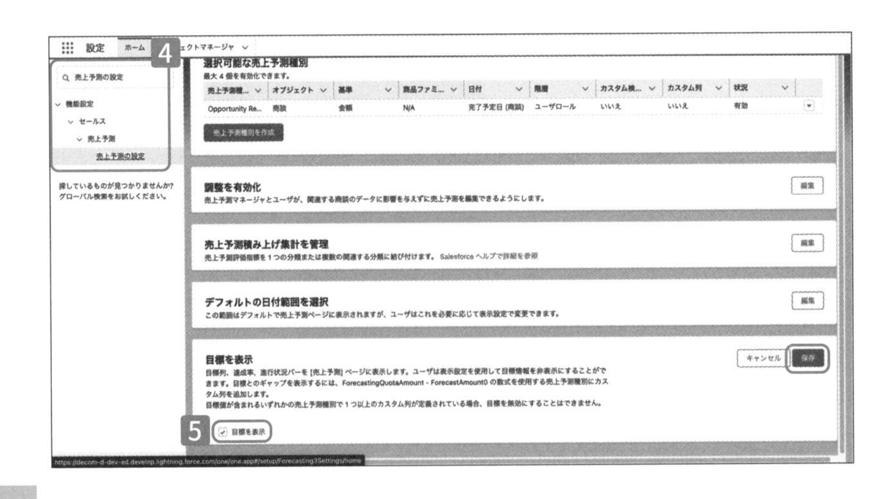

6 売上予測を確認すると、目標列が追加され、達成率、進行状況バーが表示されるようになります。

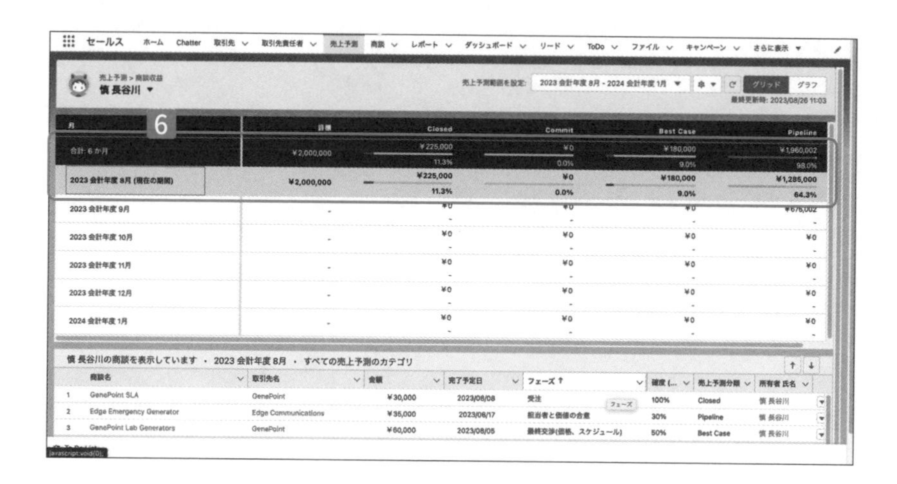

売上予測をグラフで確認

売上予測は、グラフでも確認できます。グラフを表示させる手順は、以下の通りです。

1 ［クイック検索］で「履歴トレンド」と検索し、検索結果の［履歴トレンド］を選択します。

2 ［履歴トレンド］画面で、［履歴トレンドの有効化］にチェックを入れます。

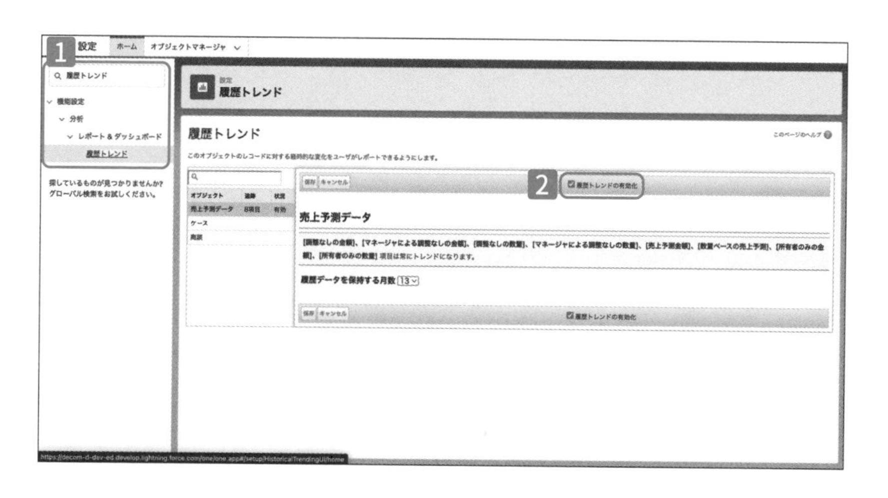

3 売上予測画面で［グリッド］→［グラフ］に切り替えます。

4 目標のギャップなどをグラフで確認できるようになります。

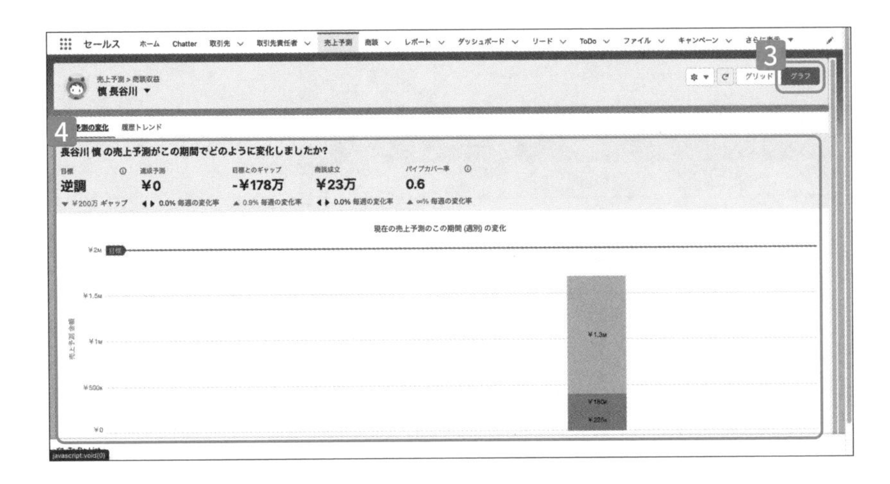

5 商談での取引先責任者の役割

取引先責任者の役割の設定

取引先責任者の役割では、商談やケース、契約において取引先責任者がどのような役割を果たすかを指定できます。指定の手順は、以下の通りです。

Hint
取引先責任者の役割
先方の商談のキーマンなどを登録しておくと、自社の営業担当が変わっても、引き継ぎがスムーズです。

1 商談レコードページの［取引先責任者の役割］の右端にある［▼］ボタンをクリックし、ドロップダウンリストから［取引先責任者の役割の追加］を選択します。

2 ［取引先責任者の役割を追加］画面が表示されます。追加したい人にチェックを入れ、［次へ］ボタンをクリックします。

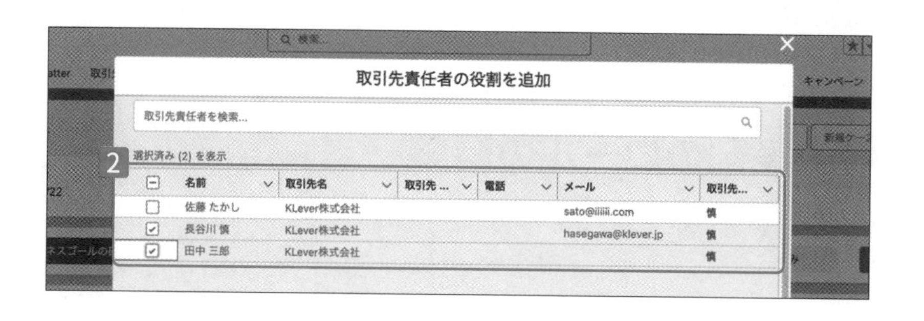

3 ［ロール］から取引先責任者の役割に相応しいものを選択し、［保存］ボタンをクリックします。

Hint

ロール

組織のレコード（データ）へのアクセス権限付与を管理・効率化するための機能です。

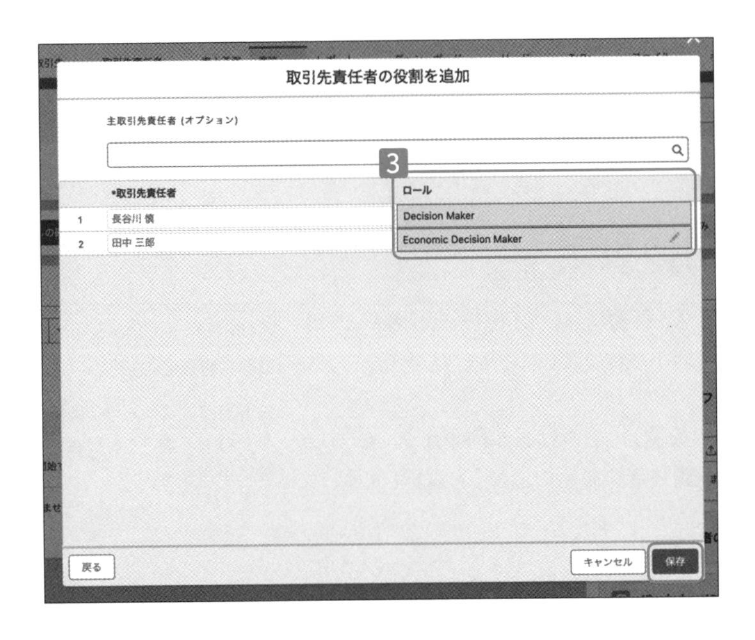

4 商談レコードページの［取引先責任者の役割］に選択した人が追加されます。

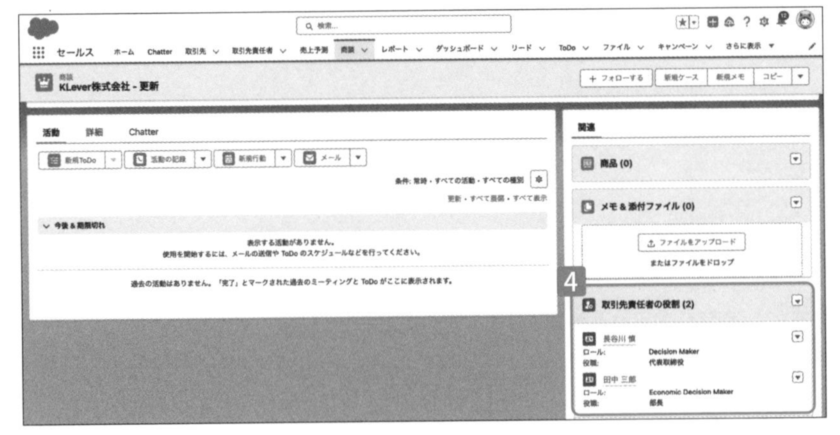

Hint

引き継ぎが効率的に行える

取引先責任者の役割を登録しておくと、自社の商談の所有者（担当者）が変わった場合、効率的に引き継ぎが行えます。

取引先責任者の役割のロールの編集

取引先責任者の役割のロールは、編集することができます。編集の手順は、以下の通りです。

1 [設定] → [オブジェクトマネージャ] を選択します。
2 「取引先責任者の役割」と検索します。
3 [商談 取引先責任者の役割] をクリックします。

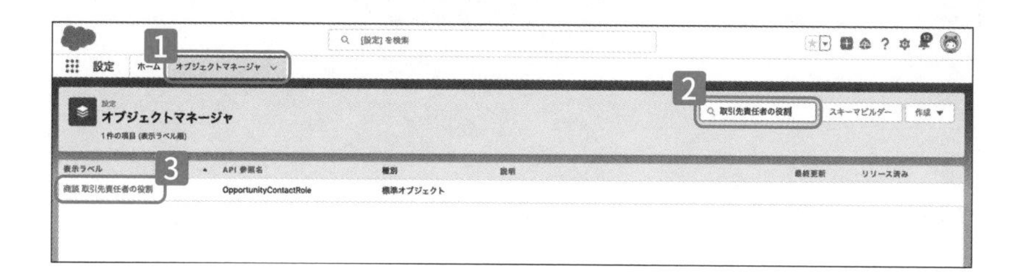

4 [項目とリレーション] を選択します。
5 [ロール] をクリックします。

6 [取引先責任者の役割 選択リスト値] の中から [編集] [削除] [無効化] のいずれかをクリックし、選択リストの値の調整を行います。

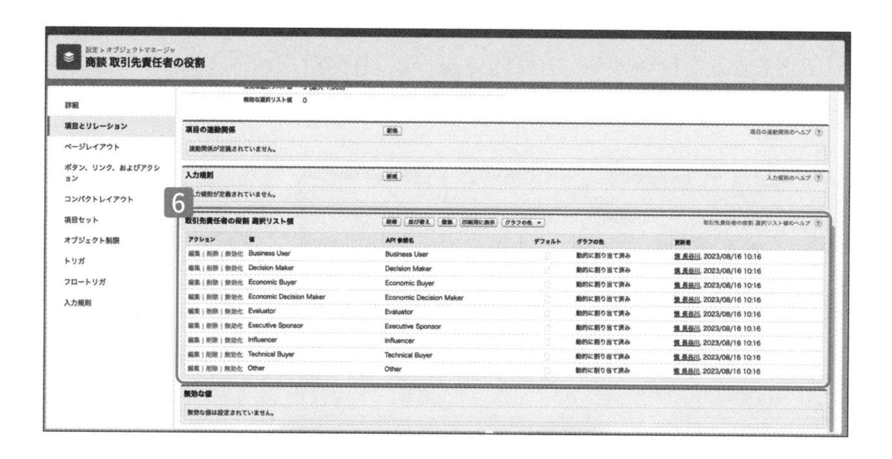

6 商談チームの設定

商談チームの設定

商談チームの設定で、商談をチームで管理できるようになり、レポートもチーム単位で集計が可能になります。設定の手順は、以下の通りです。

1 ［クイック検索］で「商談チーム」と検索し、検索結果の［商談チームの設定］をクリックします。
2 ［商談チームの設定］画面で、［チームセリング設定の有効化］にチェックを入れ、［保存］ボタンをクリックします。

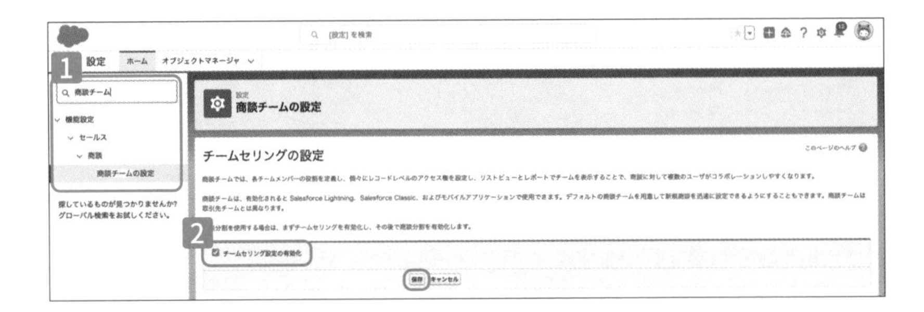

3 商談チームメンバー関連リストを含める「ページレイアウト」を選択し、［保存］ボタンをクリックします。

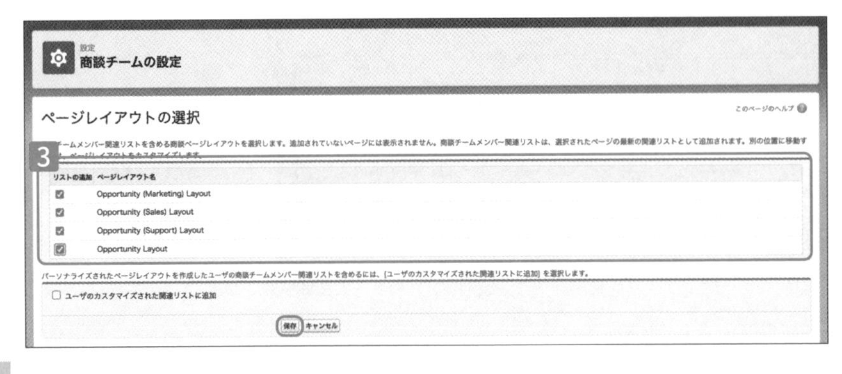

Hint

商談チームメンバー関連リスト

選択していない商談のページレイアウトには、商談チームメンバー関連リストが表示がされないので確認が必要です。

商談チームの無効化

設定されている商談チームは無効にすることができます。無効化の手順は、以下の通りです。

1 商談チームの有効化の手順と同様に、[クイック検索] で「商談チーム」と検索し、検索結果の [商談チームの設定] をクリックします。
2 [商談チームの設定] 画面の [チームセリング設定の無効化] にチェックを入れ、[保存] ボタンをクリックします。

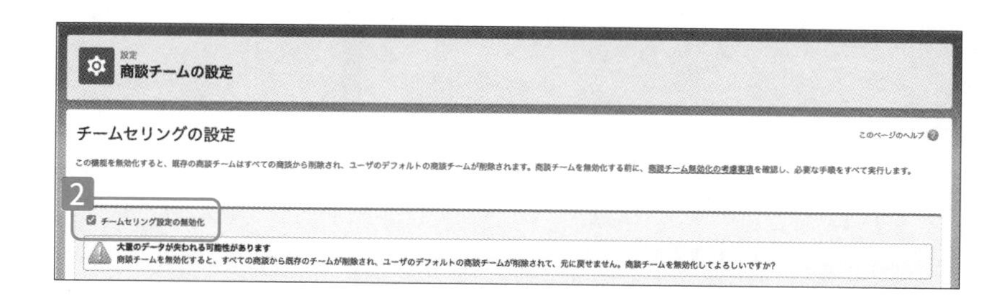

商談チームメンバーの追加

関連リストに商談チームが登録されている場合、そのチームメンバーに新しいユーザを追加できます。追加する手順は、以下の通りです。

1 [商談チーム] の右端にある [▼] ボタンをクリックし、ドロップダウンリスとから [商談チームメンバーを追加] をクリックします。

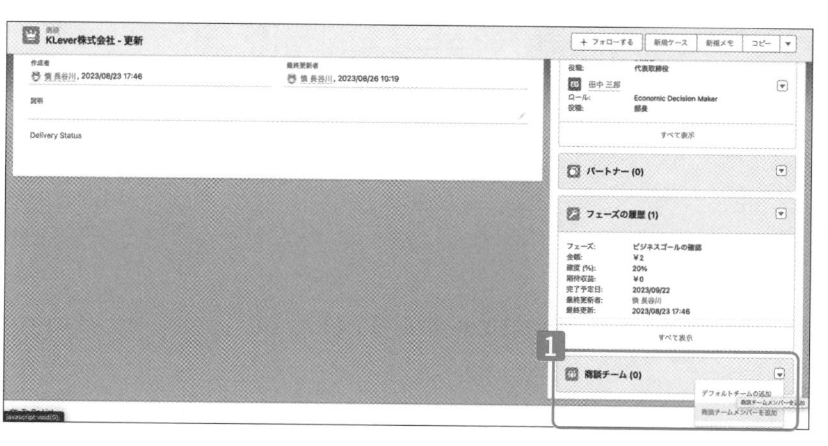

Hint
デフォルトの商談チーム

個人設定の [高度なユーザの詳細] の中の [デフォルトの商談チーム] でデフォルトのチームを設定することもできます。

2 チームメンバーに追加するユーザを選択し、チーム内の役割を設定したら、[保存] ボタンをクリックします。

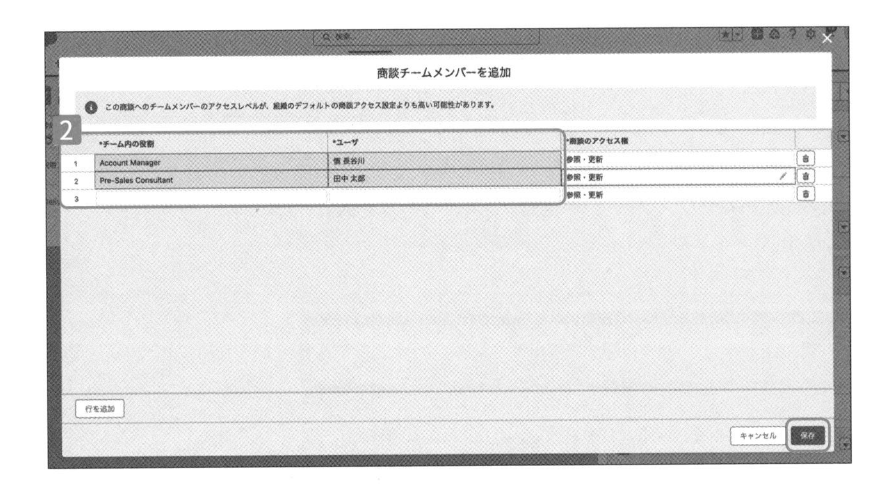

3 商談チームにメンバーが追加されると、商談チームの関連リストに表示されます。

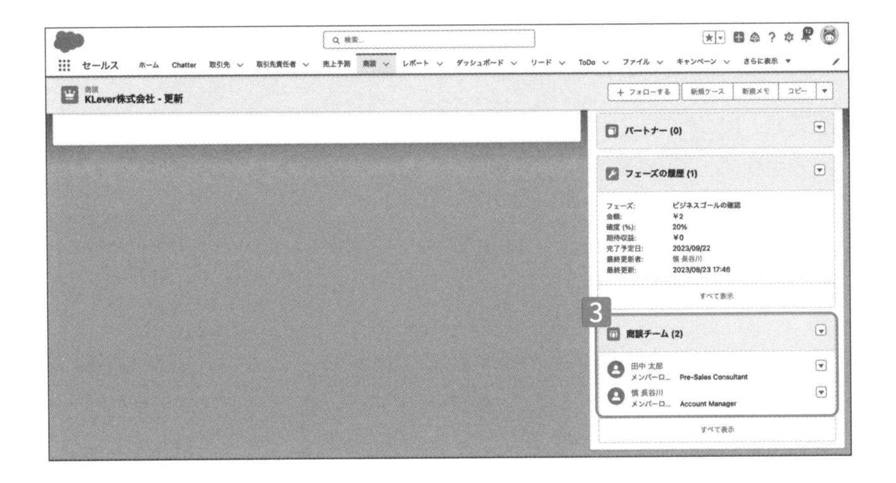

チーム内の役割を編集

チームメンバーのチーム内の役割を編集することができます。編集の手順は、以下の通りです。

1 [設定] → [オブジェクマネージャ] を選択します。
2 「商談チーム」と検索します。
3 [商談チームメンバー] をクリックします。

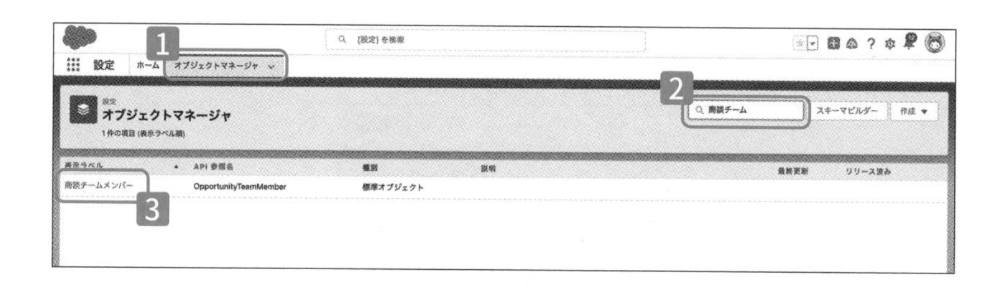

4 [項目とリレーション] を選択します。
5 [チーム内の役割] をクリックします。

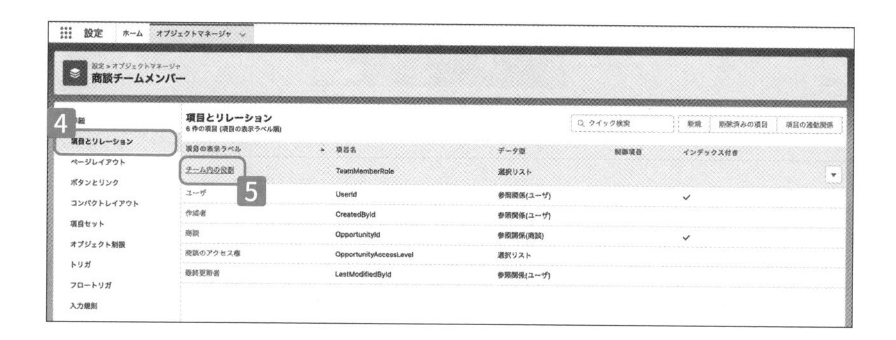

6 既存のチーム内の役割が表示されます。[チーム内の役割 選択リスト値] の左側にある [名前を変更] [削除] [無効化] をクリックして、選択リスト値を設定します。

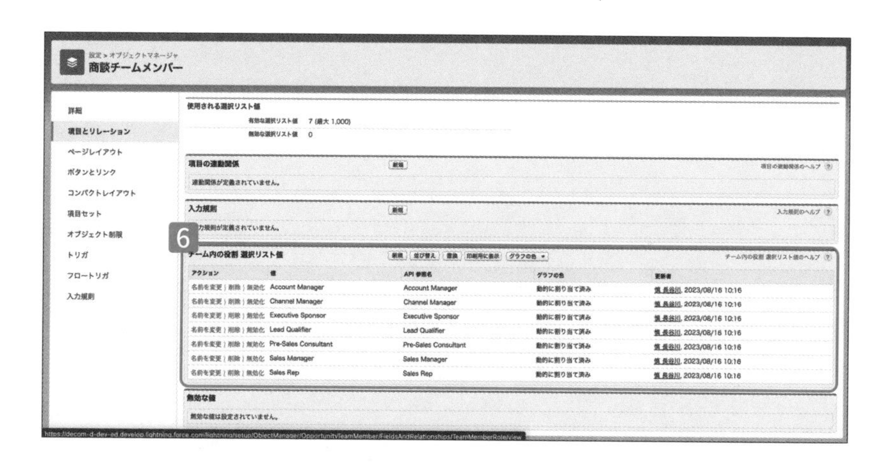

商談チームを使用してレポートで集計

商談のレポートを作成する時に、検索条件の表示で［私のチームセリング商談］を選択すると、チームメンバーになっている商談を抽出することできます。

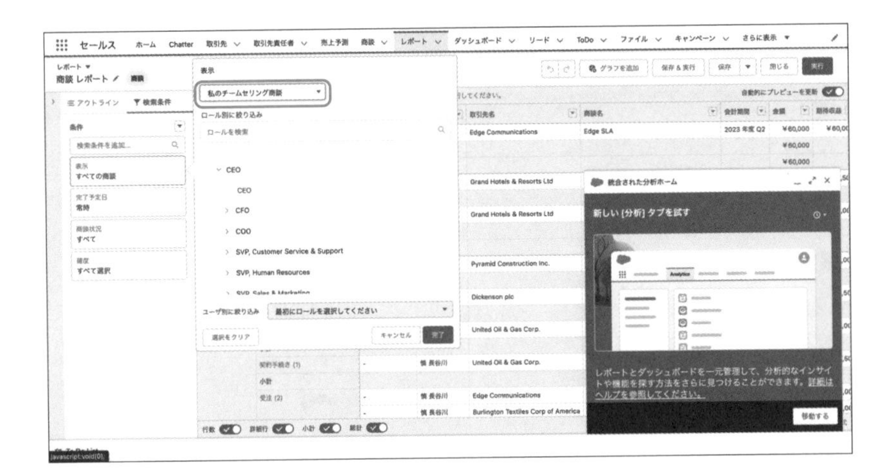

7 大規模商談アラート

大規模商談アラートの設定

商談の金額と確度が「しきい値」に達した時、メールで自動通知する機能が**大規模商談アラート**です。

大規模商談アラートを設定する手順は、以下の通りです。

1 [クイック検索] で「大規模商談アラート」と検索し、検索結果の [大規模商談アラート] を選択します。
2 [大規模商談アラート] 画面で、[アラート名]、[トリガとなる金額]、[トリガとなる確度]、[送信者名]、[送信メール] (Salesforceで使用しているアドレスか、検証済みの組織のメールのいずれか) を入力し、[ユーザ] は自分自身を選択します。
3 [通知するメールアドレス] は、複数のアドレスに送信もできます。商談所有者に通知する場合は [商談 所有者へ通知する] にチェックを入れます。
4 設定の最後に [有効] にチェックを入れて、保存します。

Hint

しきい値とトリガ

しきい値(閾値)は、境界となる値のことです。プログラムなどでは、その値に達した際に動作の判定・実行が行われます。また、トリガは、「(銃の) 引き金」という意味で、きっかけになる出来事が起こったら自動的に動作が実行される処理のことです。

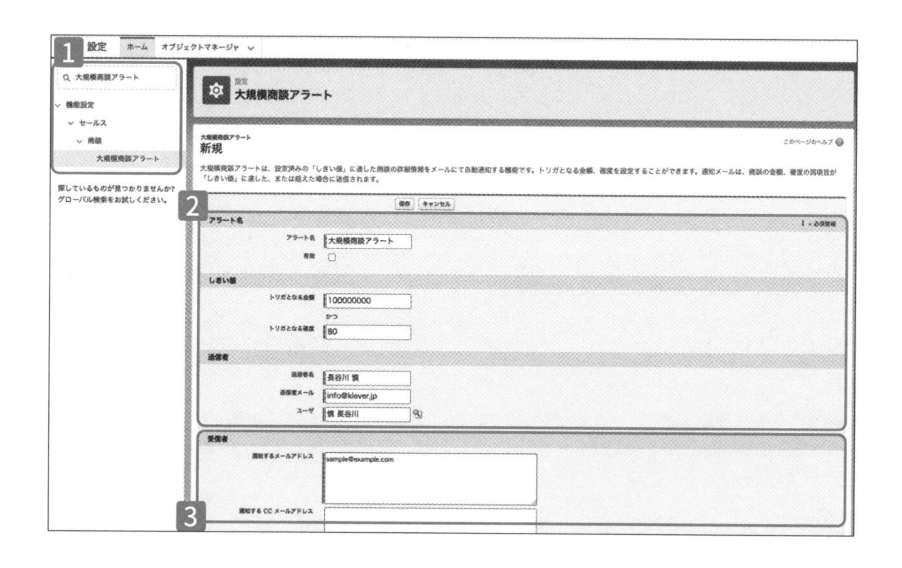

5 ［大規模商談アラート］画面で設定した［トリガとなる金額］や［トリガとなる確度］に達するとメールで通知が届きます。

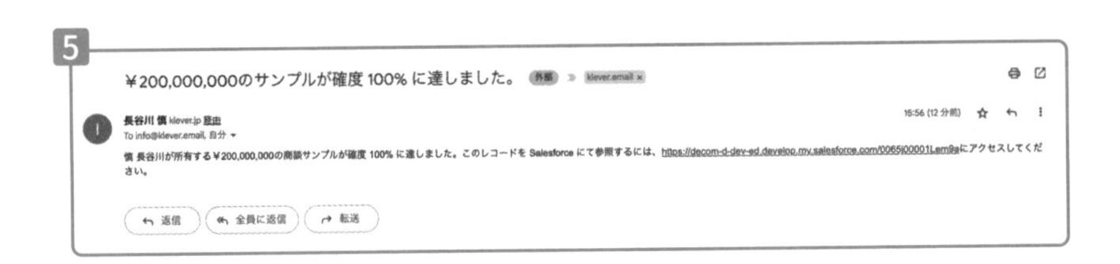

8 リード

リードの登録

Salesforceでは「見込み客」のことを**リード**と呼び、「自社サイトに問い合わせをしてきた」「電話で自社製品の問い合わせがあった」など、自社と新規で接点を持った見込み客を登録が可能です。リードの登録手順は、以下の通りです。

1 [ナビゲーションバー] の [リード] タブを選択します。

2 [新規] ボタンをクリックします。

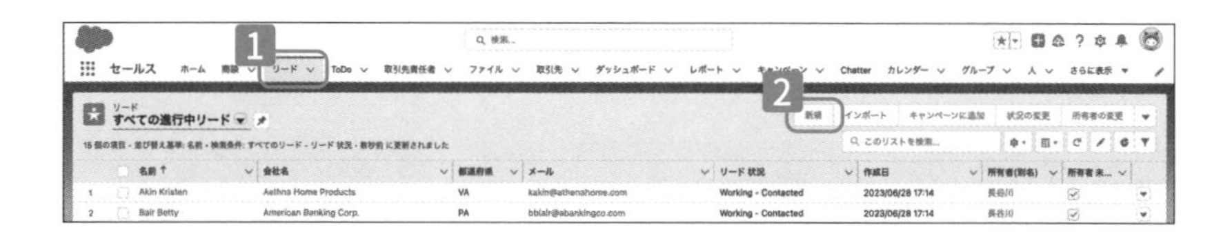

3 [新規リード] 画面が表示されるので、リード情報を入力します。必須項目は、[姓] [会社名] [リード状況] になります。入力が終わったら、[保存] ボタンをクリックします。

Hint

メール

必須項目ではありませんが、[メール] 欄にメールアドレスを入力しておくと、リードのリストビューなどから受信者を選択し、一斉にメールを送ることができます。

リード状況のカスタマイズ

リード状況も商談のフェーズと同様にカスタマイズが可能です。リードから商談を作成する手順は、以下の通りです。

> **Hint**
> **リードの登録情報**
> 取引の開始をした場合、既存の取引先の取引先責任者に移行することも可能です。

1 画面右上の［▼］ボタンをクリックし、ドロップダウンリストから［取引の開始］を選択します。
2 リードの登録情報から、取引先、取引先責任者、商談を一気に作成できます。

Web-to-リードの設定

Webのお問い合わせフォームからの問い合わせを自動で登録する機能を**Web-to-リード**と呼びます。なお、Webのお問い合わせフォームには、専用のSalesforceで発行したフォームのHTMLを埋め込む必要があります。

Web-to-リードの設定手順は、以下の通りです。

1 ［クイック検索］から「Web-to-リード」と検索し、検索結果の［Web-to-リード］を選択します。
2 ［Web-to-リード］画面の［Web-to-リードフォームの作成］ボタンをクリックします。

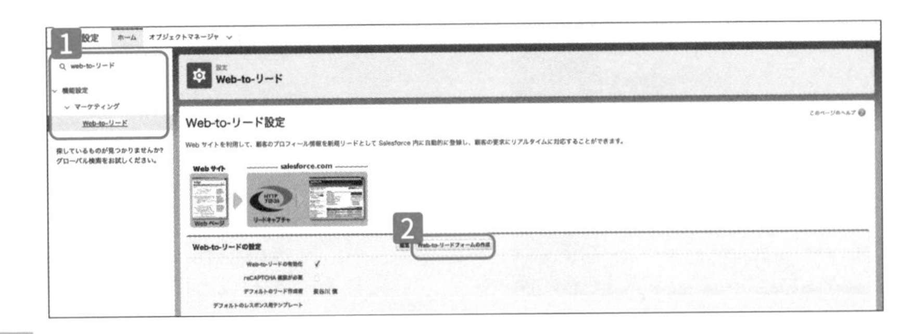

3 Web-to-リードフォームに含める入力項目を選択します。

4 ［戻りURL］欄に、Web-to-リードフォームで登録した後に表示するページのURLを入力し、［作成］ボタンをクリックします。

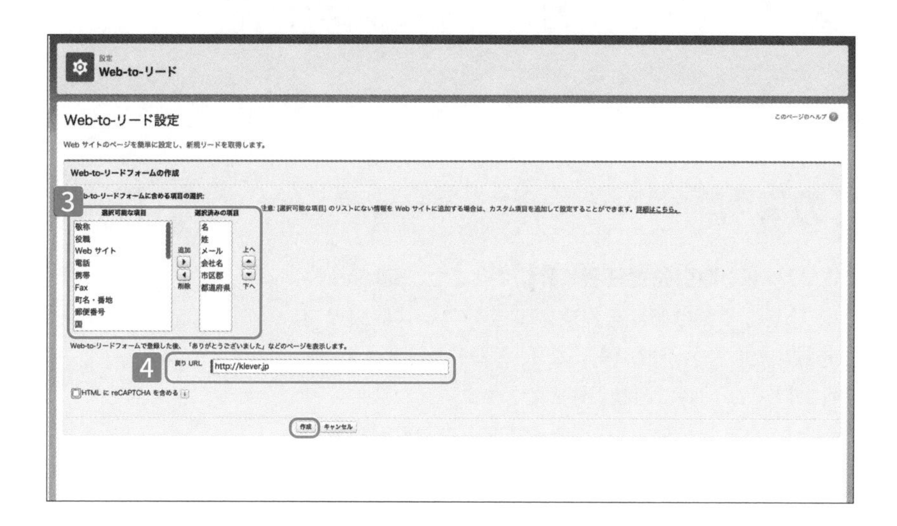

5 表示されたサンプルHTMLをコピーして、Webサイトに埋め込むこともできます。

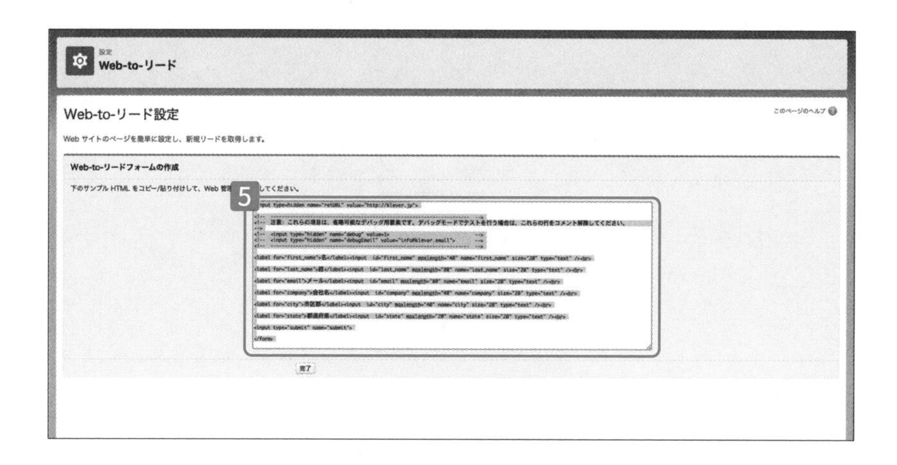

Webサイトへの埋め込みが完了したら、お問い合わせフォームに入力して登録した後、しっかりとリードに登録されているかを確認しましょう。

9 リードの取引の開始

リードの取引の開始

商談を作成するタイミングで、**リード**を**取引先責任者**に昇格させます。Salesforceでは、商談を作成する際にリードのままでは商談を作成ができません。［取引の開始］を使用すると、リードで登録した会社名が取引先になり、リードの姓名、メールアドレスなどが取引先責任者に昇格し、同時に商談も作成できます。

つまり、［取引の開始］を使用することで、商談作成のために取引先や取引先責任者を新たに作成する必要がなくなります。

リードの取引の開始手順は、以下の通りです。

1 リードのレコードページの画面右上の［▼］ボタンをクリックし、ドロップダウンリストから［取引の開始］を選択します。

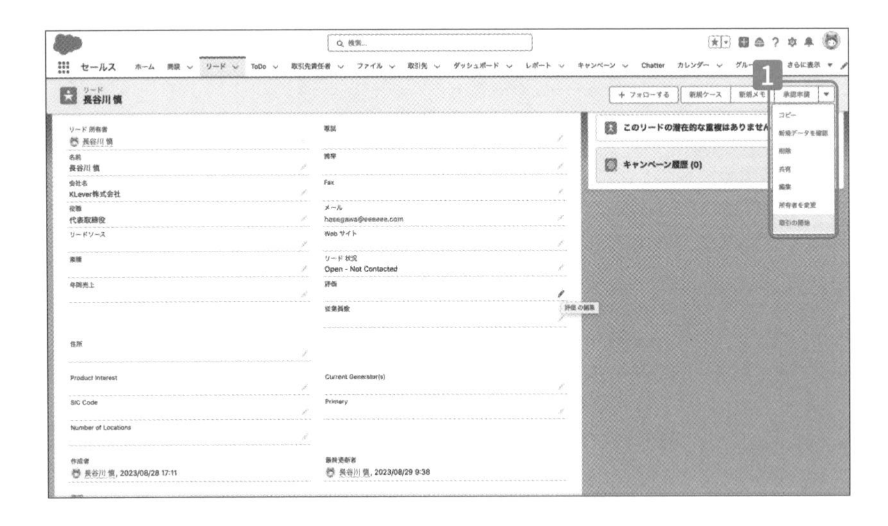

2 ［取引の開始］画面が表示されます。取引先は、［新規作成］か［既存を選択］のいずれか選択します。［新規作成］の場合、［取引先名］は、リードの会社名がそのまま表示されますが、必要があれば編集します。［レコードタイプ］は、取引先にレコードタイプがある場合、指定できます。また、既存の取引先に取引先責任者を紐付ける場合は、［既存を選択］を選択します。

3 取引先責任者は、取引先と同様に［新規作成］か［既存を選択］のいずれか選択します。

4 商談を新規作成する場合は、［新規作成］を選択し、商談名を必要に応じて編集します。商談を作成しない場合は、［取引開始時、商談は作成しない］にチェックを入れます。

5 設定が終わったら、［取引の開始］ボタンをクリックします。

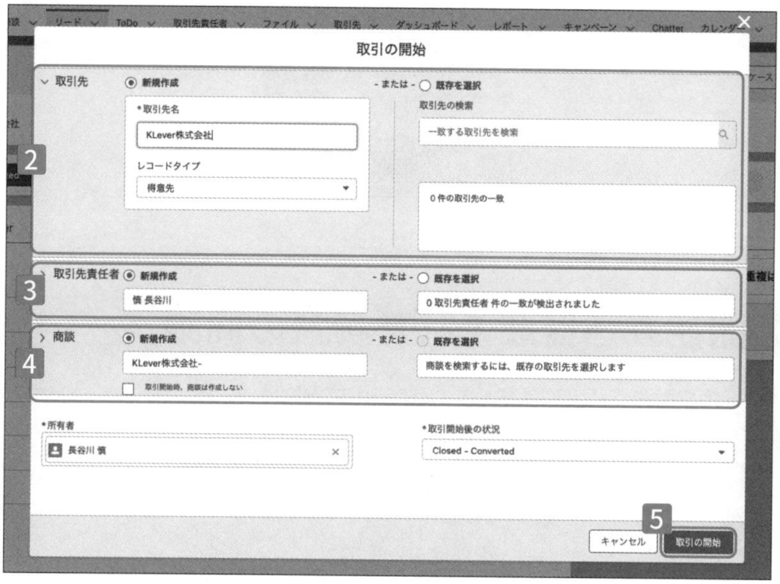

Hint

新規作成

既存の取引先がある場合、新規に取引先を作成すると、取引先が重複してしまうので気をつけましょう。

Hint

取引開始時、商談は作成しない

［取引開始時、商談は作成しない］にチェックを入れると、商談は作成されず、取引先、取引先責任者が作成されます。

6リードの取引の開始後、新規ToDoを作成する場合は［新規ToDo］ボタンをクリックします。
7リードに移動する場合は、［リードに移動］ボタンをクリックします。
8作成された取引先、取引先責任者、商談に移動したい場合は、レコード名がリンクになっているのでクリックして移動します。

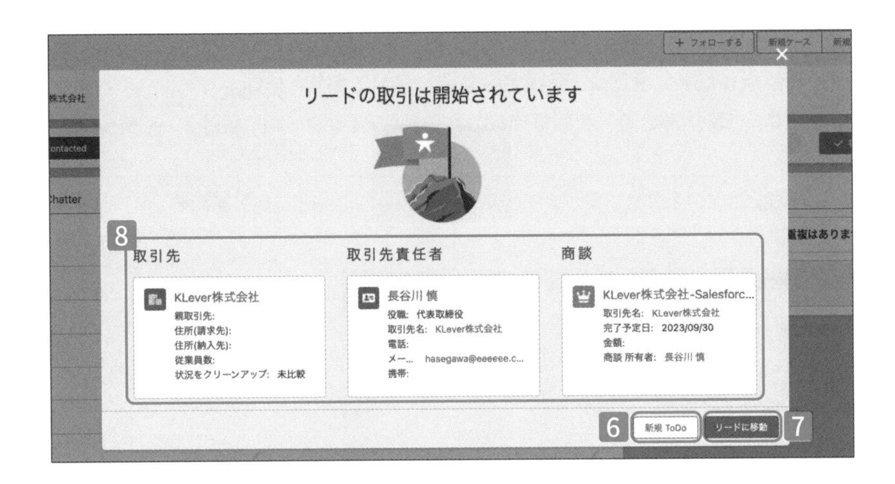

リードの取引の開始から作成された場合の商談

［取引の開始］をした場合、リードは取引先責任者に昇格しますが、［取引の開始］で商談を作成した場合は、昇格した取引先責任者は「取引先責任者の役割」に自動で追加されます。

［取引の開始］で取引先、取引先責任者、商談が作成されるのはもちろんですが、商談の作成で「取引先責任者の役割」も追加されるので、レコード作成が効率的です。

10 リードの割り当てルール

リードの割り当てルールの設定

特定の条件でリードが作成された場合、自動でユーザやキューにレコードの所有者を割り当てることができます。それが**リードの割り当てルール**です。

リードの割り当てルールの設定手順は、以下の通りです。

> **Hint**
> **キュー**
> Salesforce内のユーザをグループ化したものです。

1 ［クイック検索］で「リードの割り当て」と検索し、検索結果の［リードの割り当てルール］を選択します。

2 ［リードの割り当てルール］画面で、［新規］ボタンをクリックします。

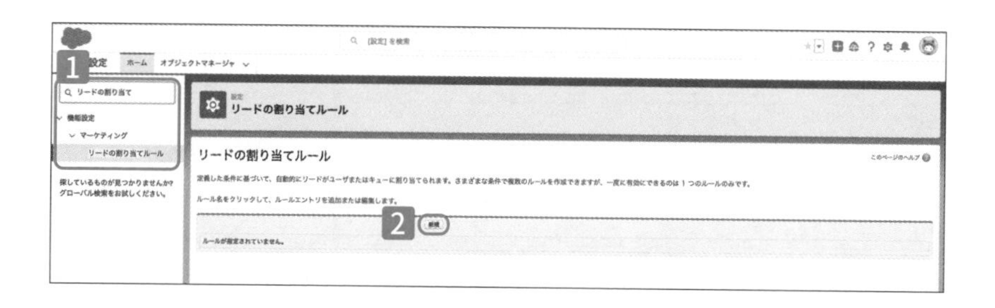

3 ［ルール名］にルール名を入力し、［保存］ボタンをクリックします。

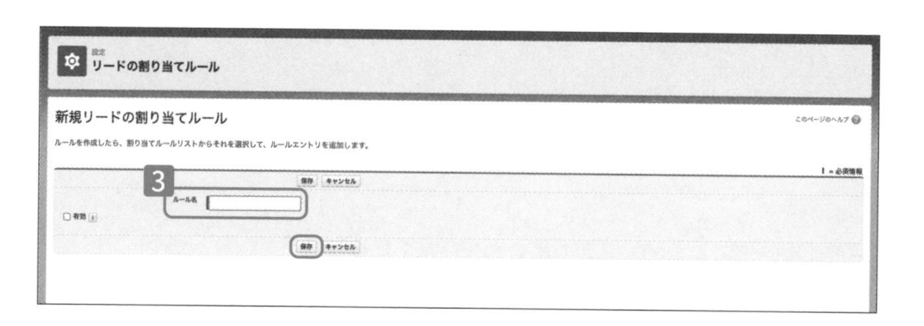

4 引き続き、リードの割り当てルールの条件を設定していきます。ルール名（リードソース）をクリックします。

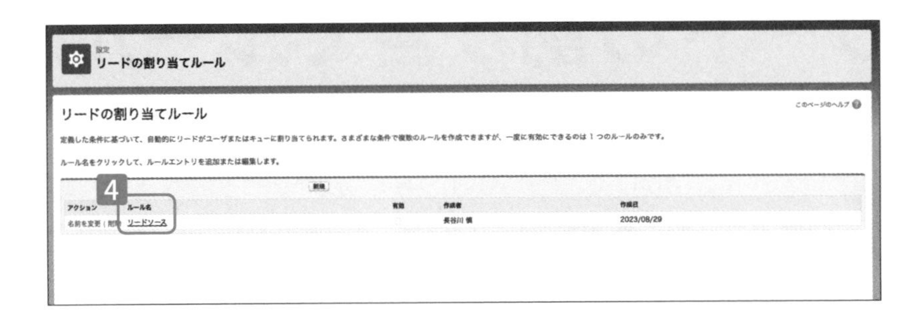

5［新規］ボタンをクリックし、ルール（リードソース）に新しいルールを追加していきます。

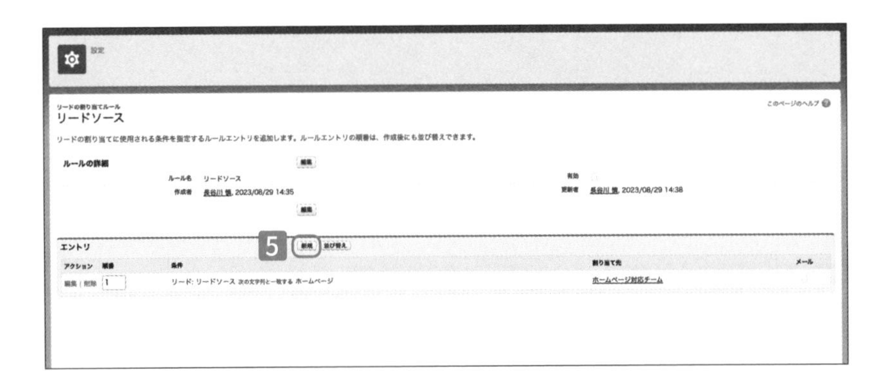

今回はリードソースが下記の場合、それぞれ次のように設定していきます。

①ホームページの場合

割り当て先は、「ホームページ対応チーム」になります。

②電話の場合

割り当て先は、「電話対応チーム」になります。

ホームページの場合のルールは作成済みなので、電話の場合のルールを作成していきます。

6 [リードの割り当てルール] 画面の [並び変え順] を入力します。

7 [項目] は「リード:リードソース」、[演算子] は「次の文字列と一致する」、[値] は「電話」を選択します。

8 割り当てるキュー (ここでは「電話対応チーム」) やユーザを選択します。

9 選択が終わったら、[保存] ボタンをクリックします。

> **Hint**
>
> **並び変え順**
>
> 今回、リードソースがホームページの場合のルールを順番を「1」としているので、リードソースが電話の場合は「2」とします。

10 割り当てルールを有効化するために、[編集] ボタンをクリックします。

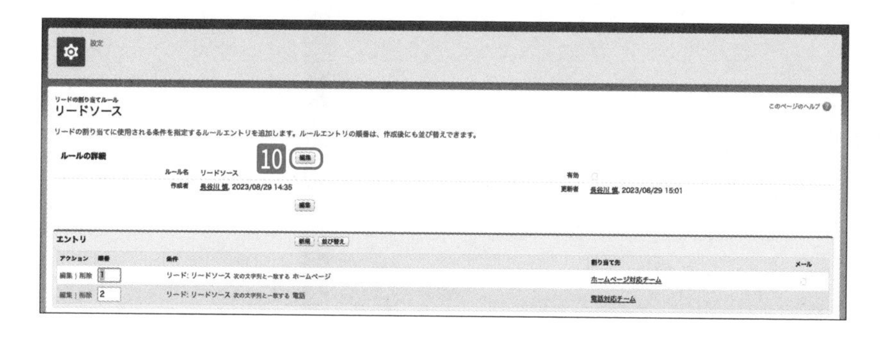

11 [有効] にチェックを入れ、[保存] ボタンをクリックします。

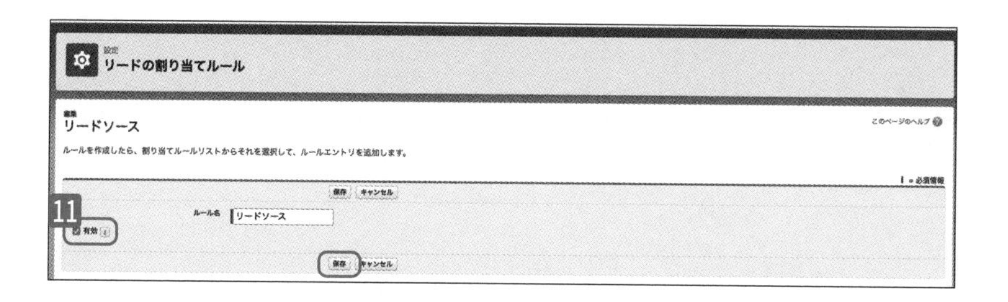

リードの割り当てルールの挙動の確認

実際に作成したリードの割り当てルールが正常に動作するか確認します。リードソースをホームページにし、リード所有者がホームページ対応チームになるかの確認です。

1 [新規リード] 画面で、[リードソース] を「ホームページ」にします。
2 [有効な割り当てルールを使用して割り当てる] にチェックを入れ、[保存] ボタンをクリックします。

Hint

有効な割り当てルール

[有効な割り当てルールを使用して割り当てる] にチェックを入れないと、リードの割り当てルールが動作しないので、気をつけましょう。

3 リードの割り当てルールが動作し、リード所有者が自動的に「ホームページ対応チーム」になります。

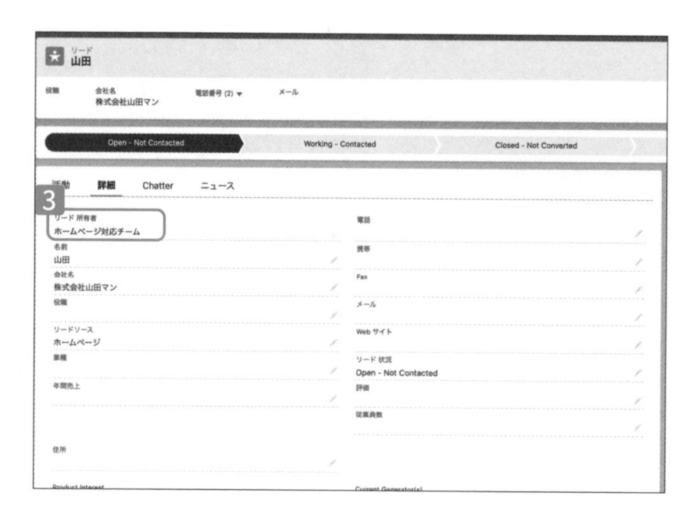

キューの作成

［リードソースの割り当てルール］画面で使用したキューの作成手順は、以下の通りです。

1 ［クイック検索］で「キュー」と検索し、検索結果の［キュー］を選択します。
2 ［キュー］画面の［新規］ボタンをクリックします。

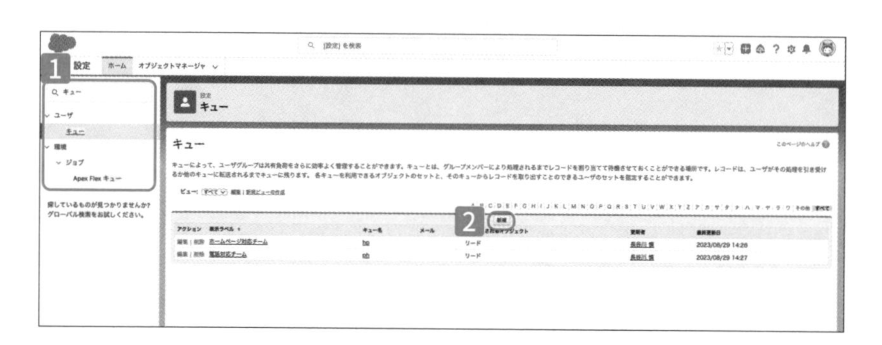

3 [表示ラベル] にラベル名、[キュー名] にキュー名 (英数字とアンダースコアのみ使用可能) を入力します。

4 キューを使用するオブジェクトを追加します。リードの割り当てルールで使用する場合は、リードを追加します。

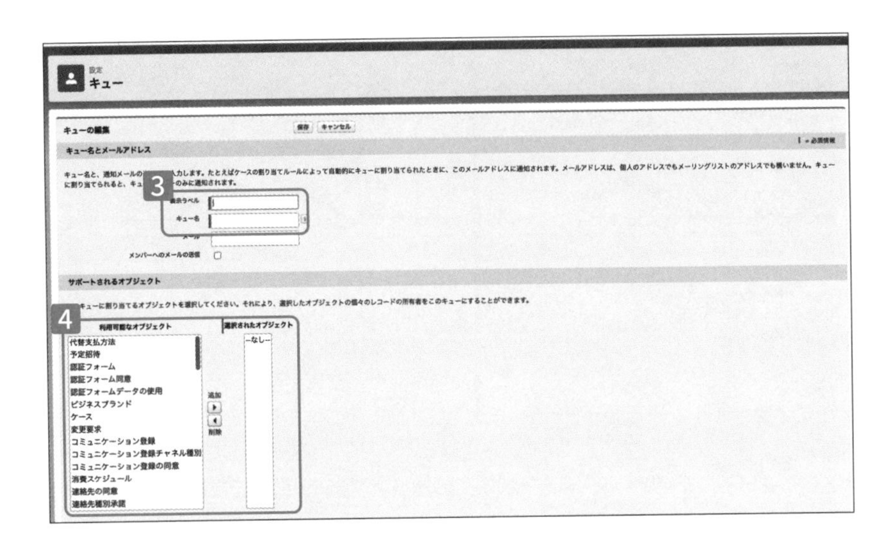

5 キューにユーザを追加し、[保存] ボタンをクリックします。

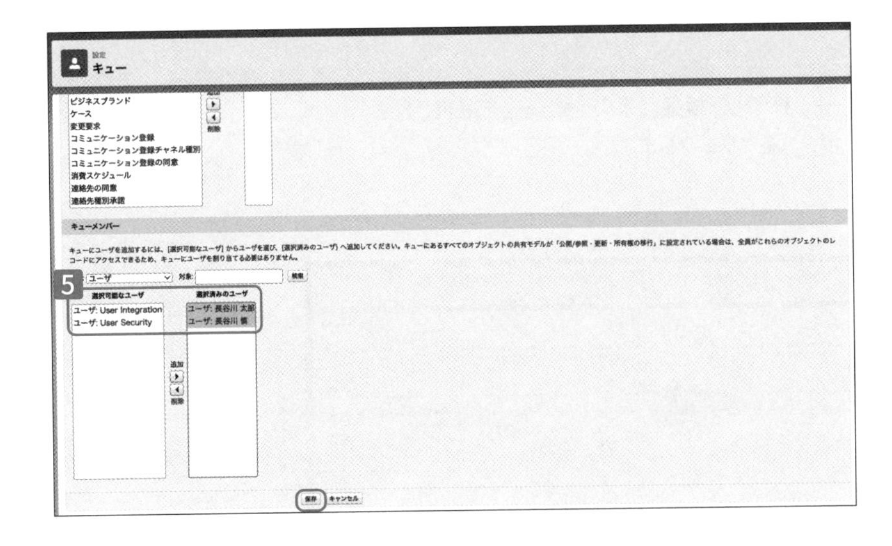

11 リードの項目の対応付け

リードの項目の対応付けの設定

リードを［取引の開始］で変換すると、リードの標準項目が取引先、取引先責任者、商談の項目に対応付けられます。カスタム項目は、取引の開始後も対応付ける項目を指定することで、リードの変換後も取引先、取引先責任者、商談の項目に入力した情報を引き継ぐことができます。

今回は、カスタム項目で作成した「血液型」を、取引先責任者のカスタム項目で作成した血液型項目に対応付けをします。

対応付けの手順は、以下の通りです。

1 リードのレコードページに「血液型：B」が表示されています。［歯車］アイコンをクリックし、ドロップダウンリストから［オブジェクトを編集］を選択します。

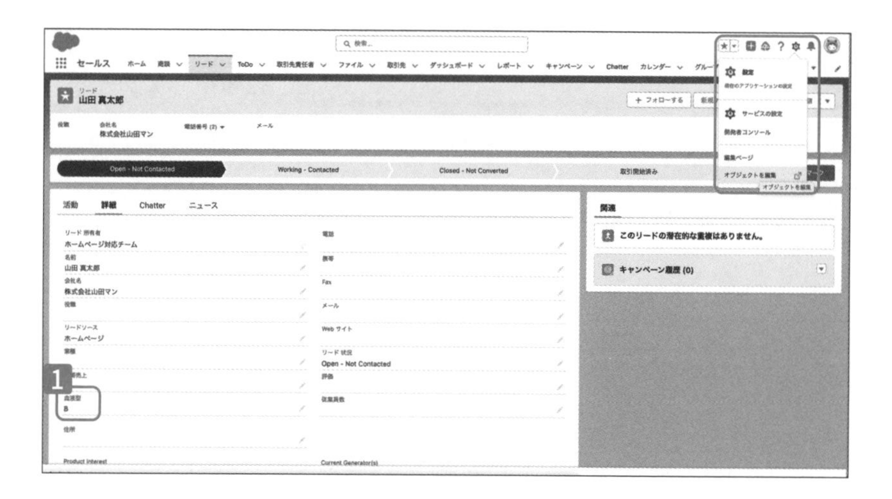

2 [リード] 画面の [項目とリレーション] を選択します。

3 [リードの項目対応付け] ボタンをクリックします。

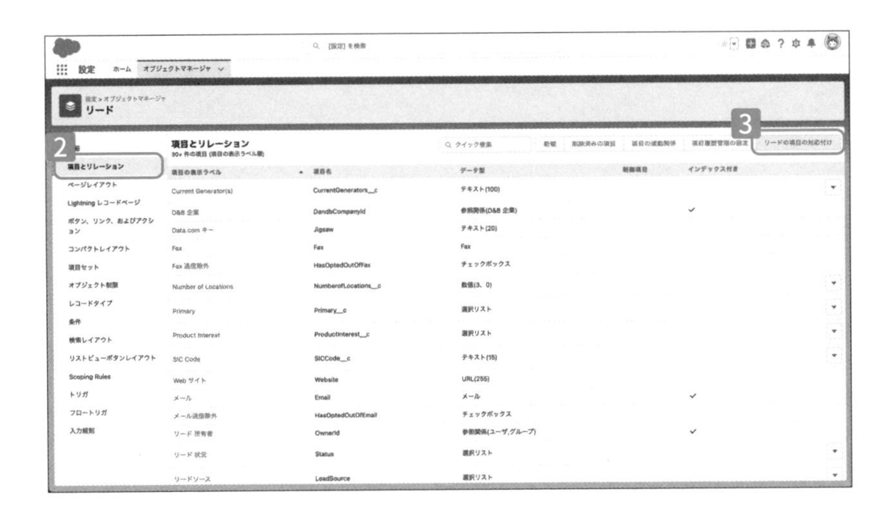

4 今回は取引先責任者の血液型に対応付けしたいので、[取引先責任者] を選択します。

5 [リード項目] の血液型に右側にある [取引先責任者項目] で血液型を選択し、[保存] ボタンをクリックします。

Hint

対応付け

項目に対応付けしないと、リードの情報が取引先責任者に反映されません。リードでカスタム項目を作成した場合、対応付けを確認する習慣をつけましょう。

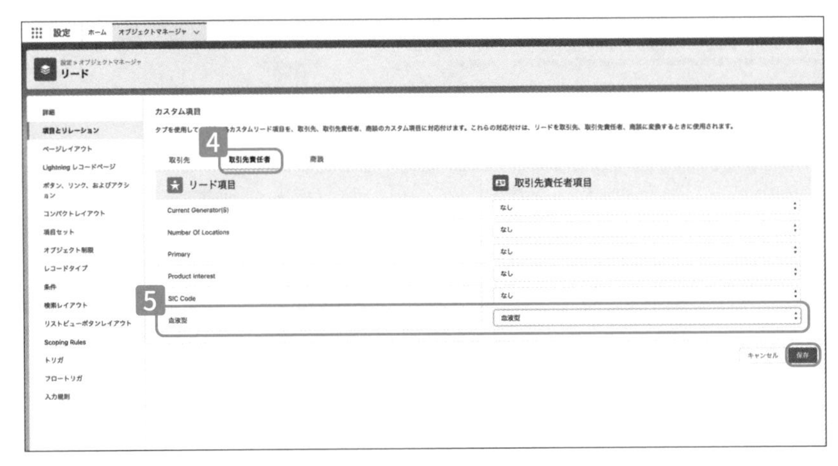

6 リードから取引の開始後、リードのカスタム項目の［血液型］は、取引先責任者のカスタム項目の［血液型］に対応付けされています。

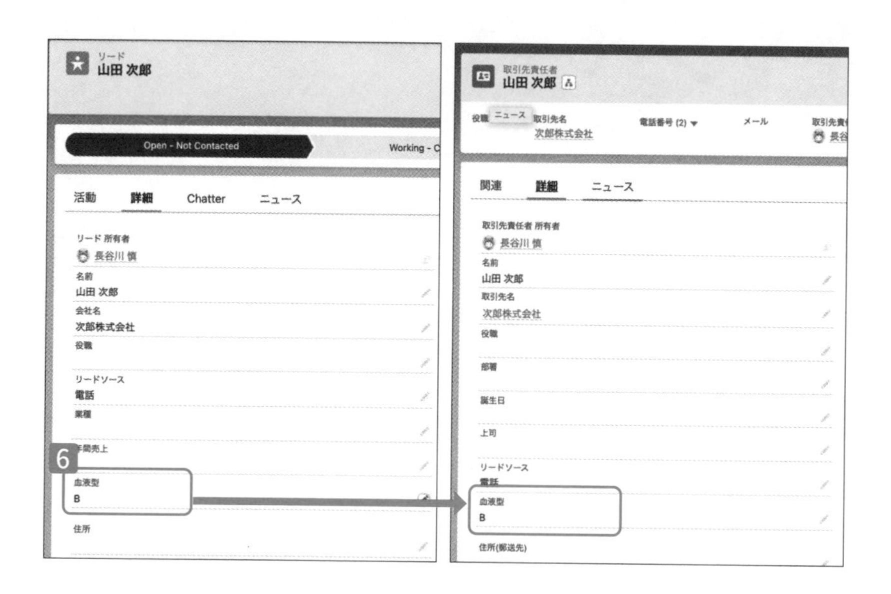

このようにリードの項目の対応付けをしておくと、変換後にリードに入力した情報を変換後に引き継ぐことができるため、二重入力がなくなり、効率的になります。

Column 設定したらすぐにユーザに使ってもらう

システム管理者が設定を反映させたら、すぐにユーザに使ってもらい、使用感をヒアリングしてにブラッシュアップしていきましょう。必要な機能やユーザの要求をまとめる要件定義の打ち合わせだけでは、操作感はなかなか伝わりにくかったりします。それを解消するためには、ユーザに使用してもらって、意見をもらうのが一番です。

設定のリリースとフィードバックを何度も繰り返すことで、より良い機能や設定のゴールに向かいます。

12 キャンペーン

キャンペーンの登録

キャンペーンは、広告やメール、展示会などのマーケティング活動の追跡と分析ができる標準オブジェクトです。キャンペーンの登録手順は、以下の通りです。

1 ［ナビゲーションバー］から［キャンペーン］タブをクリックします。

2 ［新規］ボタンをクリックします。

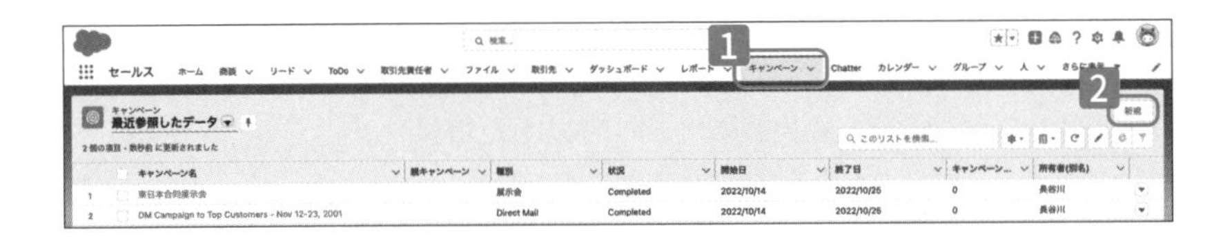

3 ［新規キャンペーン］画面で、［キャンペーン名］、［種別］、［開始日］、［終了日］、［キャンペーンの期待収益］などを入力し、［保存］ボタンをクリックします。

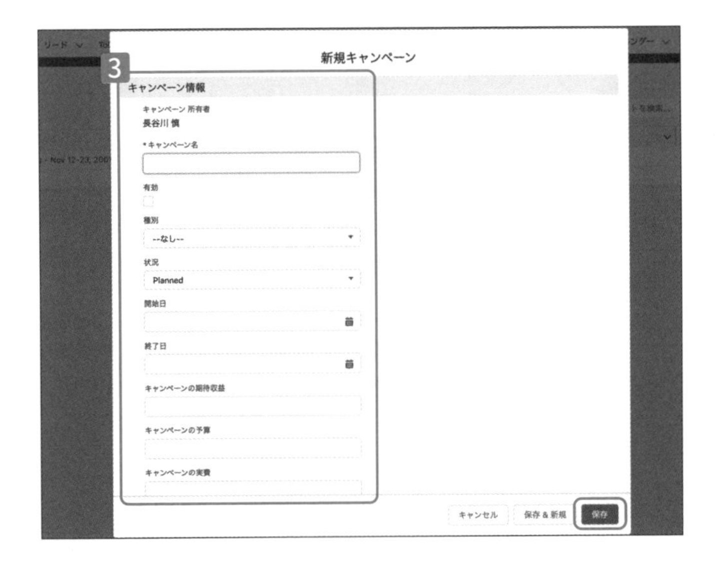

4 項目は作成することで、キャンペーンに追加でき、[種別] の値も編集できます。

設定　ホーム　オブジェクトマネージャ

設定 > オブジェクトマネージャ
キャンペーン

詳細
項目とリレーション
ページレイアウト
Lightning レコードページ
ボタン、リンク、およびアクション
コンパクトレイアウト
項目セット
オブジェクト制限
レコードタイプ
条件
検索レイアウト
リストビューボタンレイアウト
階層の列
トリガ
フロートリガ
入力規則

項目の表示ラベル　種別　　項目名　Type
データ型　選択リスト
ヘルプテキスト
説明
データ所有者
項目の利用状況
データ機密度
コンプライアンス分類

使用される選択リスト値
有効な選択リスト値　4 (最大 1,000)
無効な選択リスト値　8

項目の連動関係　新規
連動関係が定義されていません。

入力規則　新規
入力規則が定義されていません。

4

キャンペーン 種別 選択リスト値　新規　並び替え　置換　印刷用に表示　グラフの色

アクション	値	API 参照名	デフォルト	グラフの色	更新者
編集 | 削除 | 無効化	展示会	展示会		動的に割り当て済み	長谷川 徹, 2023/08/31 6:07
編集 | 削除 | 無効化	ウェビナー	Webinar		動的に割り当て済み	長谷川 徹, 2023/08/31 6:01
編集 | 削除 | 無効化	メール	Email		動的に割り当て済み	長谷川 徹, 2023/08/31 6:01
編集 | 削除 | 無効化	その他	Other		動的に割り当て済み	長谷川 徹, 2023/08/31 6:07

アクション　値　API 参照名　更新者

Hint

使用頻度の高い値

[種別] や [状況 選択リスト値] では、使用頻度の高い値を最上位に移動しておくとよいでしょう。

5 また、[状況 選択リスト値] も編集できます。

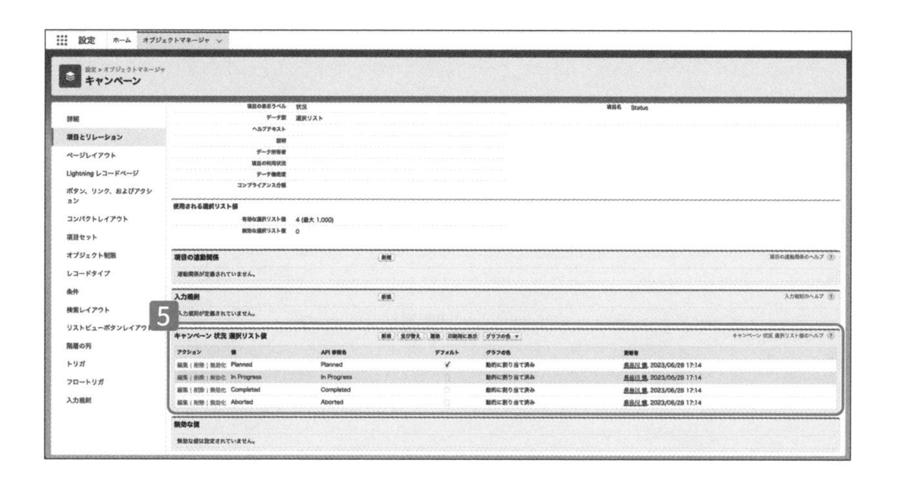

キャンペーンは階層で管理が可能

キャンペーン階層は、チームが管理や分析を行いやすいように、キャンペーンを親子の階層状にまとめたものです。親キャンペーンを上位の階層として作成し、その下に子キャンペーンを作成することで、キャンペーン全体の取り組みを参照・把握することができます。

キャンペーン階層を確認する手順は、以下の通りです。

1 画面右上の［▼］ボタンをクリックし、ドロップダウンリストから［キャンペーン階層を表示］を選択します。

Hint

［階層を表示］ボタン

［階層を表示］ボタンをクリックしても、キャンペーンの階層が表示されます。

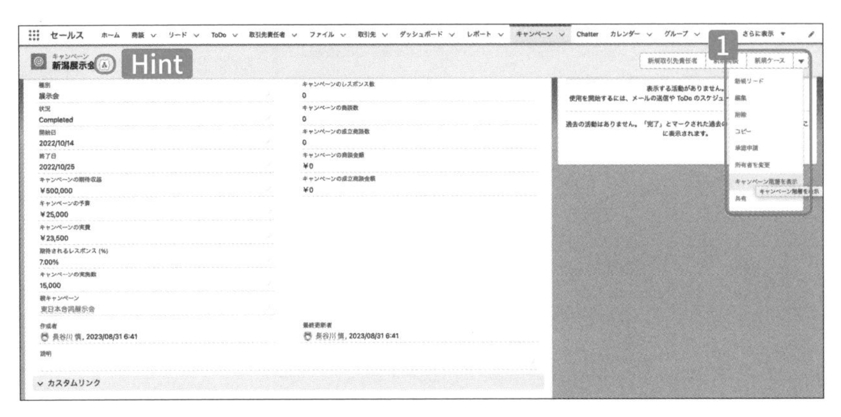

2 ［キャンペーン階層］画面が表示されます。階層は、複数使用できます。また「現在」と表示されているのは現在、見ているキャンペーンのレコードページを意味します。

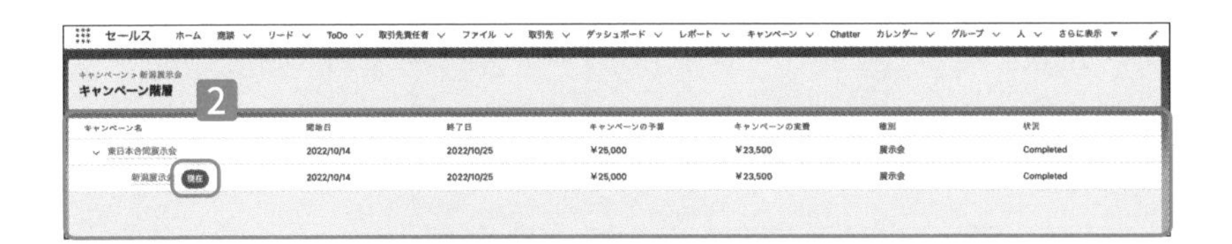

3 関連リストでもキャンペーン階層は表示でき、親のキャンペーンの関連リストから子のキャンペーンが表示されます。

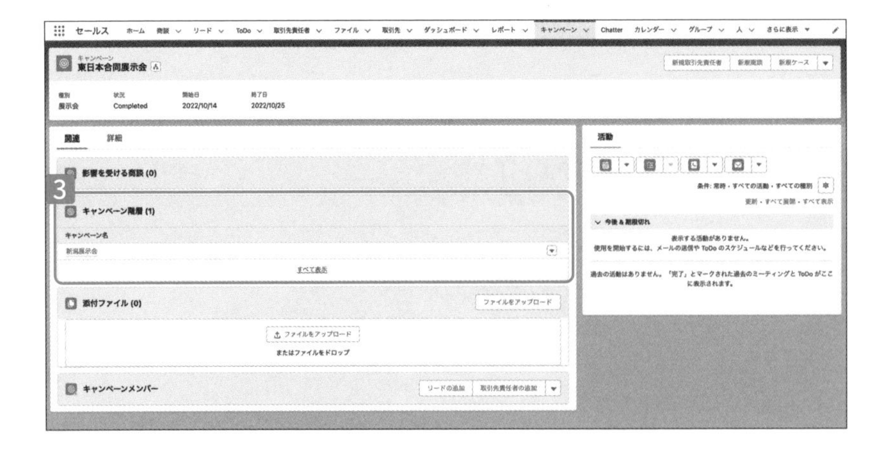

13 キャンペーンメンバー

キャンペーンメンバーの追加

キャンペーンメンバーは、キャンペーンでアプローチする対象のリード・取引先責任者のことです。展示会などで集めた名刺情報をリードに登録し、キャンペーンメンバーに追加しておくことで、リード・取引責任者がどのようなキャンペーンでアプローチしたのかを可視化できます。

キャンペーンメンバーの追加手順は、以下の通りです。

> **Hint**
> **キャンペーンメンバー**
> キャンペーンメンバーは、リードや取引先責任のリストビューでも追加できます。

1 キャンペーンのレコードページから、[関連] タブを選択します。
2 キャンペーンメンバーの関連リストから [リードの追加] ボタン、または [取引先責任者の追加] ボタンをクリックし、リードや取引先責任者を追加します。

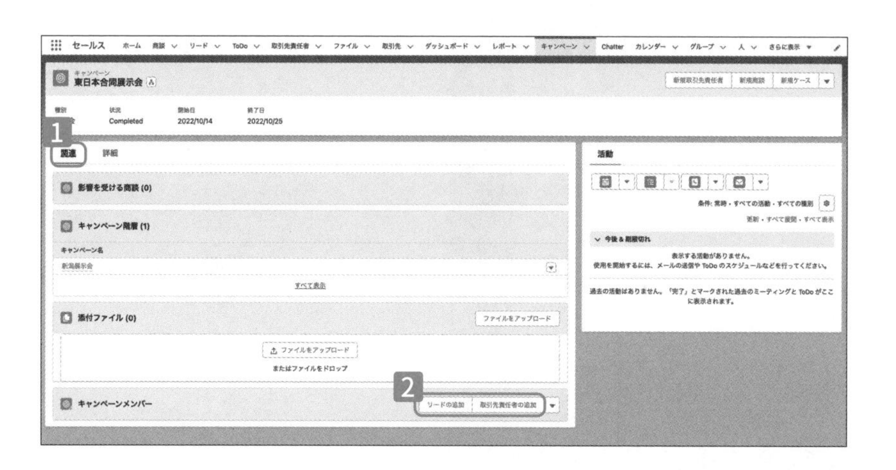

3 [リードをキャンペーンに追加] 画面で、リードを検索して追加します。

4 表示されているリードは、[＋] ボタンで複数追加できます。

5 [次へ] ボタンをクリックします。

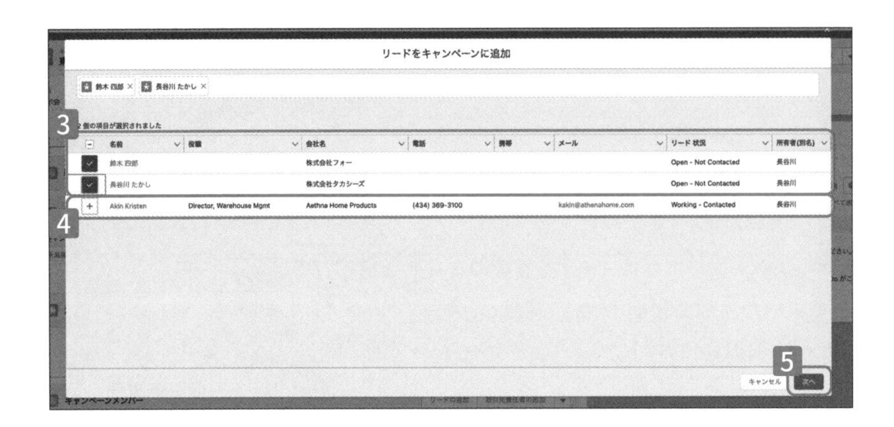

6 [キャンペーンに追加] 画面で、[メンバーの状況] を [レスポンスあり] にすると、レスポンス数としてキャンペーンで確認できます。

7 [登録] ボタンをクリックします。

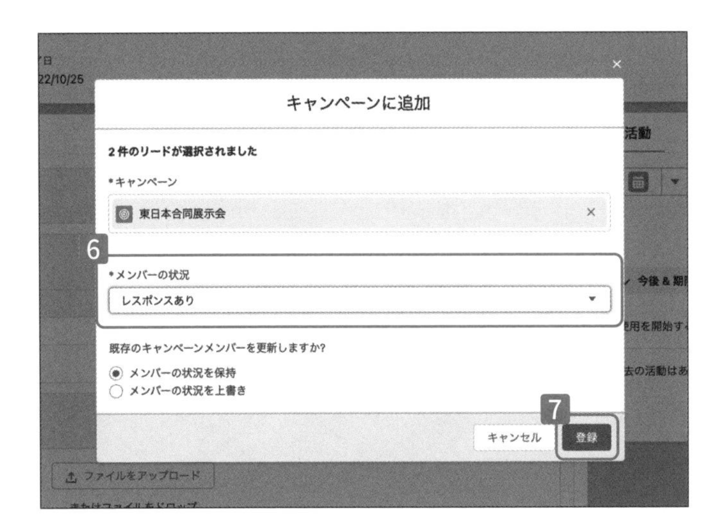

Hint

レスポンス数

レスポンスは、「反応」を意味します。[メンバーの状況] で [レスポンスあり] を選択しているメンバーの数を集計します。

8 キャンペーンメンバーが［メンバーの状況］で分類された円グラフで可視化されます。リストで確認する場合は、［すべてを表示］をクリックします。

キャンペーンメンバーの状況の追加

キャンペーンメンバーの状況を追加する手順は、以下の通りです。

1 関連リストの［キャンペーンメンバーの状況］の［新規］ボタンをクリックします。

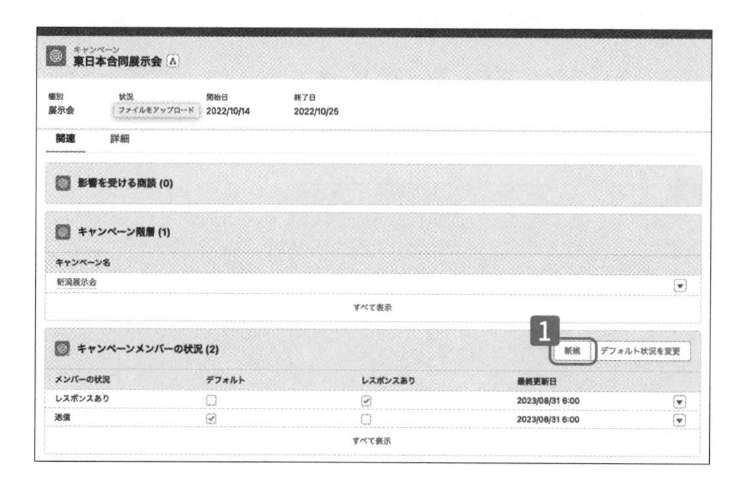

2 ［新規キャンペーンメンバーの状況］画面で、［メンバーの状況］に追加したいメンバーの状況を入力します。キャンペーンのレスポンス数としてカウントしたい場合は、［レスポンスあり］にチェックを入れ、［保存］ボタンをクリックします。

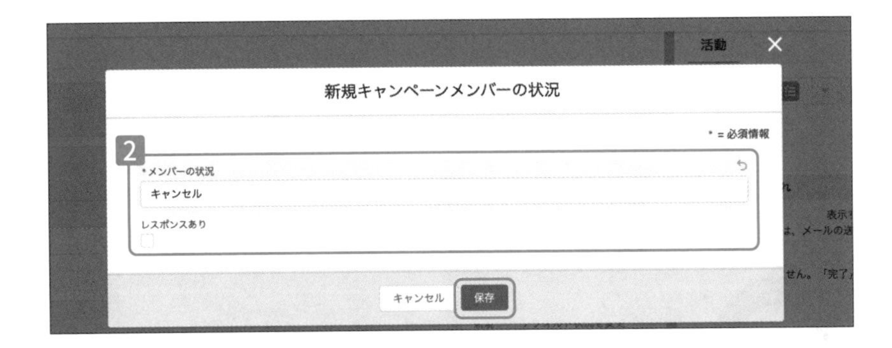

3 キャンペーンメンバーの状況が追加されました。

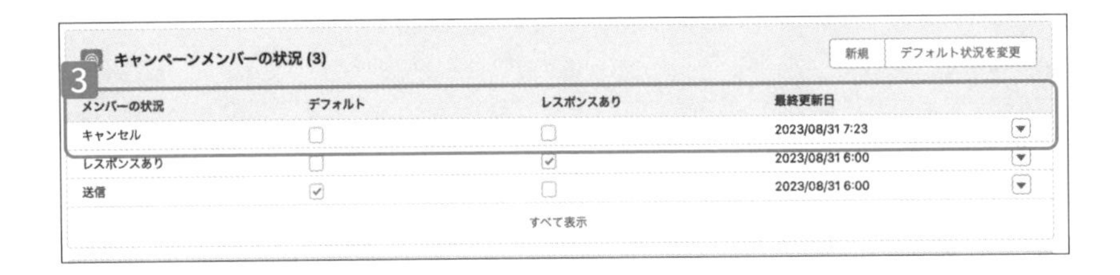

キャンペーンメンバーの状況の確認

キャンペーンの関連リストからキャンペーンメンバーを追加することにより、メンバーの状況を確認できます。

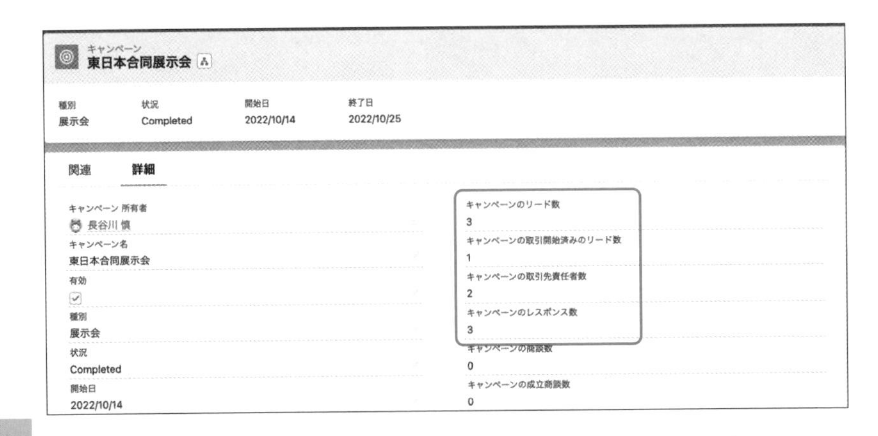

表示されている項目の詳細は、次の通りです。

①キャンペーンのリード数
メンバーに追加されているリードの数です。

②キャンペーンの取引開始済みのリード数
メンバーに追加されているリードで、取引開始済みの数です。

③キャンペーンの取引先責任者数
メンバーに追加されている取引先責任者の数です。

④キャンペーンのレスポンス数
メンバーの状況で[レスポンスあり]が選択されている数です。

リストメールの一斉送信

キャンペーンメンバーには、リストメールを一斉送信できます。送信の手順は、以下の通りです。

1 関連リストの[キャンペーンメンバー]の右端にある[▼]ボタンをクリックし、ドロップダウンリストから[リストメールの送信]を選択します。

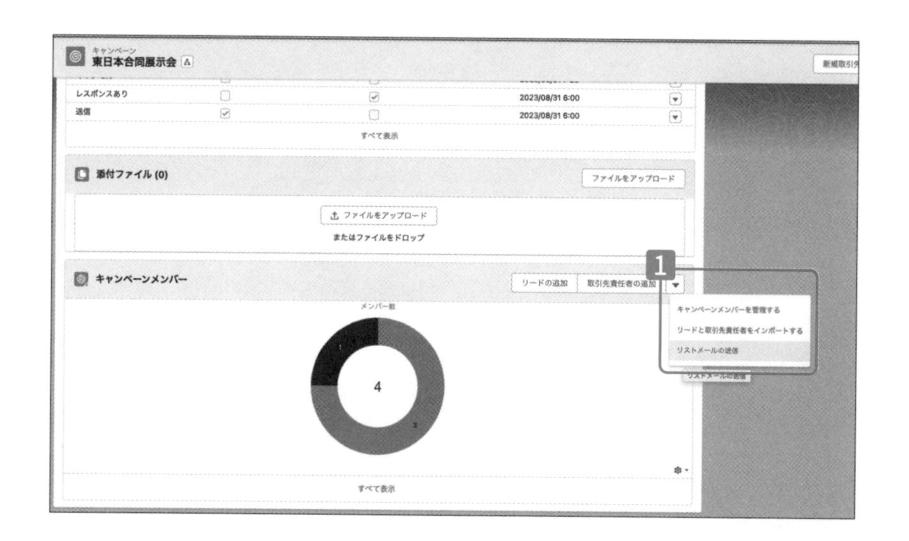

2 リストメール作成画面では、[差し込み項目の挿入] を使用すると、名前などを動的に本文に差し込むことができます。

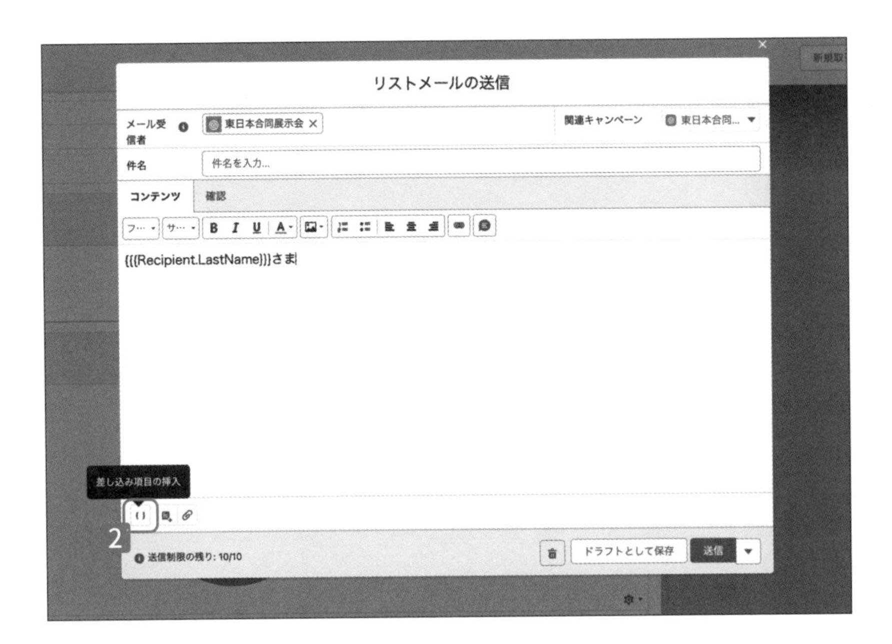

14 キャンペーンメンバーの一括追加

キャンペーンメンバーの一括追加

キャンペーンメンバーはキャンペーンレコードから追加できますが、その他にも次の方法で一括追加することができます。

①リストビューで一括追加
②レポートで一括追加
③インポートウィザードで一括追加

①リストビューで一括追加

リストビューでキャンペーンメンバーを一括追加する手順は、以下の通りです。

1 [リード] タブを選択します。
2 リストビューからキャンペーンに追加したいリードを選択し、[キャンペーンに追加] ボタンをクリックします。

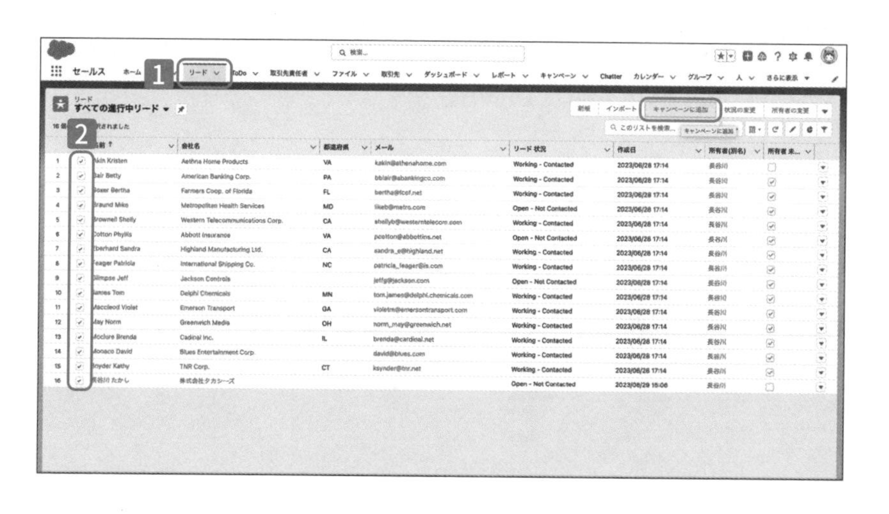

3 ［キャンペーンに追加］画面が表示されます。追加したいキャンペーンを選択し、［登録］ボタンをクリックします。

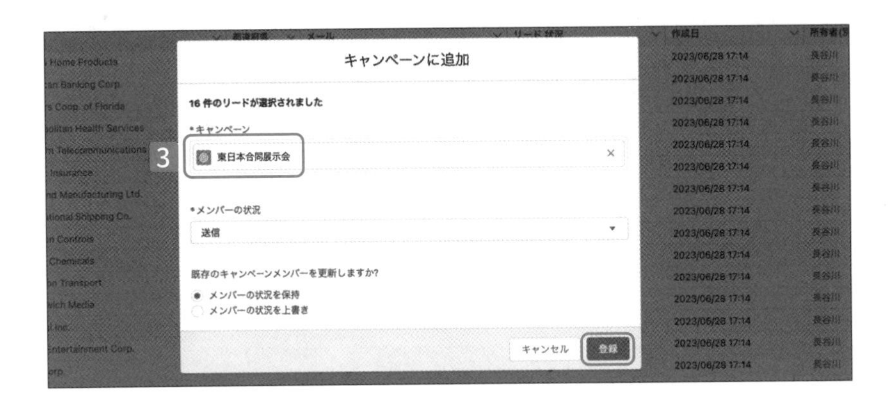

4 ［取引先責任者］タブのリストビューでも、リードと同じように［キャンペーンに追加］ボタンをクリックすると、キャンペーンメンバーの一括追加ができます。

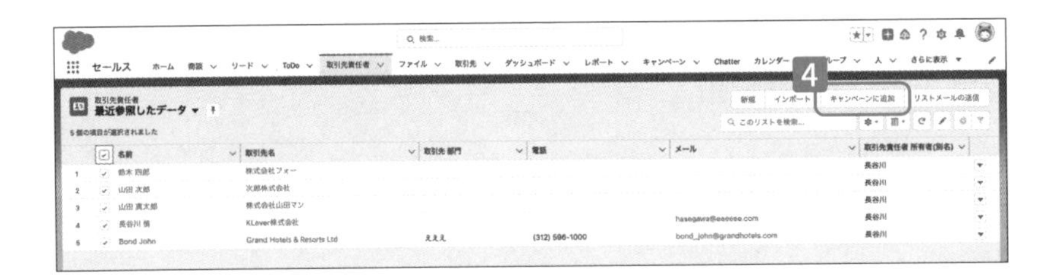

②レポートで一括追加

レポートでキャンペーンメンバーを一括追加する手順は、以下の通りです。

1 ［レポート］タブを選択します。
2 ［新規レポート］ボタンをクリックします。

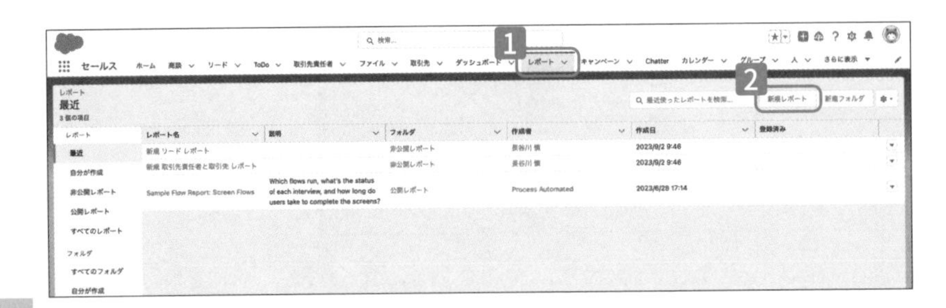

3 ［レポートを作成］画面の［レポートタイプを選択］で［リード］を選択します。
4 ［レポートを開始］ボタンをクリックします。

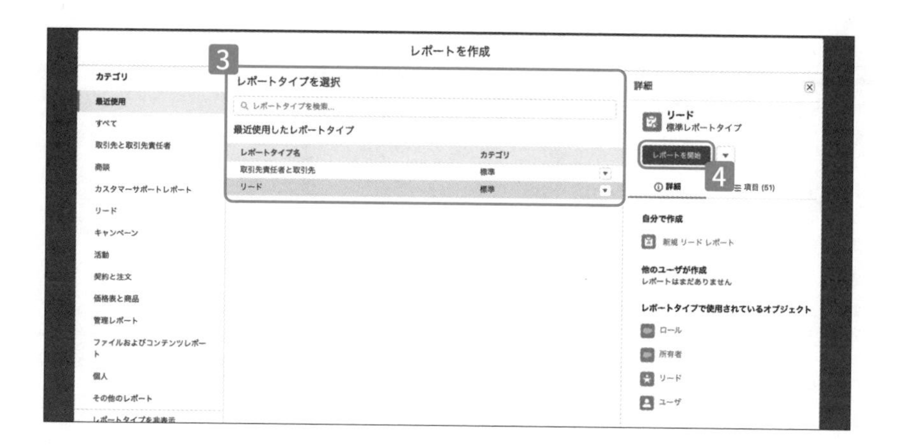

5 ［検索条件］でキャンペーンメンバーにしたい条件を設定し、抽出します。
6 ［保存&実行］ボタンをクリックします。

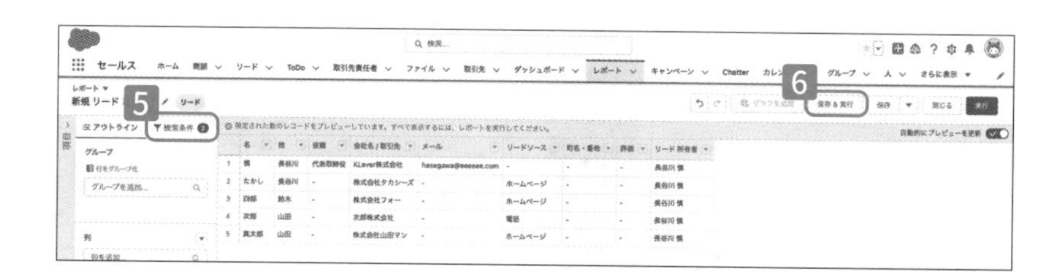

7 ［レポートを保存］画面が表示されます。［レポート名］、［レポートの一意の名前］に入力します。［フォルダ］では、任意のレポートフォルダを選択し、［保存］ボタンをクリックします。

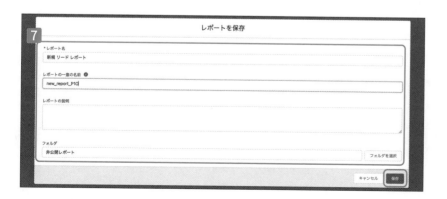

8 画面右上の［▼］ボタンをクリックし、ドロップダウンリストから［キャンペーンに追加］を選択します。

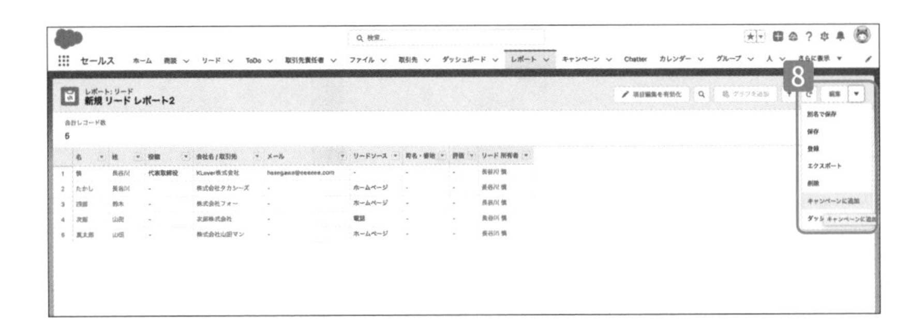

9［キャンペーンに追加］画面が表示されます。［キャンペーン］で追加したいキャンペーンを選択し、［登録］ボタンをクリックします。

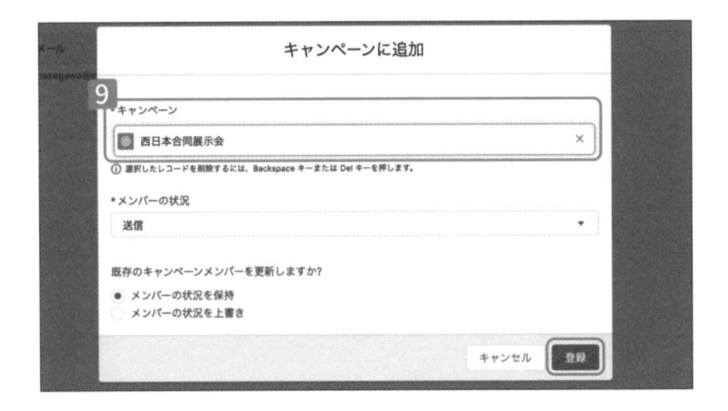

③インポートウィザードで一括追加

キャンペーンからインポートウィザードを使用して、キャンペーンメンバーを一括追加できます。追加の手順は、以下の通りです。

Hint

インポートウィザード

CSV形式のデータを一括で5万件までインポート可能で、取引先と取引先責任者を同時にインポートできます。

1 [キャンペーン] タブを選択します。

2 [キャンペーンメンバー] の関連リストの右上にある [▼] ボタンをクリックし、ドロップダウンリストから [リードと取引先責任者をインポートする] を選択します。

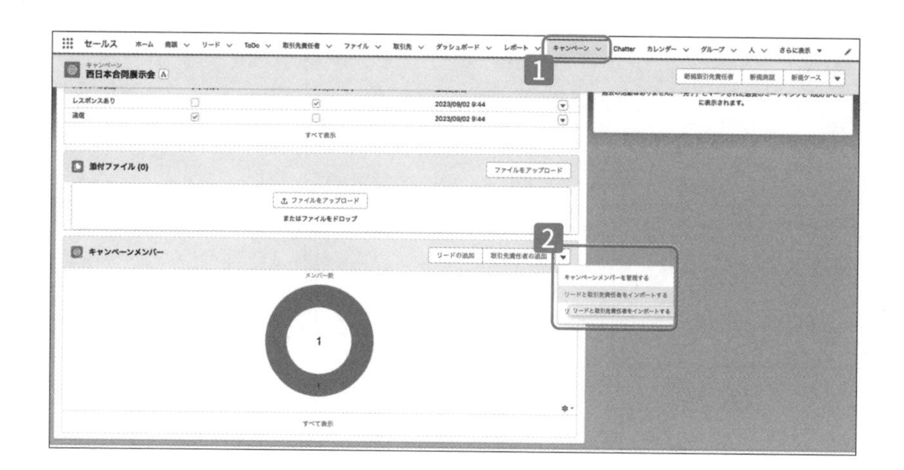

3 Excelを使って、キャンペーンメンバーに追加したい取引先責任者のSalesforce IDの含まれたCSVファイルを用意します。レポートを使用して項目を調整することで、簡単にCSVファイルを出力できます。

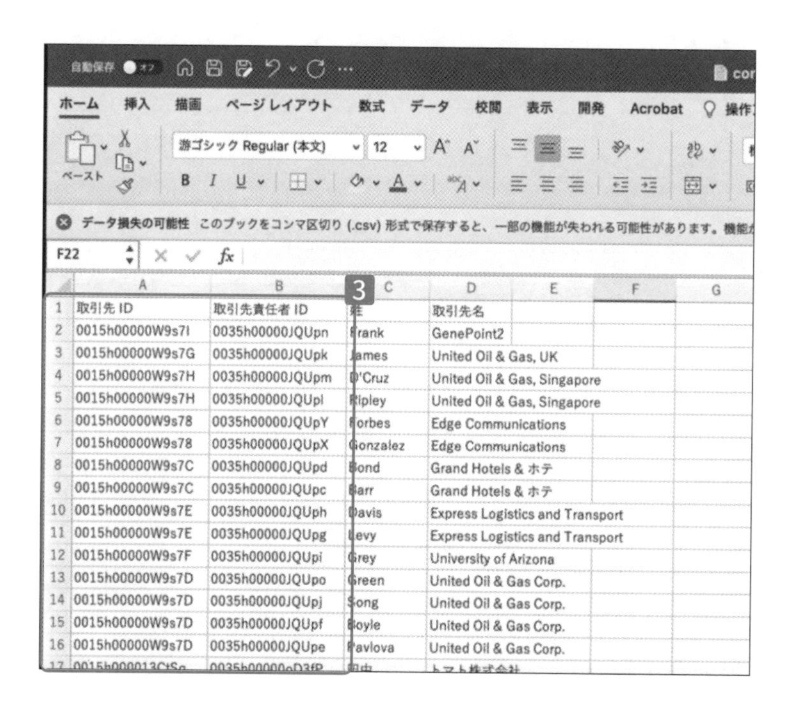

Hint

CSVファイル

CSVファイルが文字化けしてないかを確認しましょう。文字化けしている場合、正しくインポートができません。

4 ［取引先責任者の一致条件］で［Salesforce ID］を選択します。

5 CSVファイルをドラッグしてアップロードすることで、一括でキャンペンメンバーに追加できます。

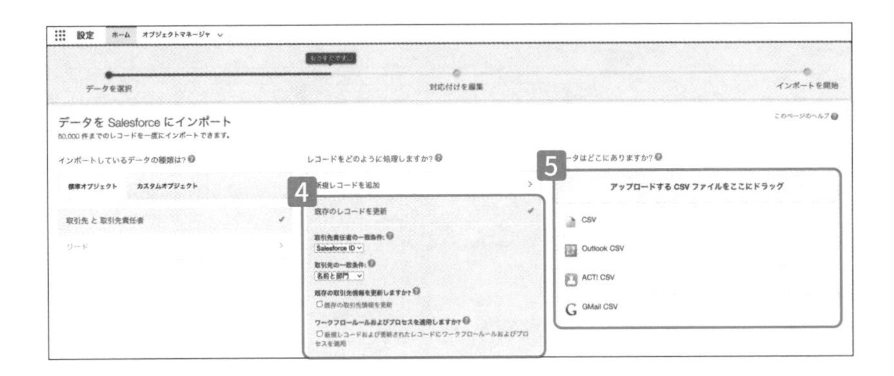

15 影響を受ける商談

商談をキャンペーンに紐付け

キャンペーンから創出された商談をキャンペーンに紐付けておくことによって、**影響を受ける商談**として可視化できます。

商談の主キャンペーンソースを使用して、キャンペーンに紐付ける手順は、以下の通りです。

> **Hint**
> **主キャンペーンソース**
> 商談レコードで主キャンペーンソースが表示されていない場合、商談のページレイアウトを確認しましょう。

1 ［商談］タブをクリックします。

2 レコードページの主キャンペーンソースの項目に、商談が創出されたキャンペーンを紐付けます。

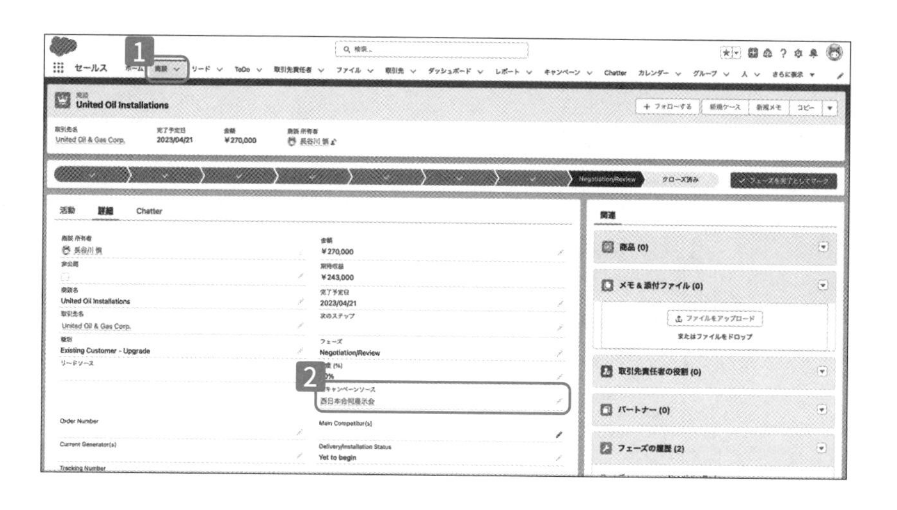

3 関連リストの［影響を受ける商談］で紐付けたキャンペーンを確認します。

4 キャンペーンの商談数、キャンペーンの成立商談数、キャンペーンの商談金額、キャンペーンの成立商談金額などを可視化できます。

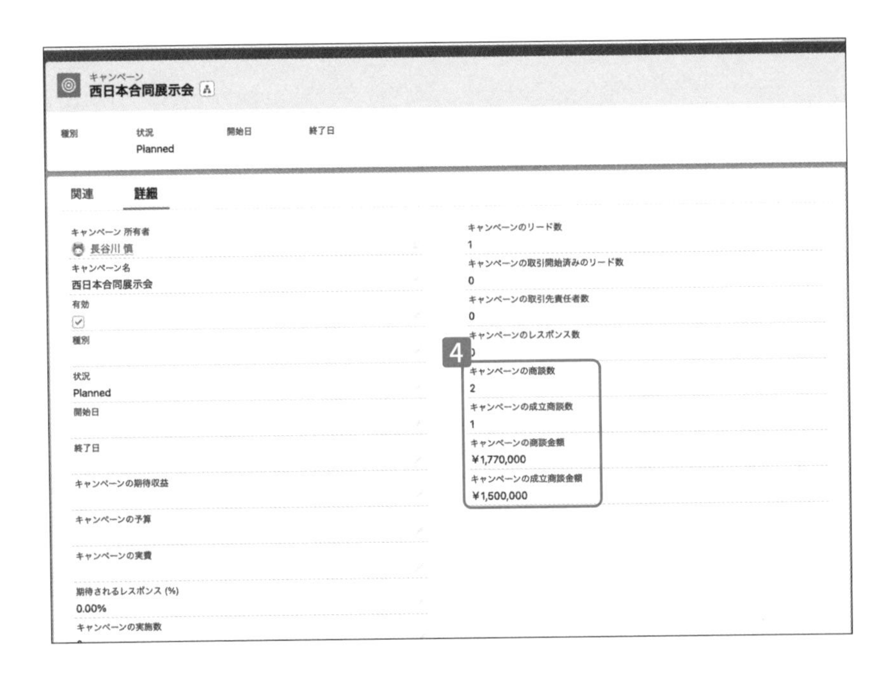

第 6 章

サービス アプリケーション

第6章では、取引先、取引先責任者、ケース（問い合わせ管理）などと共に、カスタマーサービスを管理するアプリケーションの操作方法や内容について学びます。

1 ケースの設定

ケースのカスタマイズ

Salesforceでは、問い合わせ管理に**ケース**を使用します。ケースは標準オブジェクトの一種で、顧客の質問やクレームなどを管理できます。

ケースでは、ケースの状況や種別、発生源、原因などを自社専用にカスタマイズでき、その手順は、以下の通りです。

Hint

ケースのカスタマイズ

[オブジェクトマネージャ] から [ケース] に進む方法でも、ケースをカスタマイズできます。

1. [ナビゲーションバー] の [ケース] タブを選択します。
2. [歯車] アイコンをクリックし、ドロップダウンリストから [オブジェクトを編集] を選択します。

3 ［項目とリレーション］を選択すると、ケースに使用されている項目の一覧が表示されます。

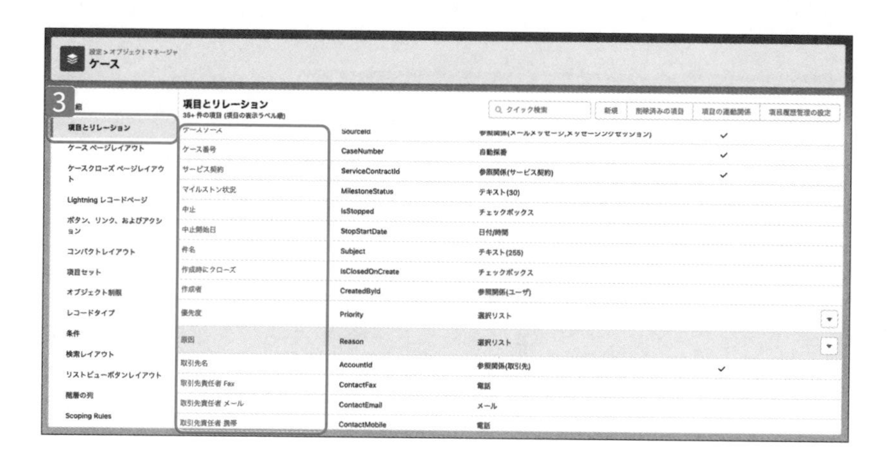

4 ［状況］をクリックします。

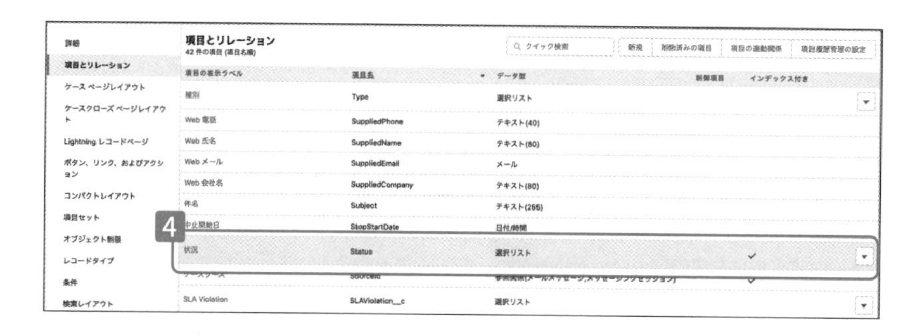

5 ［ケース 状況の選択リスト値］で値の追加・削除・編集ができます。

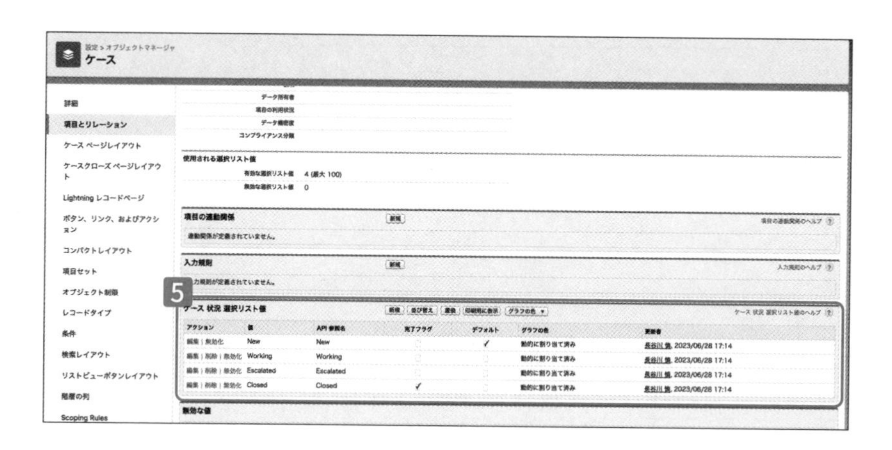

6 新規で値を追加する際に、複数の値を追加したい場合は、改行すると各行が1つの値として登録されます。

7 [保存] ボタンをクリックします。

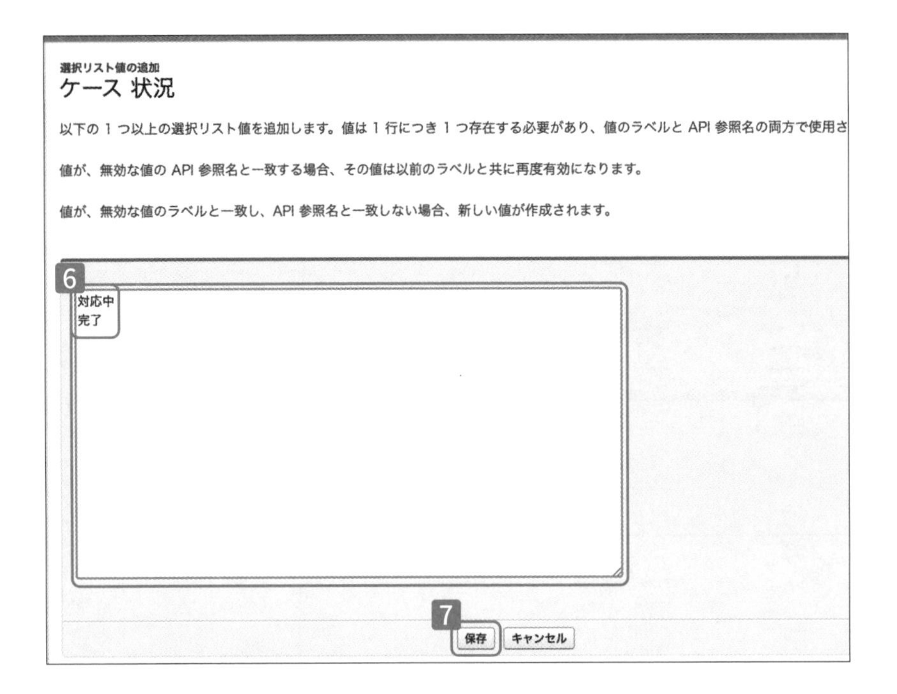

8 [表示ラベル] にラベル名（ここでは「完了」）、[API 参照名] に参照名（ここでは「完了」）を入力し、ケースの状況を完了としたい場合は、[完了フラグ] にチェック入れて、[保存] ボタンをクリックします。

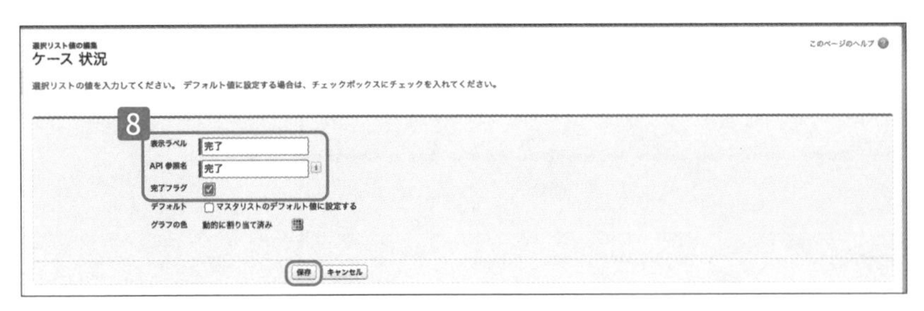

Hint

完了フラグ

[完了フラグ] にチェックを入れておくと、完了のケースだけを集計するのに便利です。

9 種別や発生源、原因などの編集は、[オブジェクトマネージャ] の [項目とリレーション] から項目名をクリックして編集します。
10 新規項目を追加したい場合は、[新規] ボタンをクリックして項目を追加していきます。

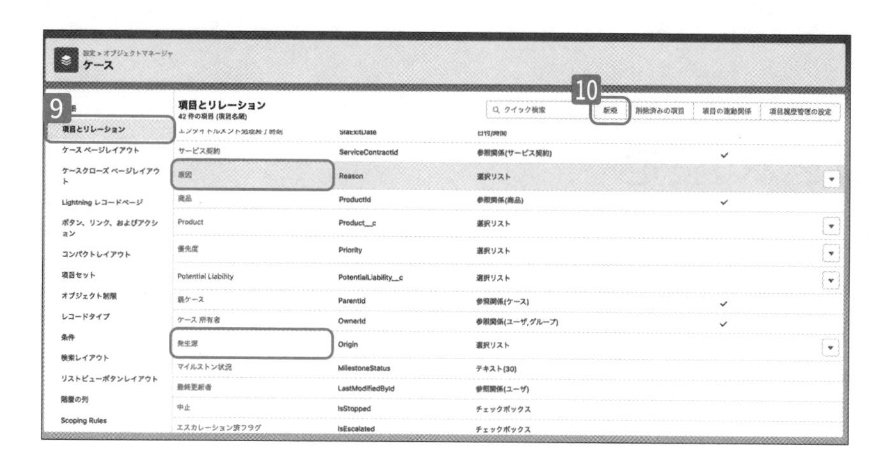

Column まず必要項目を明確にする

Salesforce をカスタマイズする際は、最初に「何ができるか」を考えずに、「どのような管理をしたいか」を Excel などを使ってイメージを作成するとよいでしょう。分析するために必要な項目が明確になってから、項目を作り始めると最も効率がよいです。

筆者は今でも、スプレッドシートに必要項目とデータ型（テキスト・日付・通貨など）を書き出してから構築を始めています。

2 サポートプロセス

サポートプロセスの設定

ケースでレコードタイプを複数作成し、**サポートプロセス**に関連付けることで、複数種類の［状況の流れ］を設定できます。

サポートプロセスを新規に作成する手順は、以下の通りです。

1 ［クイック検索］で「サポートプロセス」と検索し、検索結果の［サポートプロセス］を選択します。

2 ［新規］ボタンをクリックします。

> **Hint**
> **サポートプロセス**
>
> サポートプロセスは、商談のセールスプロセスのケース版です。

> **Hint**
> **クイック検索**
>
> 画面右上の［歯車］アイコンから［設定］を選択すると、画面左上に［クイック検索］欄が表示されます。

3 ［既存のサポートプロセスからコピーする］で既存のサポートプロセスを選択し、それをコピーすると効率的に作成できます。

4 ［サポートプロセス名］にサポートプロセス名（ここでは「通常対応」）を入力して、［保存］ボタンをクリックします。

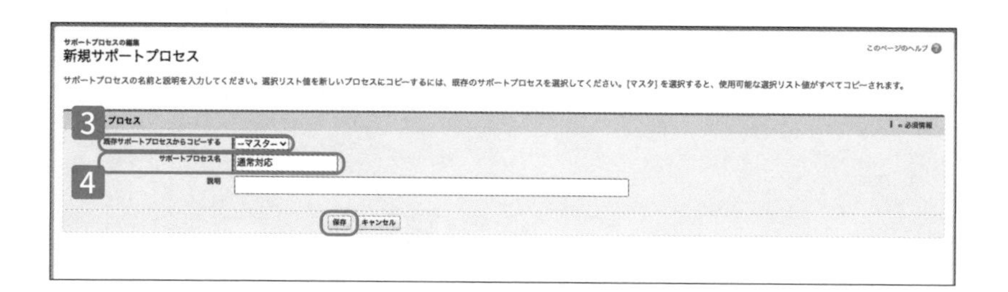

5 サポートプロセスに含めるフェーズを［追加］ボタンや［削除］ボタンで調整します。

6 調整が終わったら、［保存］ボタンをクリックします。

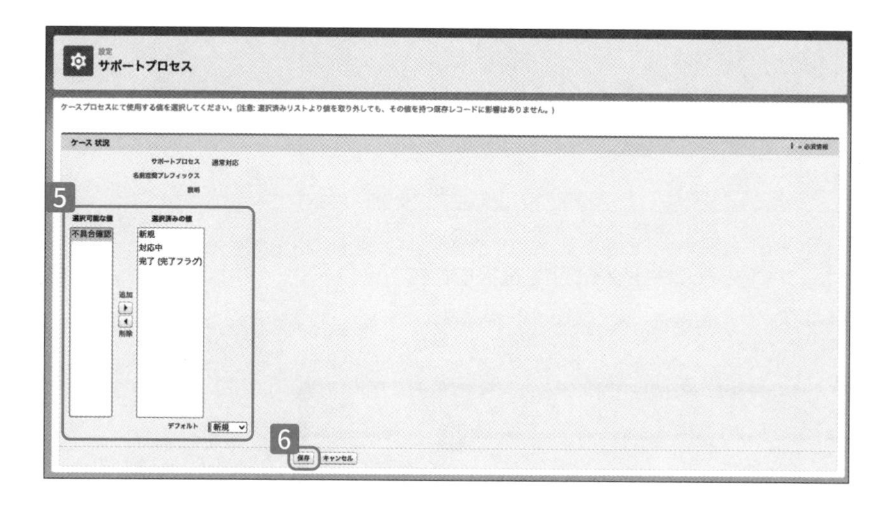

7 サポートプロセスは複数作成できるので、手順1～6を繰り返して、必要に応じてサポートプロセスを作成します。

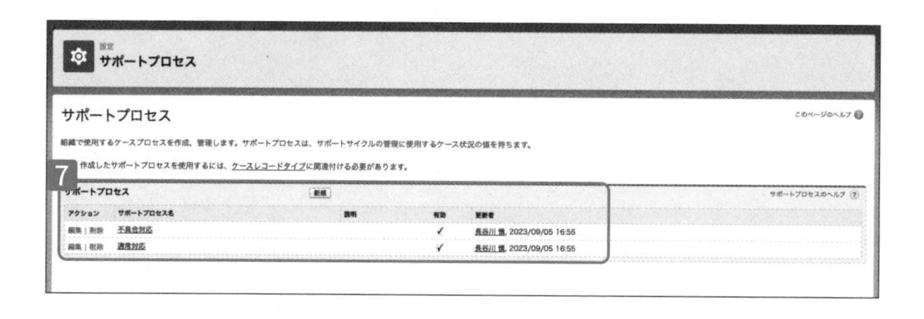

ケースのレコードタイプとサポートプロセスの関連付け

サポートプロセスを作成したら、ケースのレコードタイプと関連付けが必要です。関連付けの手順は、以下の通りです。

1 ［ナビゲーションバー］から［ケース］タブを選択します。
2 ［歯車］アイコンをクリックし、ドロップダウンリストから［オブジェクトを編集］を選択します。

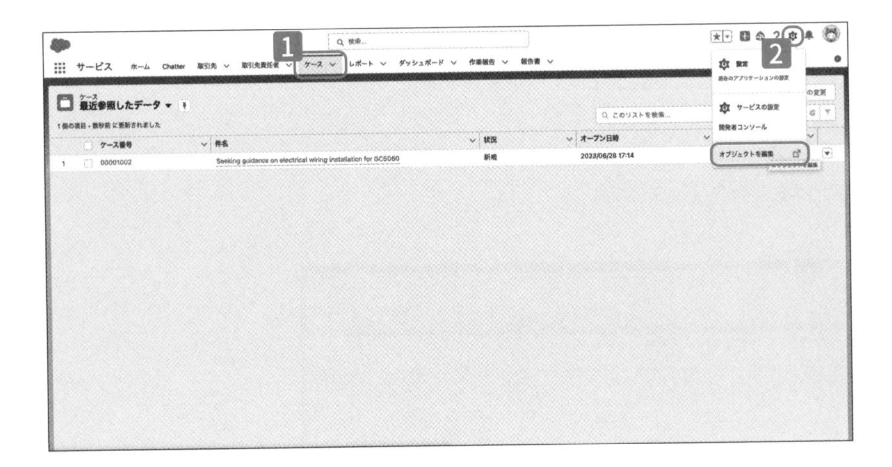

3 ケースの［オブジェクトマネージャ］で［レコードタイプ］を選択します。
4 ［新規］ボタンをクリックします。

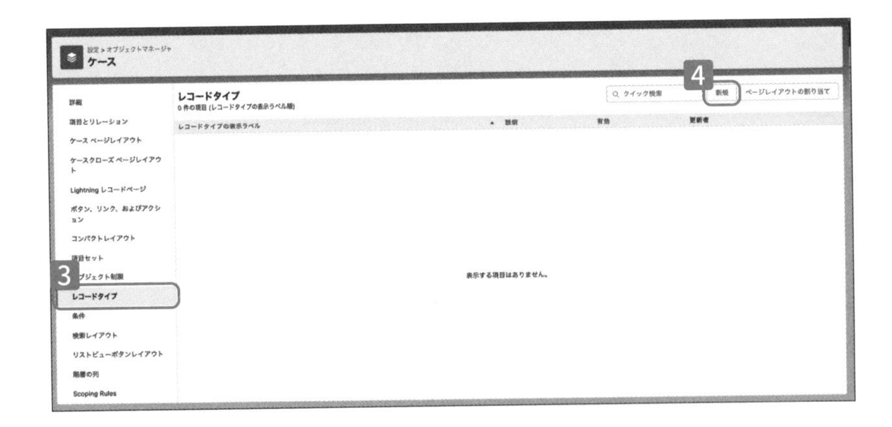

5［既存のレコードタイプからコピーする］で、既存のレコードタイプを選択し、それをコピーすると効率的に作成できます。

6［レコードタイプの表示ラベル］、［レコードタイプ名］に入力し、［サポートプロセス］で作成済みのサポートプロセス（ここでは「通常対応」）を選択して、［次へ］ボタンをクリックします。

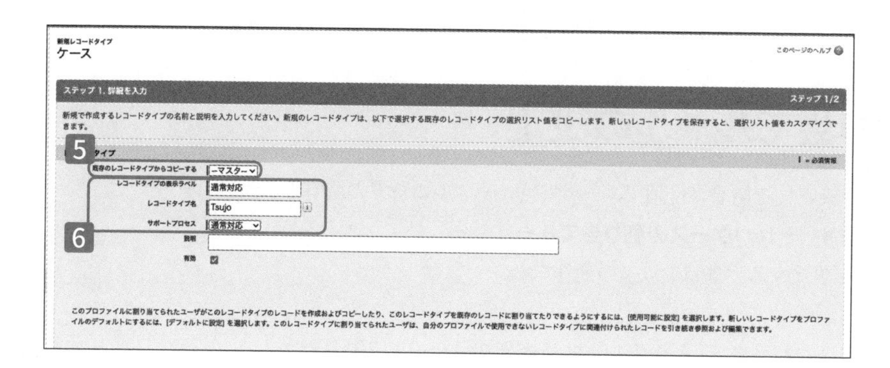

7ページレイアウトの割り当てが終わったら、［保存］ボタンをクリックします。

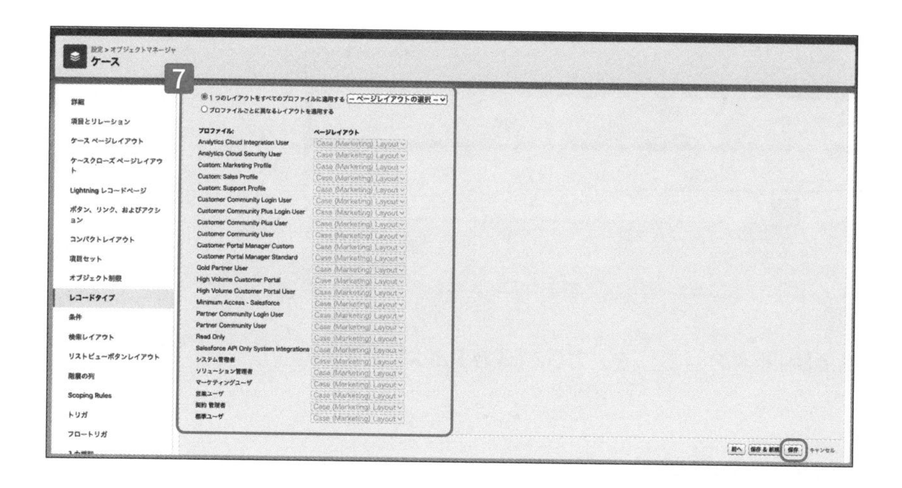

これでケースレコードタイプとサポートプロセスの関連付けが完了です。複数のケースレコードタイプを作成する場合は、手順1～7を繰り返します。

3 ケースの割り当てルール

ケースの割り当てルールの設定

特定の条件でケースが作成された場合、自動でユーザやキューにレコードの所有者を割り当てることができます。それが**ケースの割り当てルール**です。

ケースの割り当てルールを設定する手順は、以下の通りです。

1. [クイック検索] で「ケースの割り当て」と検索し、検索結果の [ケースの割り当てルール] を選択します。
2. [新規] ボタンをクリックします。

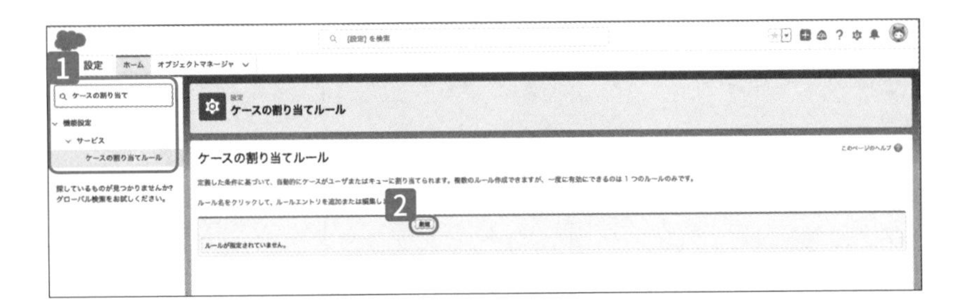

3. [ルール名] に名前（ここでは「不具合対応」）を入力し、[保存] ボタンをクリックします。

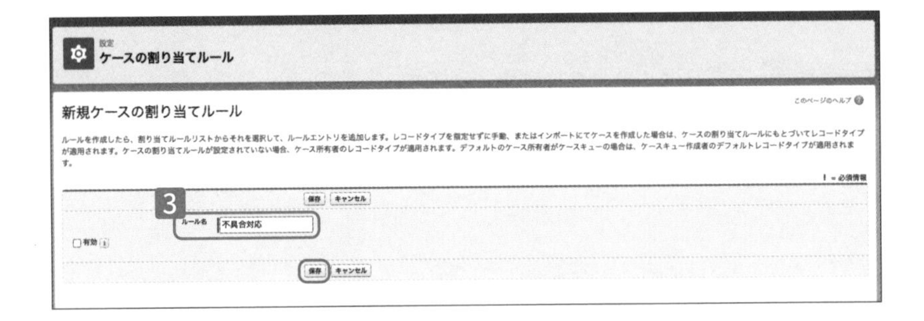

4 ケースの割り当てルールの条件を設定していきます。[ルール名]（ここでは「不具合対応」）をクリックします。

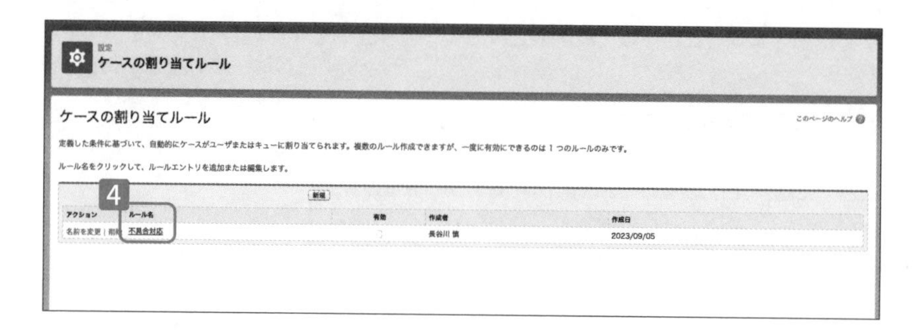

5 [エントリ] の [新規] ボタンをクリックし、ルールを追加していきます。

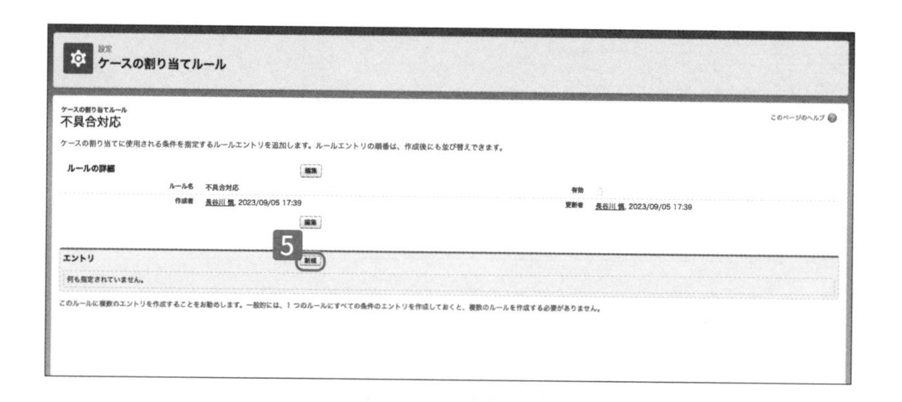

ケースのレコードタイプと割り当て先の設定は、下記のようになります。

①レコードタイプが「不具合対応」の場合

割り当て先は、不具合対応チームになります。

②レコードタイプが「通常対応」の場合

割り当て先は、通常対応チームになります。

なお、ケースのレコードタイプが「不具合対応」の場合のルールは作成済みなので、「通常対応」の場合のルールを作成していきます。

6 ［並び変え順］に番号を入力します。

7 ［項目］は［ケース：ケースのレコードタイプ］、［演算子］は［次の文字列と一致する］、［値］は［通常対応］を選択します。

8 割り当てるキューやユーザを選択します（ここでは「通常対応チーム」のキューを選択）。

9 入力が終わったら、［保存］ボタンをクリックします。

> **Hint**
>
> **並び変え順**
>
> 今回、ケースのレコードタイプが「不具合対応」の場合のルールの順番を「1」としているので、ケースのレコードタイプが「通常対応」の場合は「2」とします。

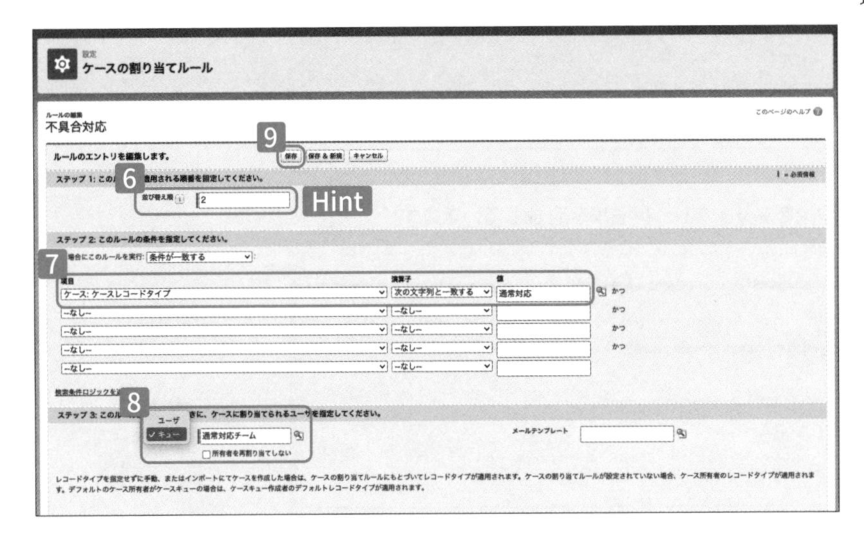

10 割り当てルールを有効化するために、［編集］ボタンをクリックします。

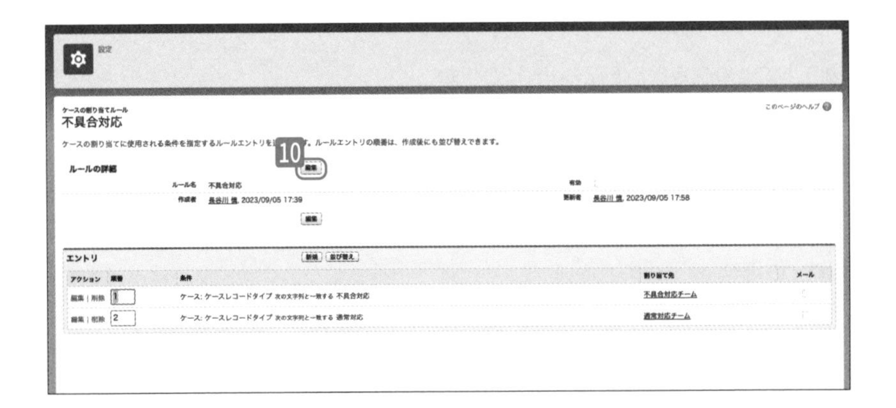

11 [有効] にチェックを入れ、[保存] ボタンをクリックします。

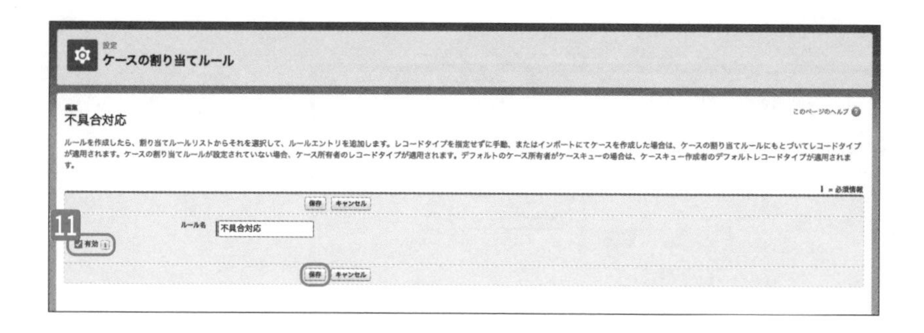

ケースの割り当てルールの挙動の確認

実際に作成したケースの割り当てルールが正常に動作するか確認します。新規ケース画面でケースレコードタイプを不具合対応にし、ケース所有者が不具合対応チームになるかの確認です。

1 [新規ケース:不具合対応] 画面で、[有効な割り当てルールを使用して割り当てる] にチェックを入れます。

2 [保存] ボタンをクリックすると、ケースの割り当てルールが動作します。

Hint

有効な割り当てルール

[有効な割り当てルールを使用して割り当てる] にチェックを入れないと、割り当てルールが動作しません。

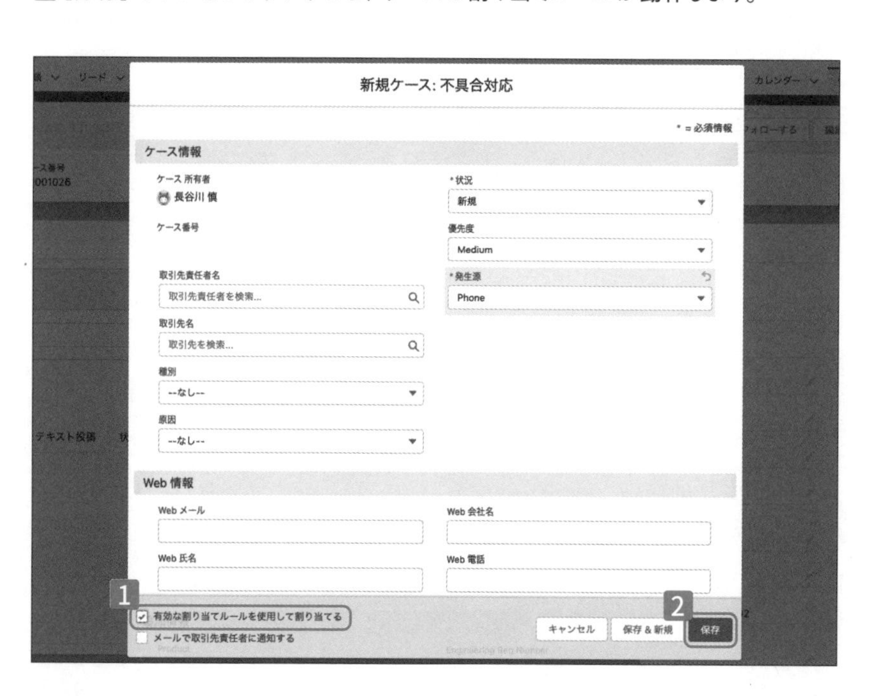

3 ケースのレコードタイプを不具合対応にして保存すると、自動的に［ケース所有者］が「不具合対応チーム」になります。

4 Web-to-ケース

Web-to-ケースの設定

Web-to-ケースは、Webなどからの問い合わせをケースに自動で登録する機能です。自社で登録するのではなく、顧客が入力した問い合わせ情報を新規ケースとして、Salesforce内に自動登録されます。なお、Webのお問い合わせフォームには、専用のSalesforceで発行したフォームのHTMLを埋め込む必要があります。

Web-to-ケースを設定する手順は、以下の通りです。

1 ［クイック検索］で「Web-to-ケース」と検索し、検索結果の［Web-to-ケース］を選択します。

2 ［Web-to-ケース］画面で［保存］ボタンをクリックします。

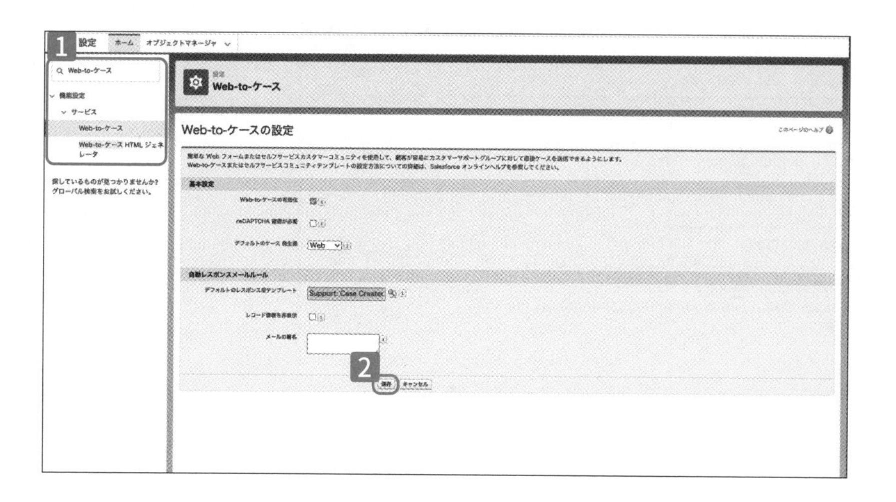

3 [Web-to-ケース HTMLジェネレータ] をクリックします。

4 [Web-to-ケース HTMLジェネレータ] 画面で、フォームに表示させたい項目を選択し、[作成] ボタンをクリックします。

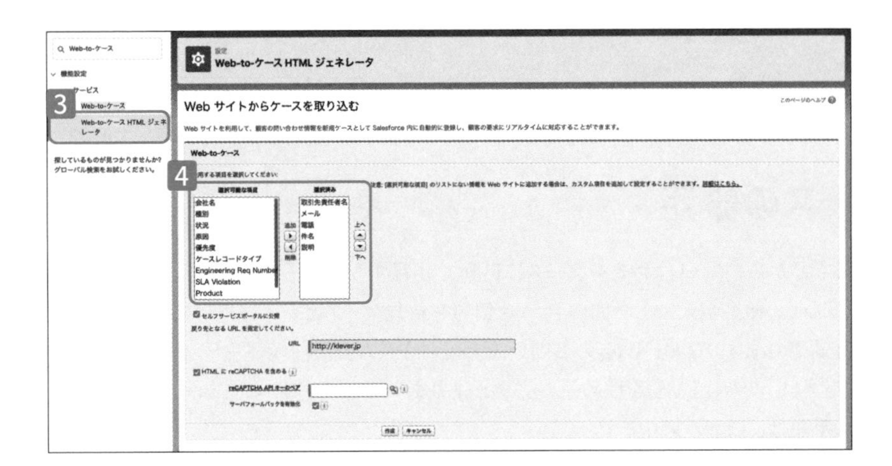

5 画面に表示されたサンプルHTMLをコピーして、Webサイトに貼り付けます。

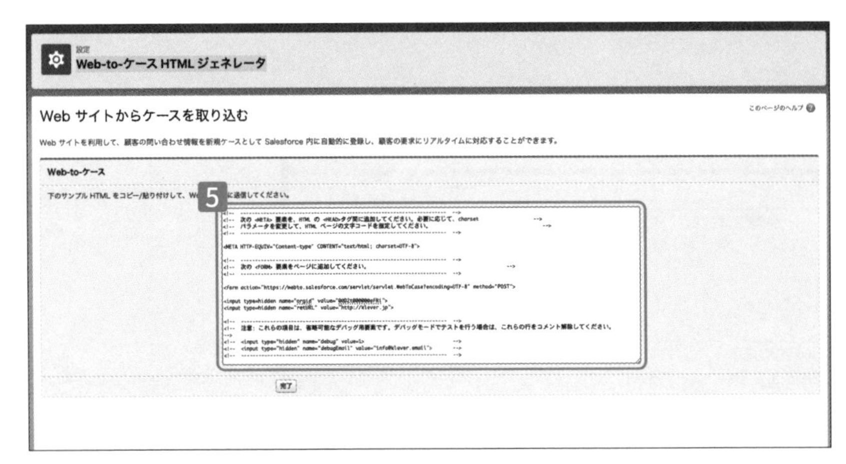

Hint

HTMLの埋め込み

HTMLコードの埋め込みは、Web担当者に依頼しましょう。

6 Webサイトに埋め込むと、お客様が入力するフォームが表示されます。

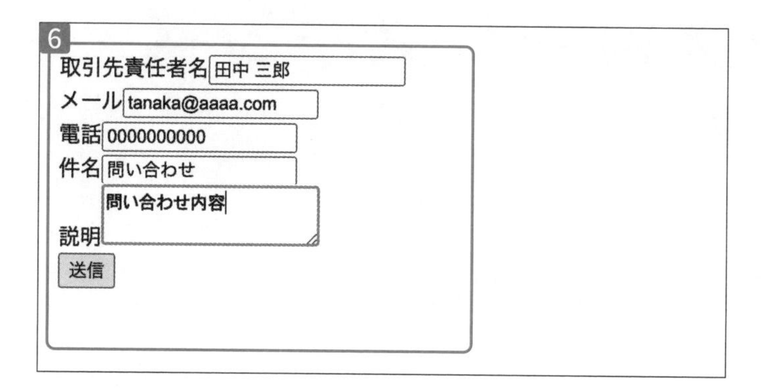

7 お客様がフォームに入力した内容は、自動でケースに登録されます。

詳細

7

ケース 所有者	通常対応チーム	状況	新規
ケース番号	00001028	優先度	
取引先責任者名		取引先責任者 電話	
取引先名		取引先責任者 メール	
種別		発生源	Web
原因			
Web メール	tanaka@aaaa.com	Web 会社名	
Web 氏名	田中 三郎	Web 電話	0000000000
オープン日時	2023/09/06 11:37	クローズ日時	
Product		Engineering Req Number	
Potential Liability		SLA Violation	

5 ケース自動レスポンスルール

ケース自動レスポンスルールの設定

ケース自動レスポンスルールは、Web-to-ケースでお客様がフォームから送信された場合、条件を指定して、自動でメールを送信する機能です。

ケース自動レスポンスルールを設定する手順は、以下の通りです。

> **Hint**
> **ケース自動レスポンスルール**
>
> Web-to-ケースで送信したお客様に受け付けたことを知らせる意味でも、自動レスポンスレールの設定をお勧めします。

1 ［クイック検索］で「ケース自動」と検索し、検索結果の［ケース自動レスポンスルール］を選択します。

2 ［ケース自動レスポンスルール］画面で、［新規］ボタンをクリックします。

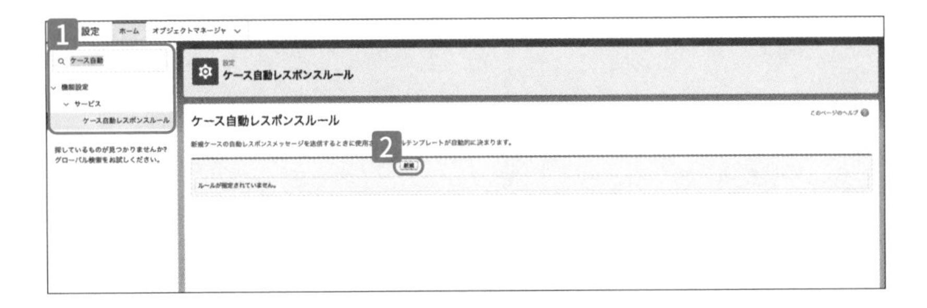

3 ［ルール名］を入力し、［有効］にチェックを入れて、［保存］ボタンをクリックします。

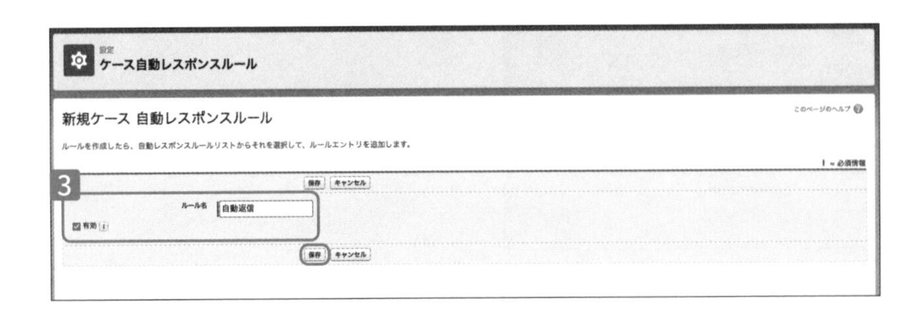

4 [ルール名]（ここでは「自動送信」）をクリックします。

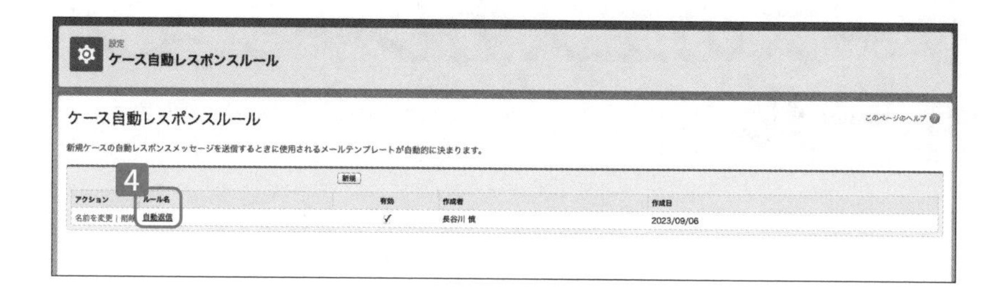

5 [エントリ] の [新規] ボタンをクリックします。

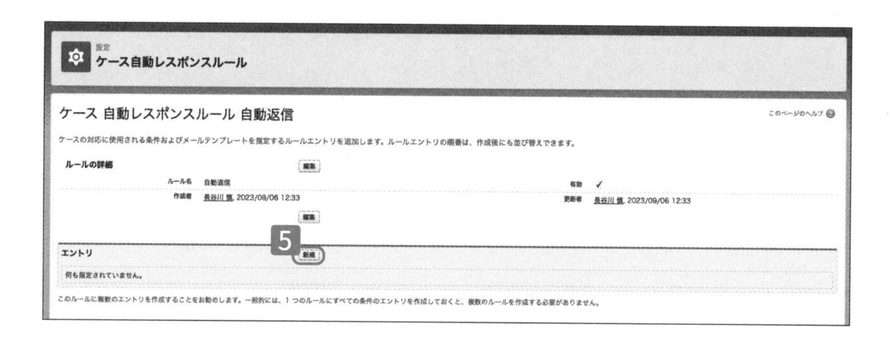

6 [並び替え順]、ルールの条件（[項目]、[演算子] など）、[名前]、[メールアドレス]、[メールテンプレート] を指定し、[保存] ボタンをクリックします。

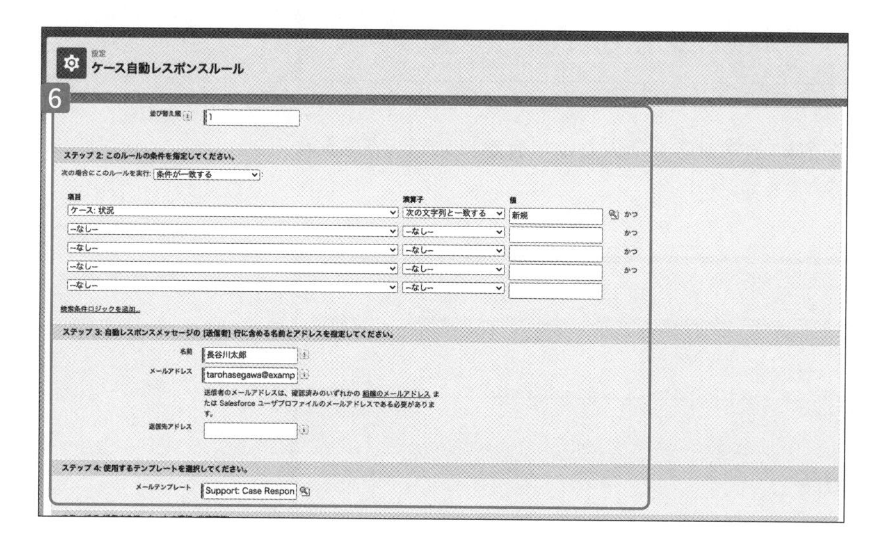

6 ケースのエスカレーションルール

ケースのエスカレーションルールの設定

ケースのエスカレーションルールは、ケースが作成されてからの経過時間や指定した条件で、割り当てする機能です。

ケースのエスカレーションルールを設定する手順は、以下の通りです。

Hint

ケースのエスカレーションルール

ケースのエスカレーションルールを設定しておくと、対応漏れを防ぐことができます。

1 ［クイック検索］で「エスカレーションルール」と検索し、検索結果の［エスカレーションルール］を選択します。

2 ［エスカレーションルール］画面の［新規］ボタンをクリックします。

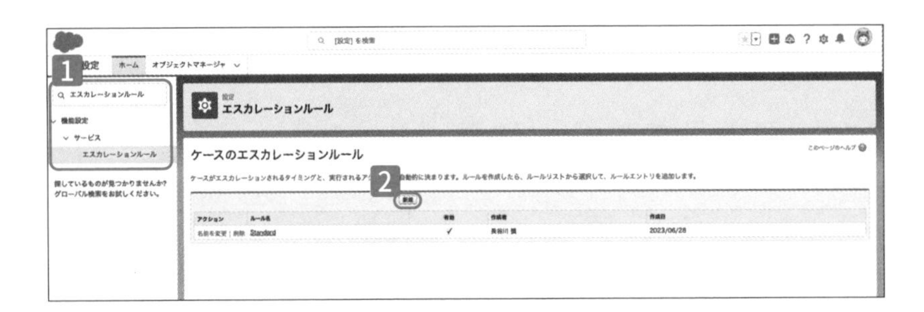

3 ［ルール名］に名前（ここでは「通常対応」）を入力し、［有効］にチェックを入れて、［保存］ボタンをクリックします。

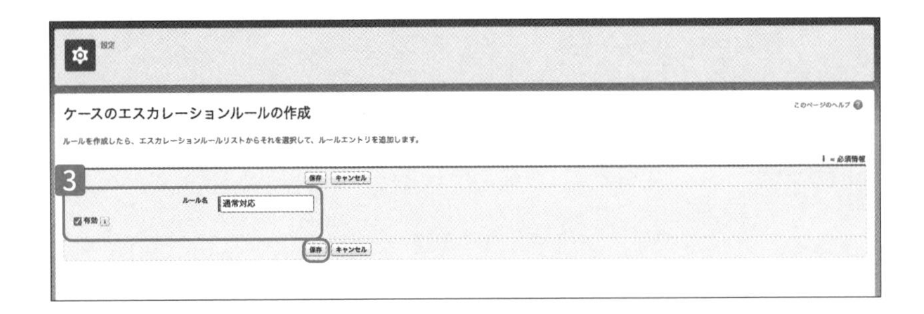

4 [ルール名]（ここでは「通常対応」）をクリックします。

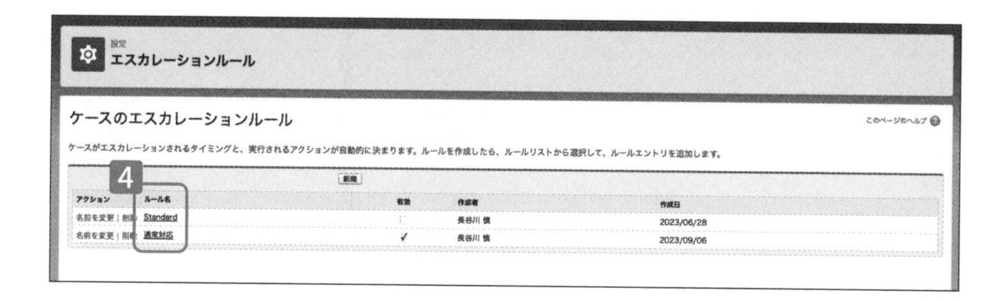

5 [エントリ] の [新規] ボタンをクリックします。

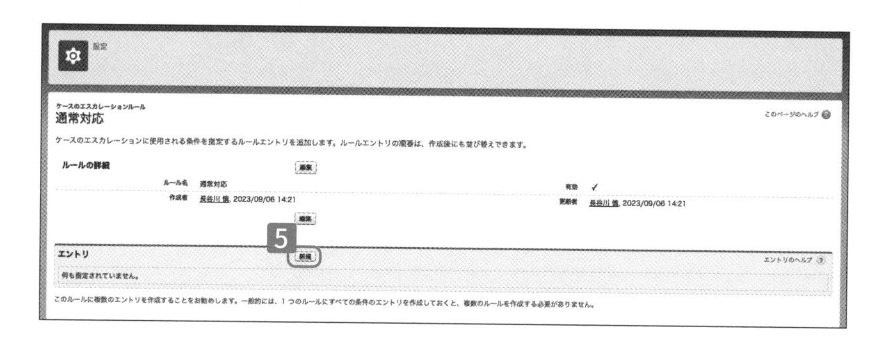

6 [並び替え順]、ルールの条件（[項目]、[演算子] など）を指定して、[保存] ボタンをクリックします。

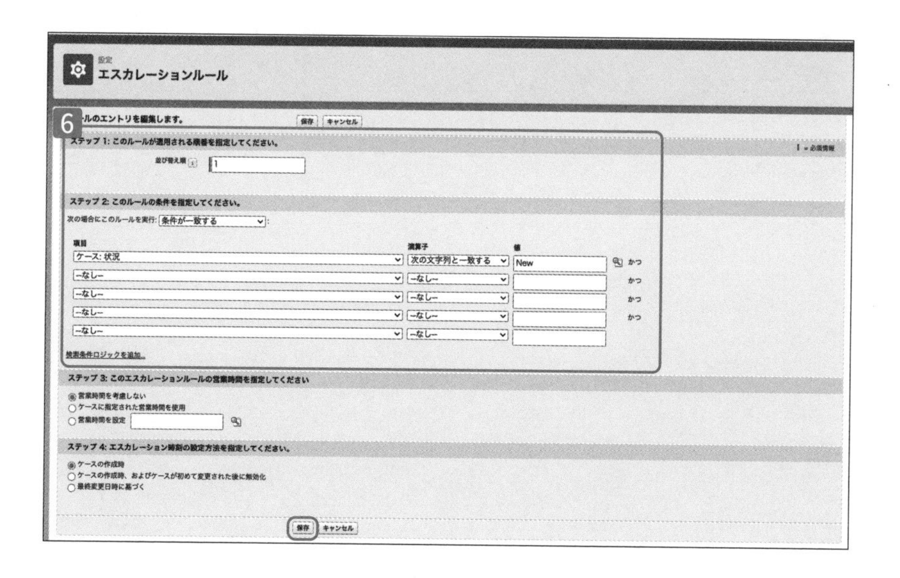

7 [エスカレーションアクション] の [新規] ボタンをクリックします。

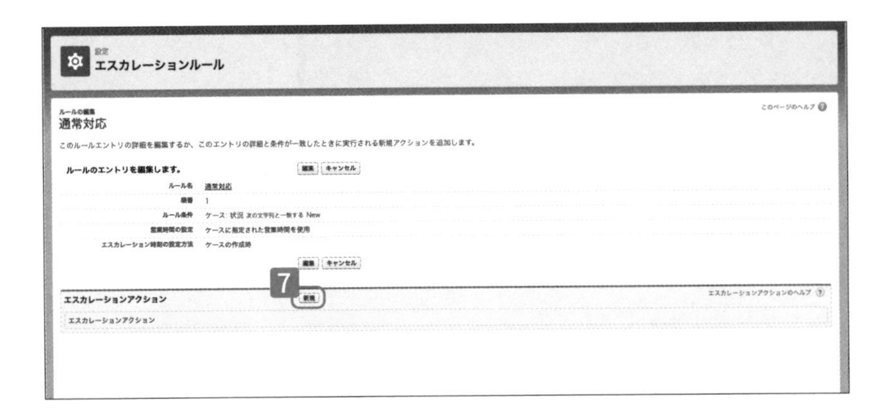

8 作成からの経過時間と、指定した時間が経過したら割り当てるユーザまたはキューを指定し、[保存] ボタンをクリックします。

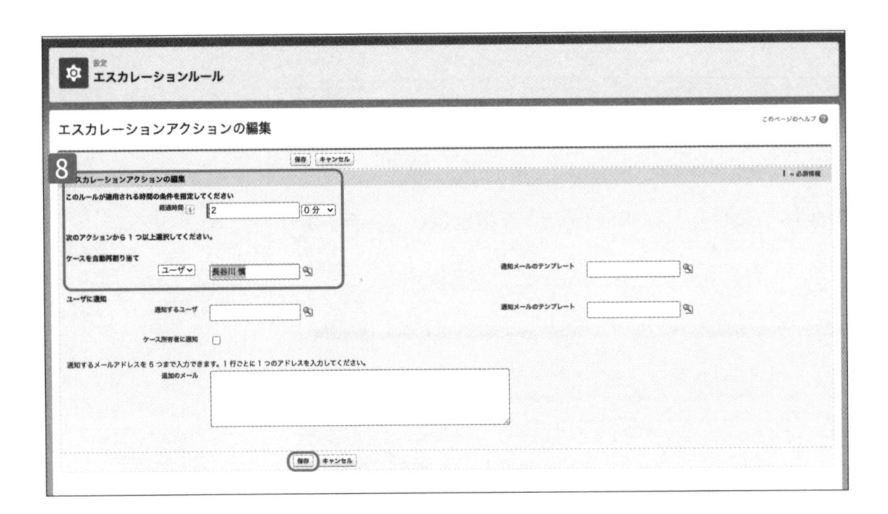

9 エスカレーションアクションが追加されました。

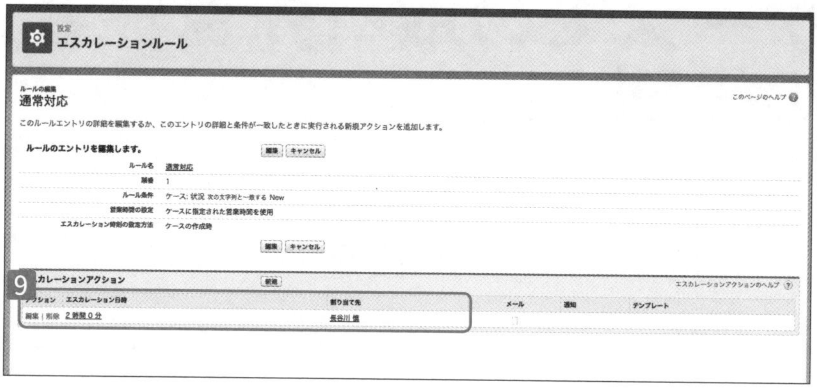

　このエスカレーションアクションでは、条件に合致するケースで2時間経過した場合、指定したユーザに自動で割り当てされます。

Column 社内ユーザーの説明は動画で残しておく

　システム管理者が社内ユーザーに説明する場面は、多々あります。PDFで資料を作成するのもよいのですが、画面を録画していつもで確認できるように、Salesforceのホーム画面やヘルプにリンク集を作っておきましょう。

　私もたくさん資料を作成しましたが、動画の方が圧倒的に伝わります。

　また、Zoomなどで社内向けの説明会を行い、録画して社内ユーザーに共有するのもよいでしょう。システム管理者も自分の言葉で説明することで、理解が深まりますし、知識の棚卸しにもなります。

7 ケースでの取引先責任者の役割

ケースでの取引先責任者の役割の設定

商談と同様に**ケースでの取引先責任者**がどのような役割なのかを設定できます。役割の設定手順は、以下の通りです。

Hint

取引先責任の役割

商談と同様に、ケースにも取引先責任の役割があります。

1 [ナビゲーションバー] から [ケース] タブを選択します。

2 [歯車] アイコンをクリックし、ドロップダウンリストから [オブジェクトを編集] を選択します。

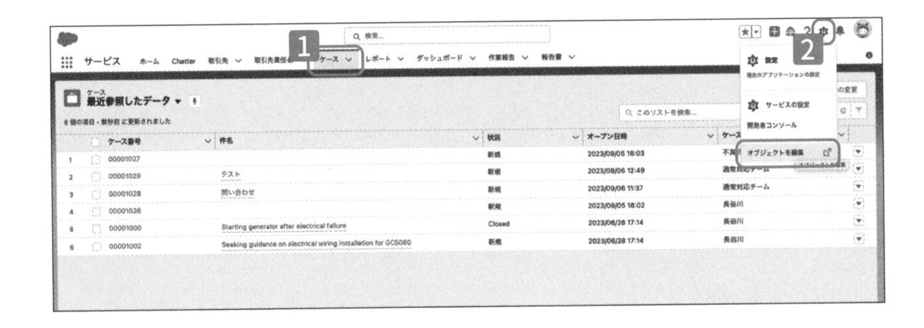

3 [ケースページレイアウト] をクリックします。

4 使用しているレイアウトをクリックします。

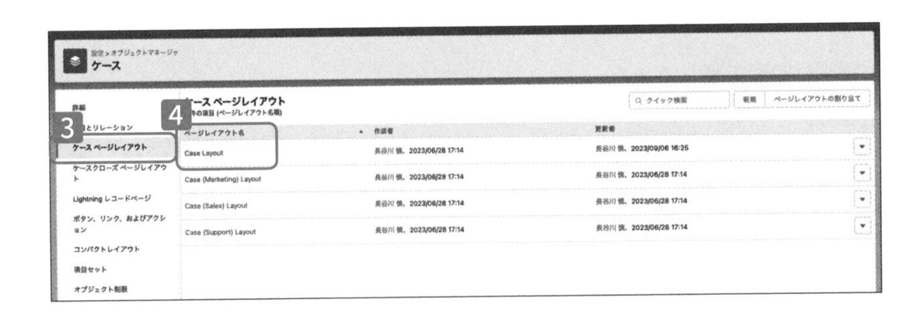

5 [関連リスト] をクリックします。

6 関連リストに [取引先責任者の役割] がない場合は、ドラッグ&ドロップで追加します (すでに [取引先責任者の役割] が追加されている場合は不要です)。

7 追加が終わったら、[保存] ボタンをクリックします。

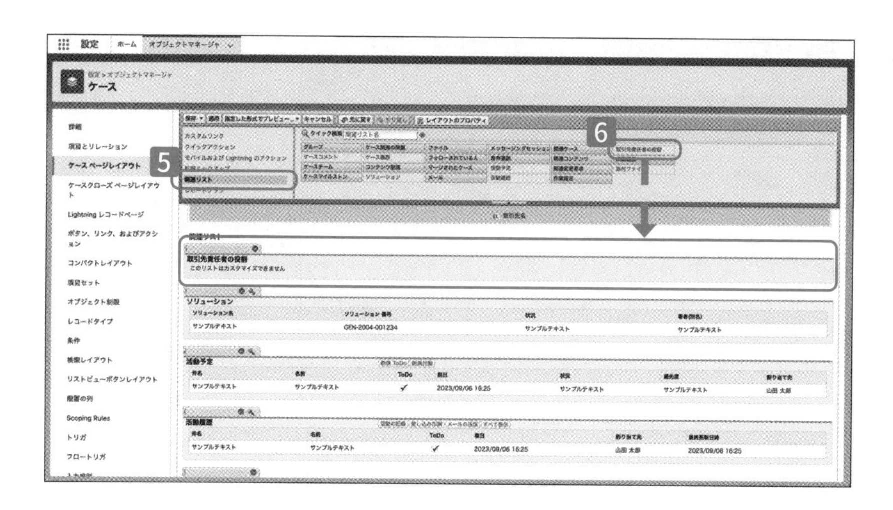

8 [歯車] アイコンから、[編集ページ] を選択します。

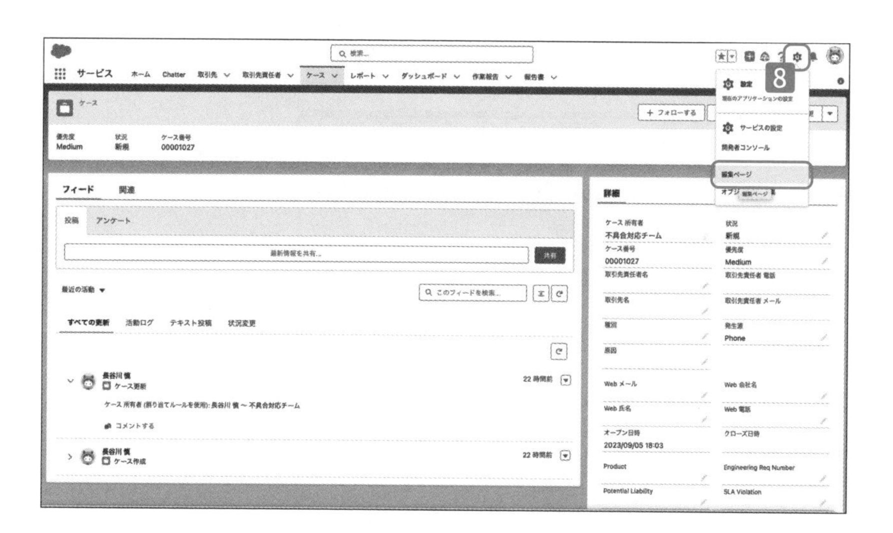

9 [関連リスト -1つ] を任意の場所にドラッグ&ドロップします。
10 [取引先責任者の役割] を選択します。
11 [保存] ボタンをクリックします。
12 画面左上の [←] (戻る) ボタンをクリックします。

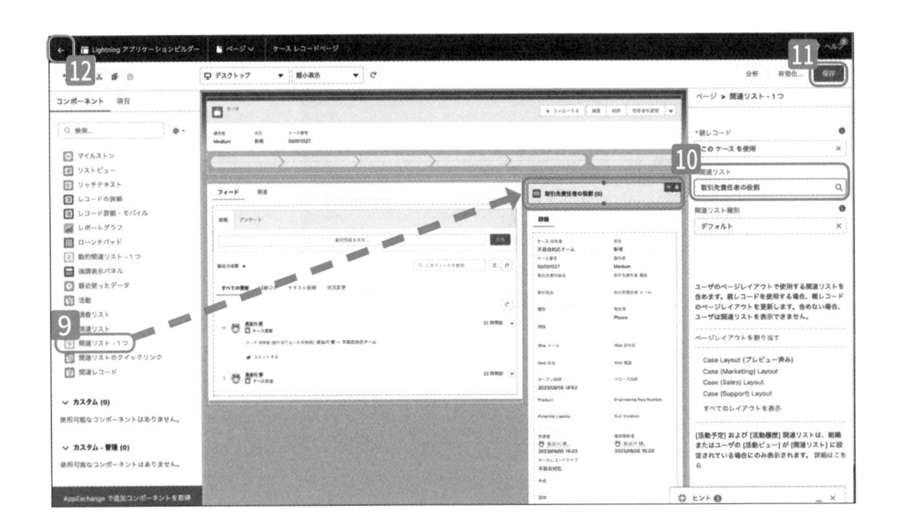

13 取引先責任者の役割が表示されました。

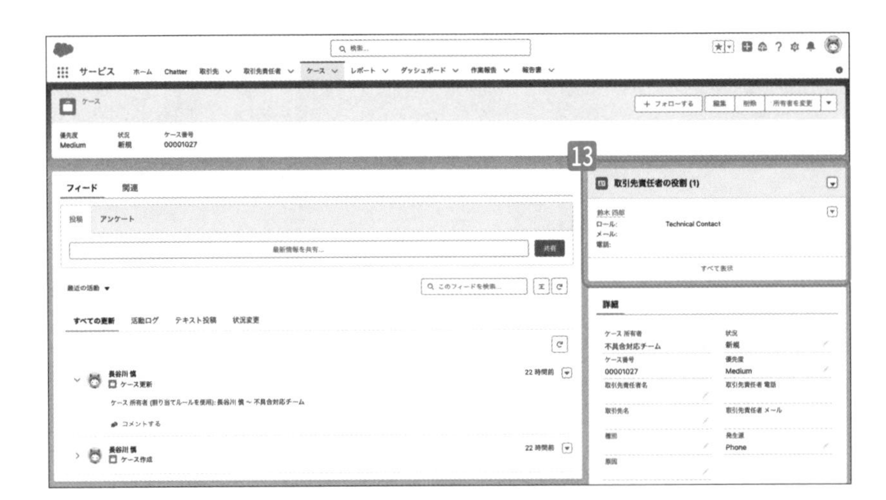

取引先責任者の役割のロールの編集

取引先責任者の役割を追加する際に、ロールを選択できます。さらに、ロールの選択リスト値を編集することが可能です。

取引先責任者の役割のロールを編集する手順は、以下の通りです。

1 ［クイック検索］で［取引先責任者］と検索し、検索結果の［ケースでの取引先責任者の役割］を選択します。

2 ［ケースでの取引先責任者の役割］画面で［並び替え］、［編集］、［無効化］ができます。

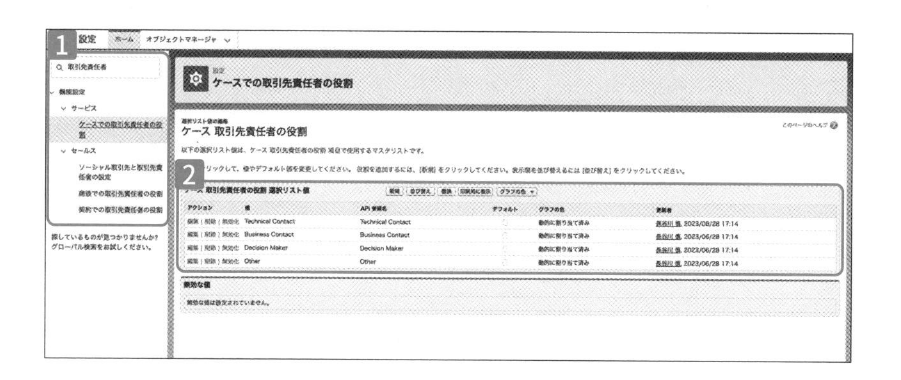

8 ケースチームの設定

ケースチームの設定

ケースチームを設定することで、ケースをチームで管理できるようになります。ケースチームを設定する手順は、以下の通りです。

1 ［クイック検索］で「ケースチーム」と検索し、検索結果の［ケースチーム内の役割］を選択します。

2 ［ケースチーム内の役割］画面でチームにおけるロールを追加するため、［新規］ボタンをクリックします。

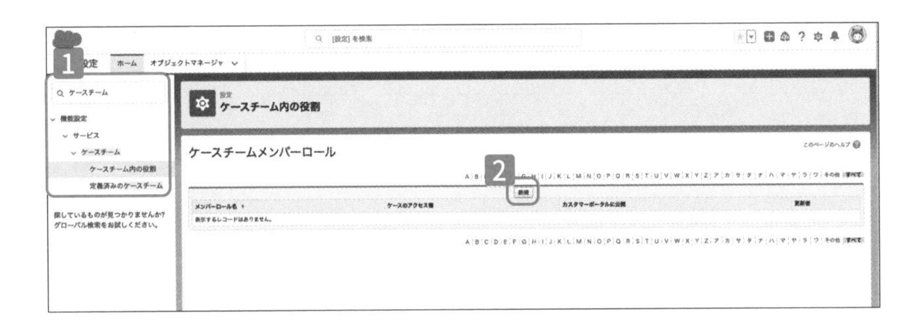

3 ［メンバーロール名］に名前（ここでは「リーダー」）を入力し、［ケースのアクセス権］を指定して、［保存］ボタンをクリックします。

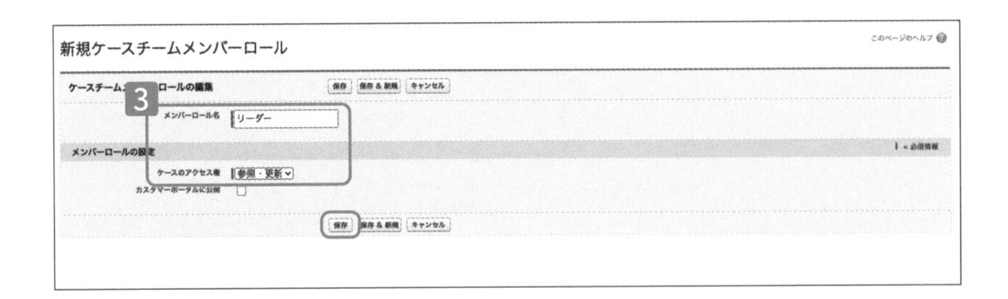

ページレイアウトにケースチームを表示

関連リストにケースチームが表示されてない場合、関連リストにケースチームの追加が必要です。追加の手順は、以下の通りです。

1 [ナビゲーションバー] から [ケース] タブを選択します。
2 [歯車] アイコンをクリックし、ドロップダウンリストから [オブジェクトを編集] を選択します。

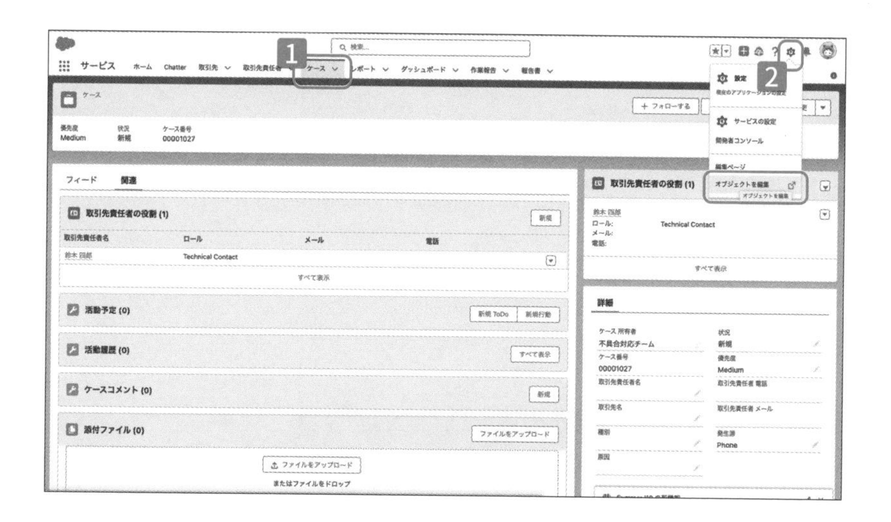

3 [ケースページレイアウト] をクリックします。
4 ケースチームの関連リストを表示させたいページレイアウト名をクリックします。

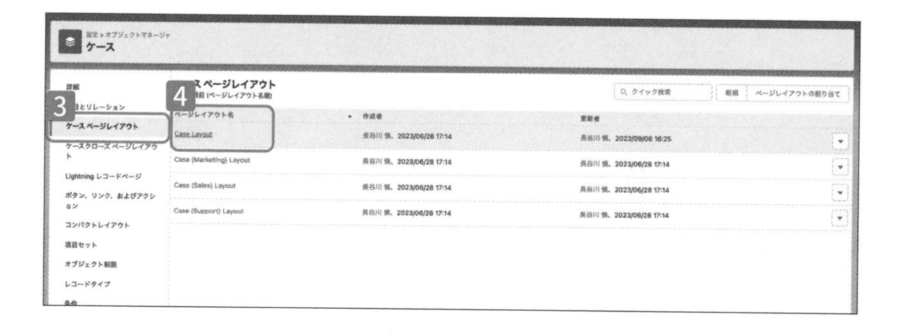

5 [関連リスト] をクリックします。

6 [ケースチーム] を関連リストにドラッグ&ドロップします。

7 [保存] ボタンをクリックして設定を反映させます。

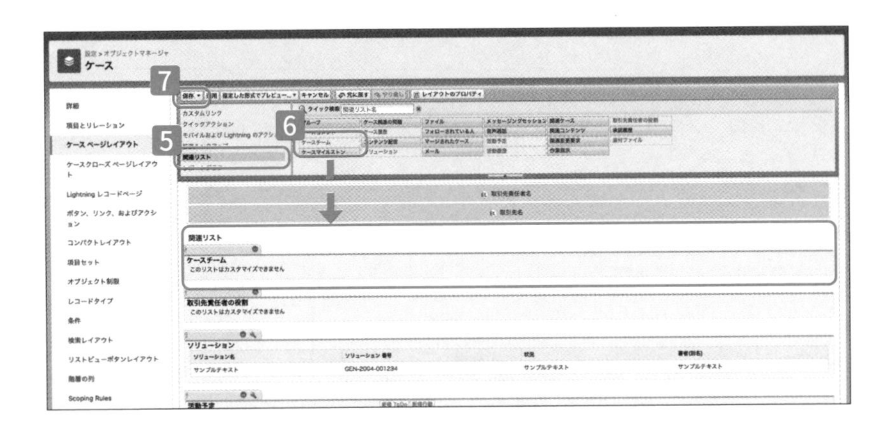

8 [関連] タブからメンバーやチームを追加できるようになりました。

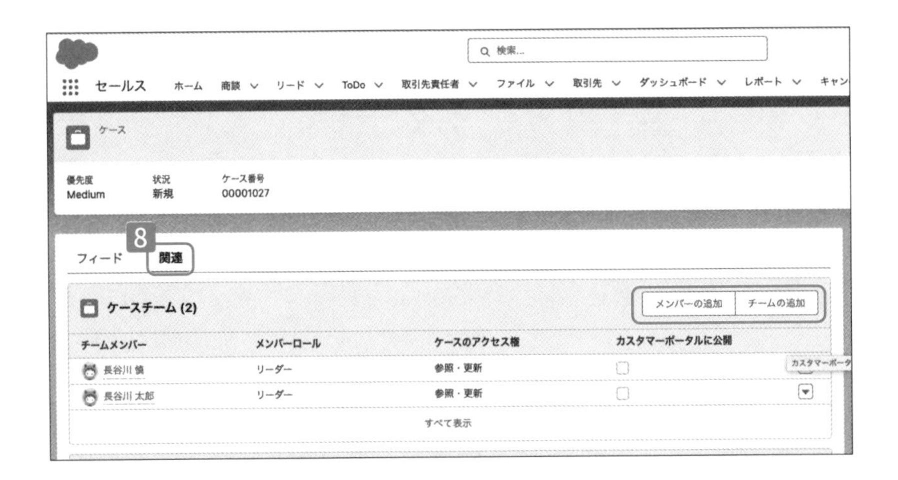

定義済みチームの設定

チームの追加には、定義済みチームの設定が必要です。設定の手順は、以下の通りです。

Hint

ケースチーム

ケースをチームで対応する場合、ケースチームを設定し、メンバーの役割を明確にしておきましょう。

1 [クイック検索] で「ケースチーム」と検索し、検索結果の [定義済みのケースチーム] を選択します。

2 [定義済みのケースチーム] 画面で、[新規] ボタンをクリックします。

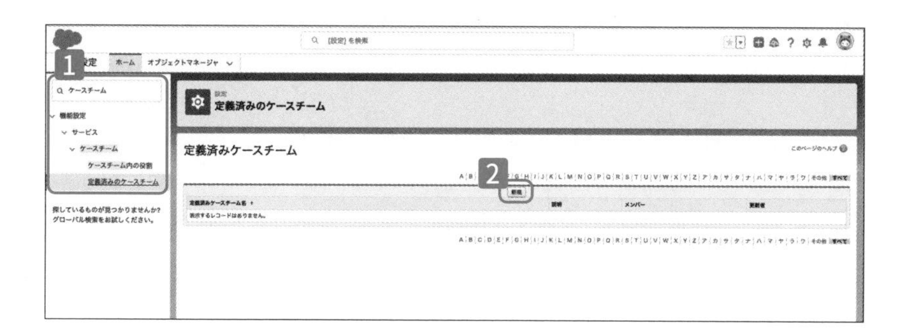

3 [チーム名] にチーム名 (ここでは「チームA」) を入力し、[チームメンバー]、[メンバーロール] を指定して、[保存] ボタンをクリックします。

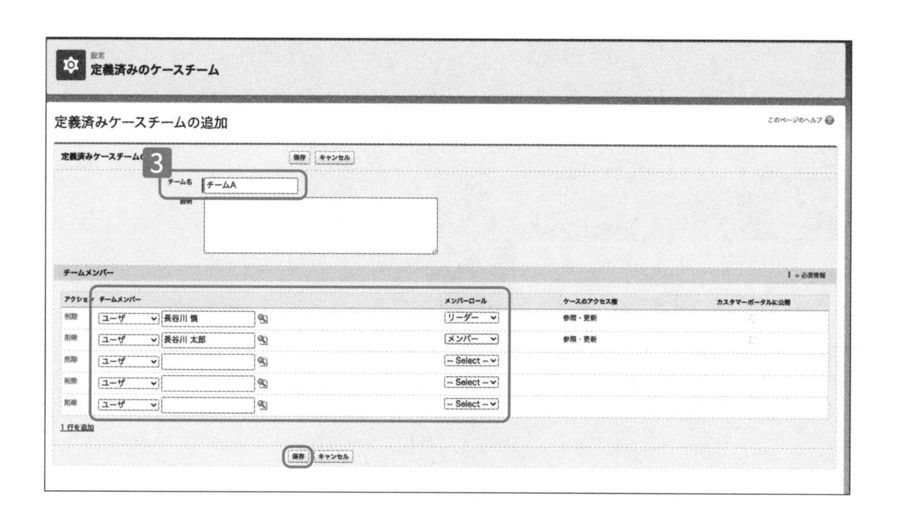

4 ［チームの追加］ボタンをクリックします。

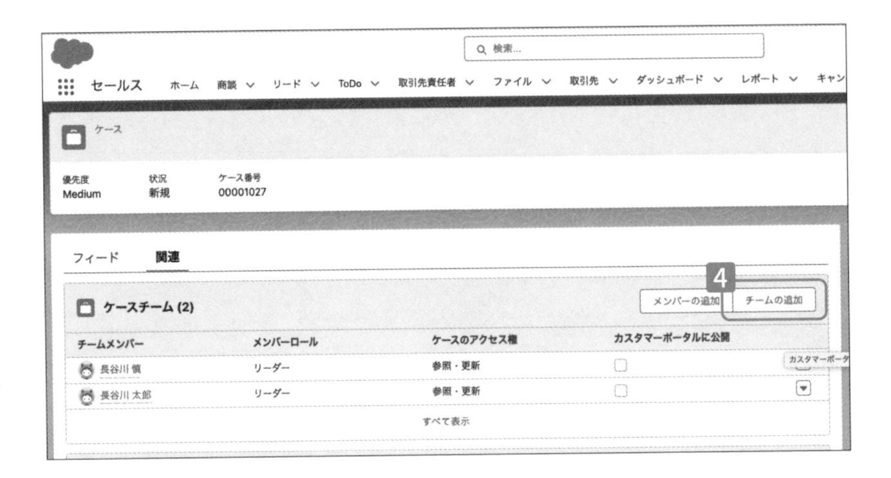

5 ［定義したチームを検索して追加］画面が表示されます。定義したチームを追加し、［保存］ボタンをクリックします。

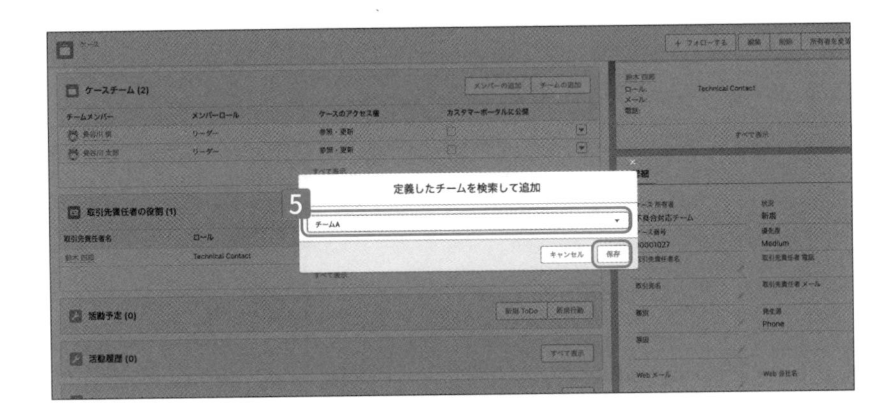

9 ケースマージ

ケースマージの設定

ケースを統合することを**ケースマージ**と呼び、最大3つまで統合することができます。

まず最初に、Salesforceでケースマージができるように設定します。その手順は、以下の通りです。

1 [クイック検索]で「ケースマージ」と検索し、検索結果の[ケースマージ]を選択します。
2 [ケースマージ]画面で[ケースをマージ]にチェックを入れます。さらに、[マージ後に重複するケースを保持(推奨)]を選択し、[[マージ済み]ケース状況]を[完了]に設定します。
3 設定が終わったら、[保存]ボタンをクリックします。

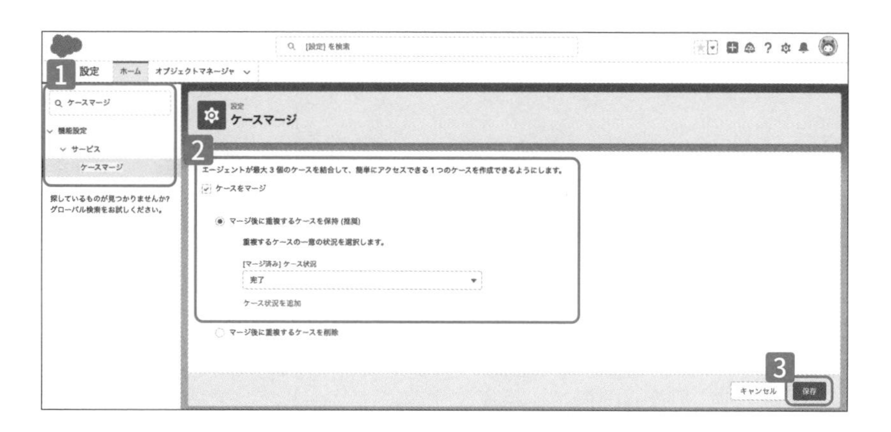

ケースの統合

ケースを統合（マージ）する手順は、以下の通りです。

1 ケースのレコードページを表示している状態で画面右上の［▼］ボタンをクリックし、ドロップダウンリストから［ケースをマージ］を選択します。

2 統合するケースを選択し、［次へ］ボタンをクリックします。

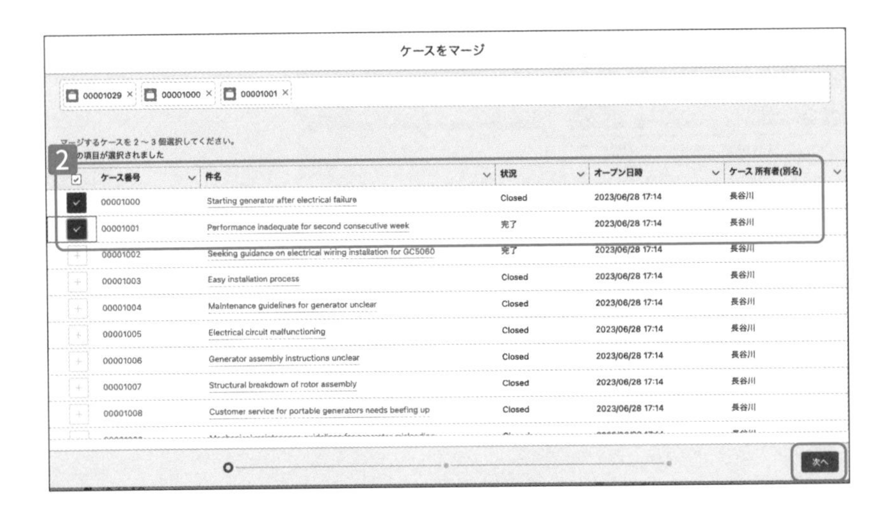

3 マージした後、ケースの項目の入力内容をどれにするかを選択し、[次へ] ボタンをクリックします。

ケースをマージ

ケースを比較

ケースをマージすると、選択した項目値でマスタレコードが更新されます。すべての関連リスト、フィード項目、子レコードがマスタレコードにマージされます。

3

	すべて選択	すべて選択	すべて選択
プリンシパルレコード	◉ プリンシパルとして使用	○ プリンシパルとして使用	○ プリンシパルとして使用
ケース番号	00001029	00001000	00001001
件名	◉ テスト	○ Starting generator after electrical failure	○ Performance inadequate for second consecu...
優先度	◉ [空]	○ High	○ High
状況	◉ 新規	○ Closed	○ 完了
ケース 所有者	◉ 通常対応チーム	○ 長谷川 慎	○ 長谷川 慎
発生源	◉ Web	○ Phone	○ Phone
種別	◉ [空]	○ Electrical	○ Electrical
PRODUCT	◉ [空]	○ GC5040	○ GC1060
ENGINEERING REQ NUMBER	◉ [空]	○ 765876	○ 767145

戻る　次へ

4 [マージ] ボタンをクリックし、マージを完了させます（マージ後は元に戻せません）。

ケースをマージ

マージを確認

これらのレコードをマージする準備ができました

3 個のケースをマージしようとしています。マージは、元に戻すことができません。

戻る　4　マージ

Hint

ケースのマージ

ケースのマージは一度行ってしまうと元に戻せないので、マージする際には十分注意して実施しましょう。

6

10 メール-to-ケース

メール-to-ケースついて

メール-to-ケースは、顧客からのメールの問い合わせ内容を新規ケースとして自動で登録する機能です。設定しておくと、自社で情報を入力する必要がなくなります。

メール-to-ケースを設定する手順は、以下の通りです。

1 [クイック検索] で「メール-to」と検索し、検索結果の [メール-to-ケース] を選択します。

2 [メール-to-ケース] 画面が表示されます。[次へ] ボタンをクリックします。

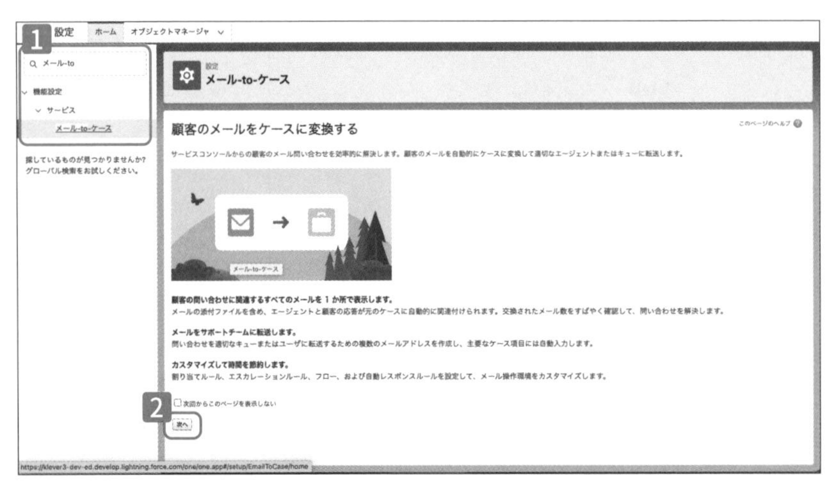

Hint

メール-to-ケース

メール-to-ケースから自動で新規ケースが登録された際に、例えば次のような設定ができます。

・ToDoを作成するかしないか?
・ToDo作成する場合、ToDoの状況は何にするか?
・ケースの所有者は誰で、優先度と発生源をどうするか?

3 [編集] ボタンをクリックします。

4 [メール-to-ケースの有効化] にチェックを入れ、[保存] ボタンをクリックします。

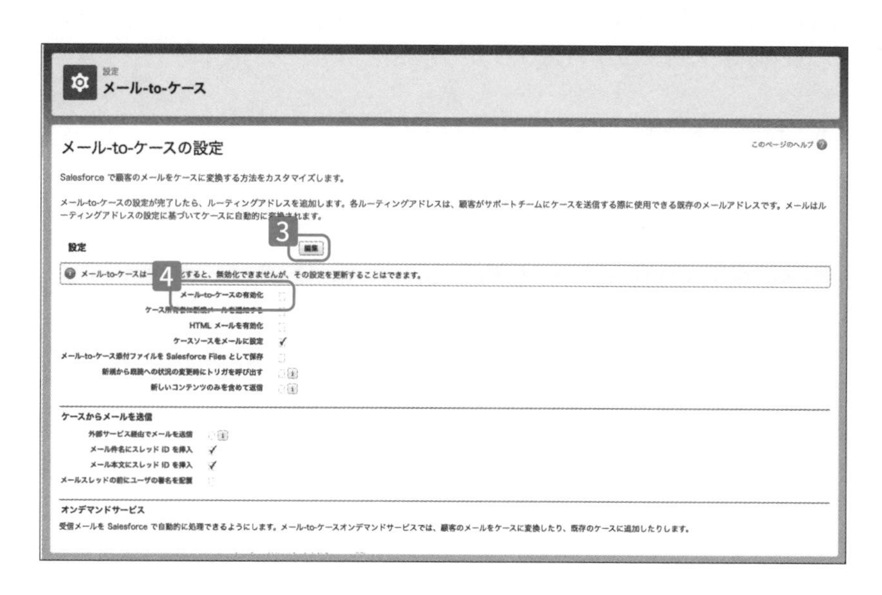

5 続いて、顧客がケースに送信するためのアドレスを設定します。[ルーティングアドレス] の [新規] ボタンをクリックします。

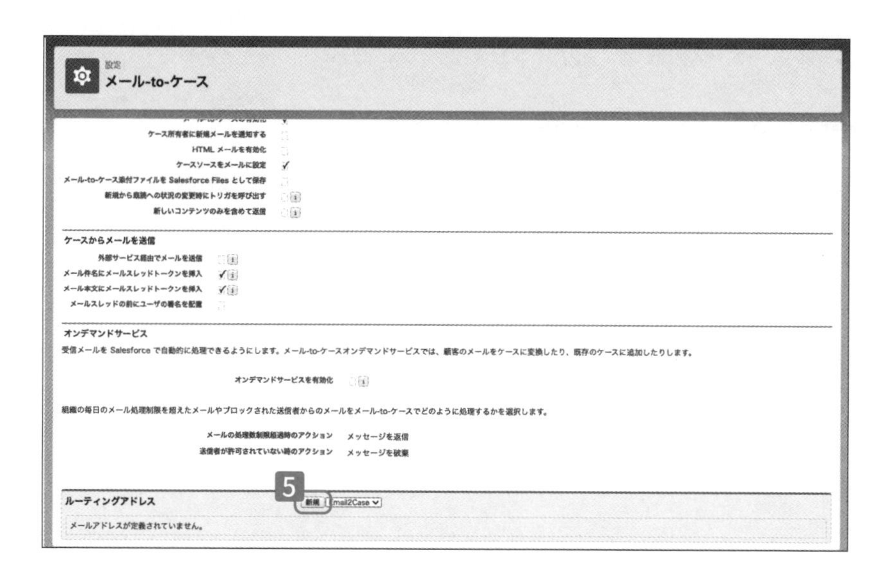

6 [ルーティング名]、[メールアドレス] を入力し、ToDoを作成したい場合は [メールからのToDoの作成] にチェックを入れて、[ToDoの状況] を指定します。

7 メール-to-ケースで作成された [ケース所有者] を指定し、[ケース優先度]、[ケース発生源] を選択し、[保存] ボタンをクリックします。

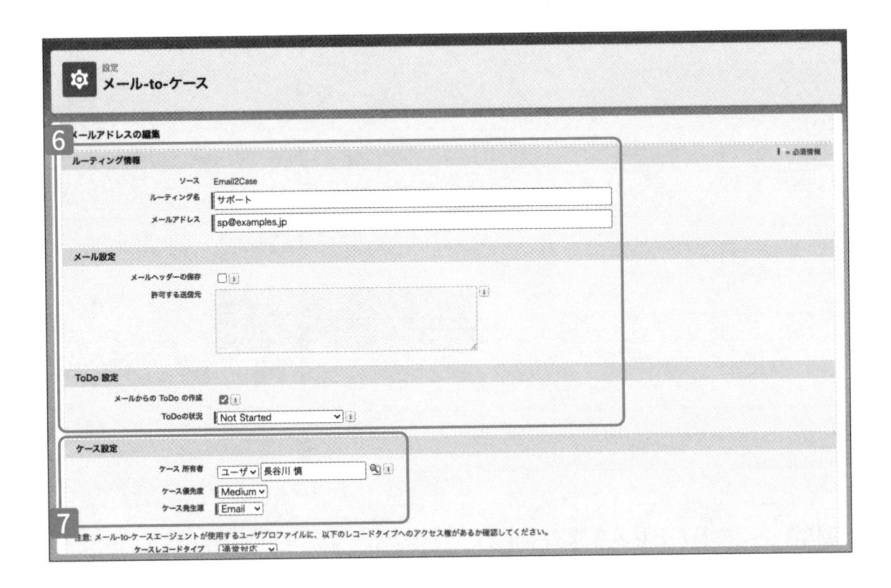

8 [メールアドレス] の [検証] をクリックし、設定したアドレスに検証メールが届くかどうかを確認したら、メール-to-ケースの設定は完了になります。

Hint

設定の確認

設定終了後、設定したメールアドレスにメールを送信し、ケースが問題なく作成されているかを確認しましょう。

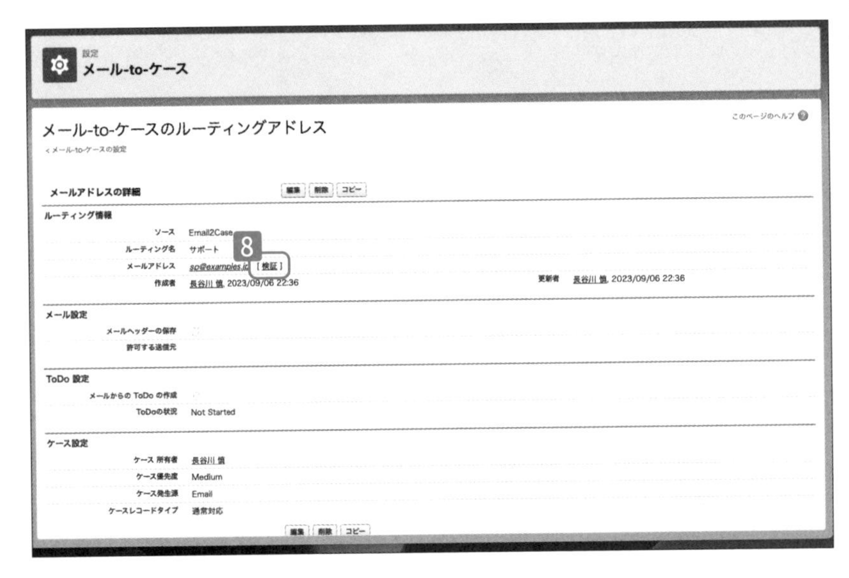

第 7 章

アプリケーションの設定

第7章では、アプリケーションの管理やオプションについての設定方法などについて学びます。

1 アプリケーションマネージャ

アプリケーションの作成

アプリケーションは、オブジェクトのタブをまとめることができます。アプリケーションは業務別などに複数作成し、切り替えて使用できるので、業務効率が向上します。

アプリケーションの作成手順は、以下の通りです。

1. ［クイック検索］で「アプリケーションマネージャ」と検索し、検索結果の［アプリケーションマネージャ］を選択します。
2. ［Lightning Experience アプリケーションマネージャ］画面で、［新規Lightning アプリケーション］ボタンをクリックします。

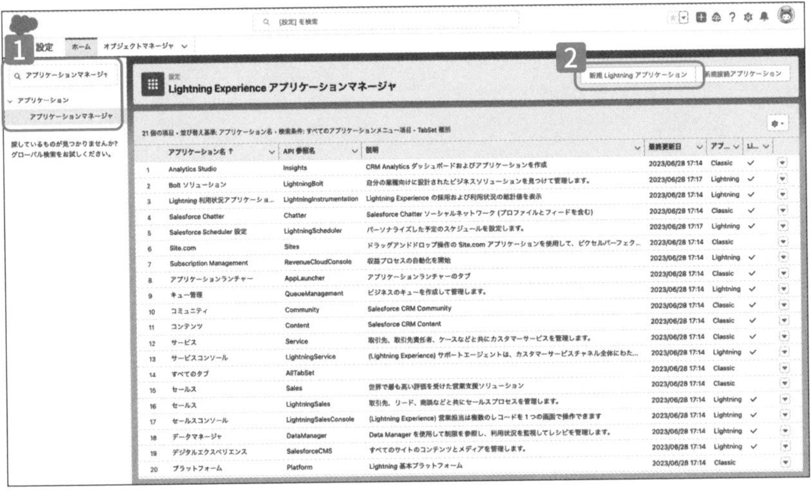

Hint

クイック検索

画面右上の［歯車］アイコンから［設定］を選択すると、画面左上に［クイック検索］欄が表示されます。

Hint

Lightning Experience

Salesforceが提供している新しいユーザインターフェースです。ユーザの生産性の向上を目的とし、これまでのユーザインターフェースよりも操作しやすくなっています。

3 [新規Lightningアプリケーション] 画面が表示されます。[アプリケーション名] を入力し、[API参照名]、[画像] などを指定して、[次へ] ボタンをクリックします。

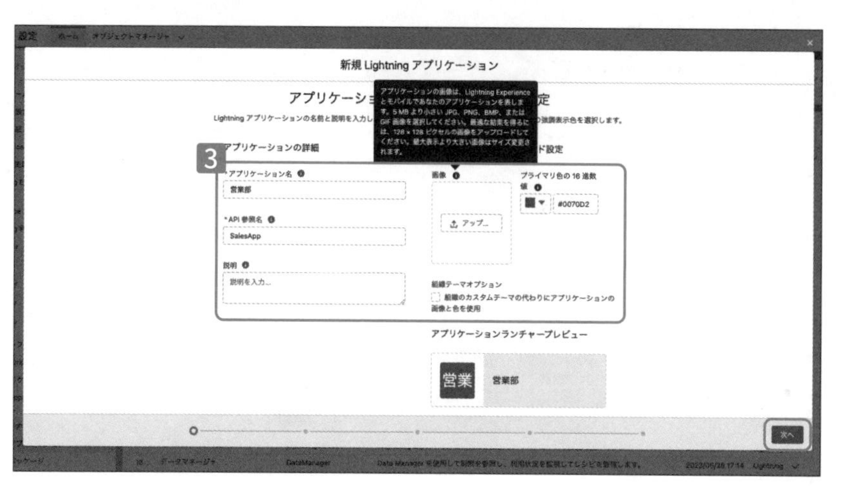

Hint

画像

アプリケーションを作成する時、画像を設定しなくても作成できますが、アプリケーションランチャー内などで視認性が向上するので、なるべく設定しておきましょう。

4 ユーザにタブの並び順や追加をさせたくない時は、[アプリケーションのパーソナライズ設定] の [エンドユーザによるこのアプリケーションのナビゲーション項目のパーソナライズを無効にする] にチェックを入れ、[次へ] ボタンをクリックします。

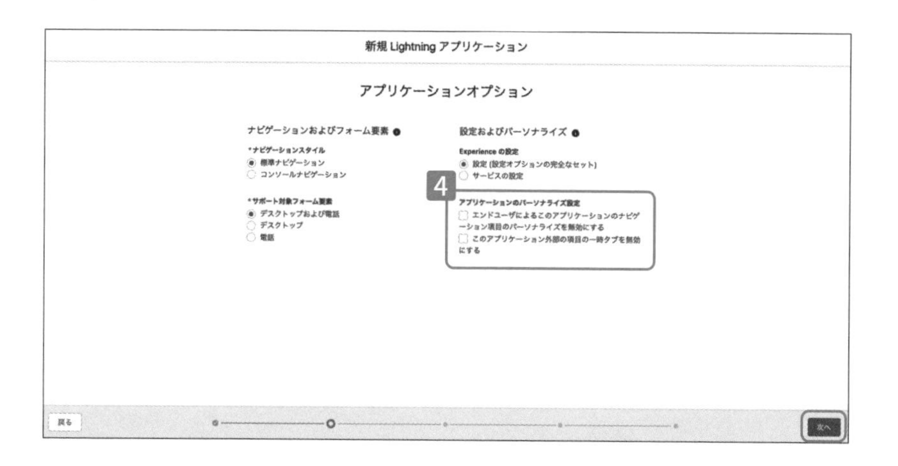

5 必要があれば、［ユーティリティ項目を追加］ボタンをクリックし、項目（ここでは［リストビュー］）を追加します。

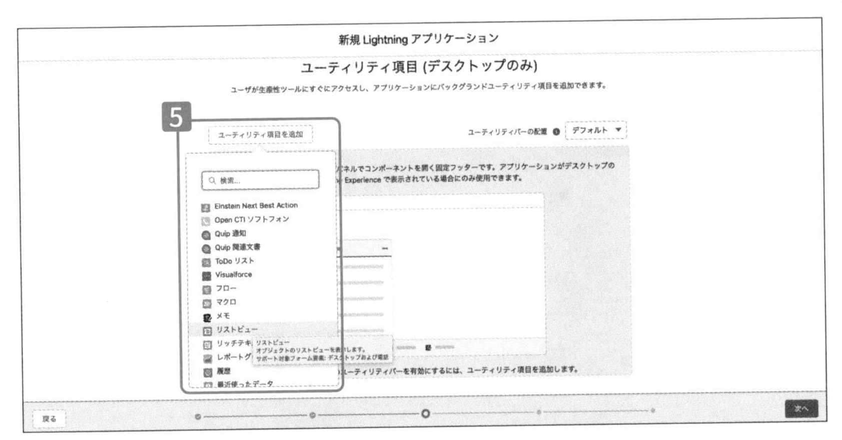

6 ユーティリティ項目を追加後、［次へ］ボタンをクリックします。

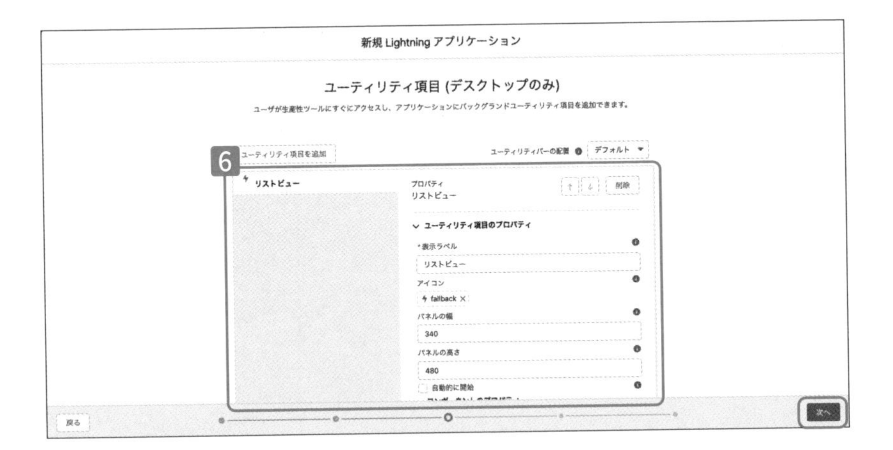

Hint

リストビュー

標準オブジェクトやカスタムオブジェクトで、数あるレコードから特定の条件で抽出したレコードの一覧を表示する機能です。グラフも追加できます。

7 表示させたいタブ選択し、[次へ] ボタンをクリックします。

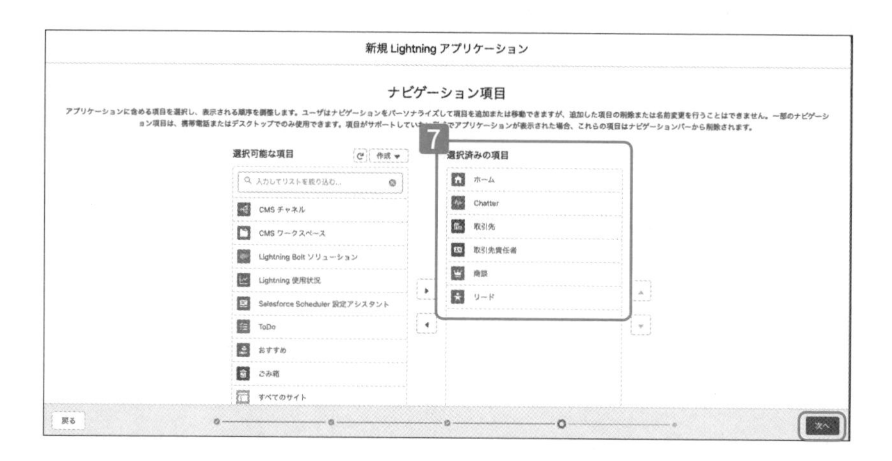

8 アプリケーションにアクセスできるプロファイルを選択し、[保存して完了] ボタンをクリックします。

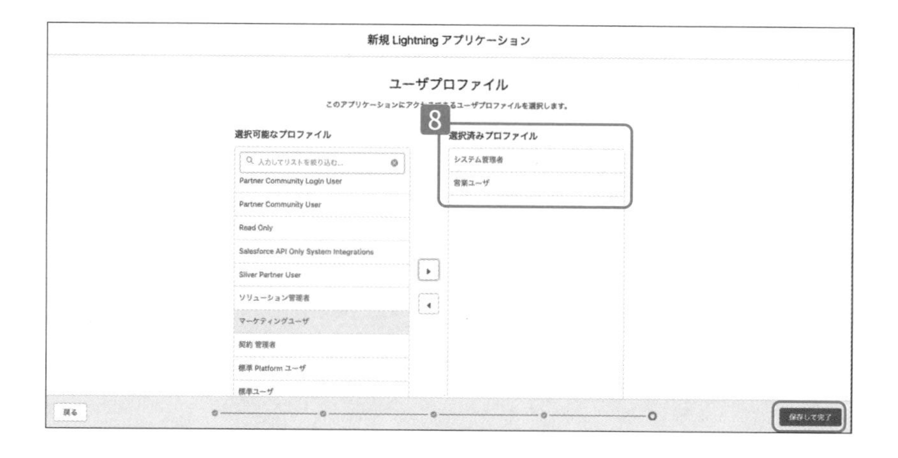

9 「営業部」というアプリケーションが作成されました。

10 手順 4 で、[エンドユーザによるこのアプリケーションのナビゲーション項目のパーソナライズを無効にする] にチェックを入れなかった場合、[鉛筆] アイコンからナビゲーションの項目をユーザ個人が変更ができます。

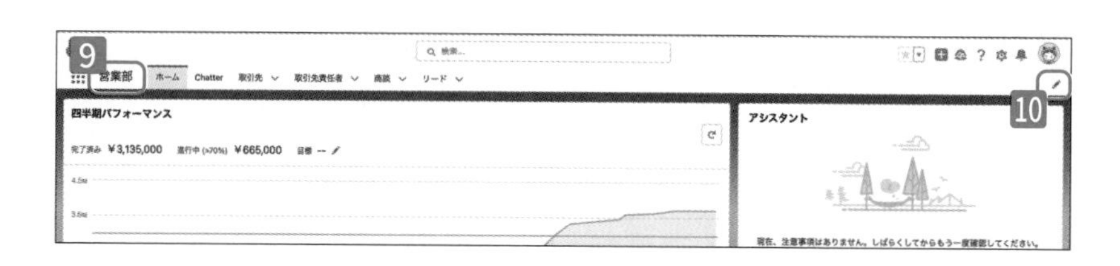

11ナビゲーション項目の並び順を変更したり、表示されていないものを追加することができます。

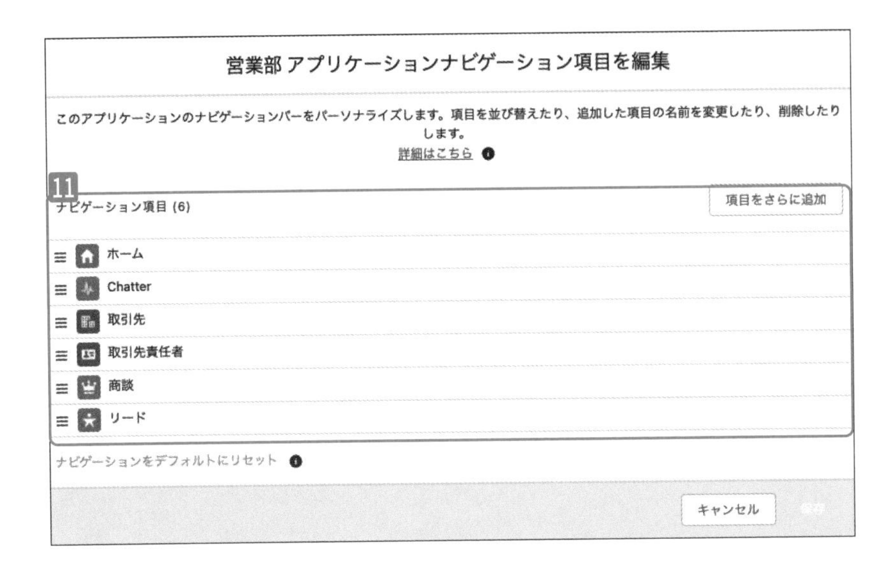

2 アプリケーションメニュー

アプリケーションメニューの設定

アプリケーションメニューで、アプリケーションランチャーでのアプリケーションの並び順やアプリケーションの表示を設定できます。

アプリケーションメニューの設定手順は、以下の通りです。

1 ［クイック検索］で「アプリケーションメニュー」と検索し、検索結果の［アプリケーションメニュー］を選択します。

2 ［アプリケーションメニュー］画面の［アプリケーションランチャーで表示（非表示）］をクリックし、表示/非表示を切り替えることができます。

Hint

アプリケーションランチャー

アプリケーションの切り替えができます。ナビゲーションバーに表示されていない項目は、アクセス権があれば、［すべてを表示］で表示させることができます。

7

3 画面左上の［アプリケーションランチャー］ボタンをクリックし、ドロップダウンリストから［すべてを表示］を選択します。

4［アプリケーションランチャー］でアプリケーションメニューでの設定が反映されているか確認します。

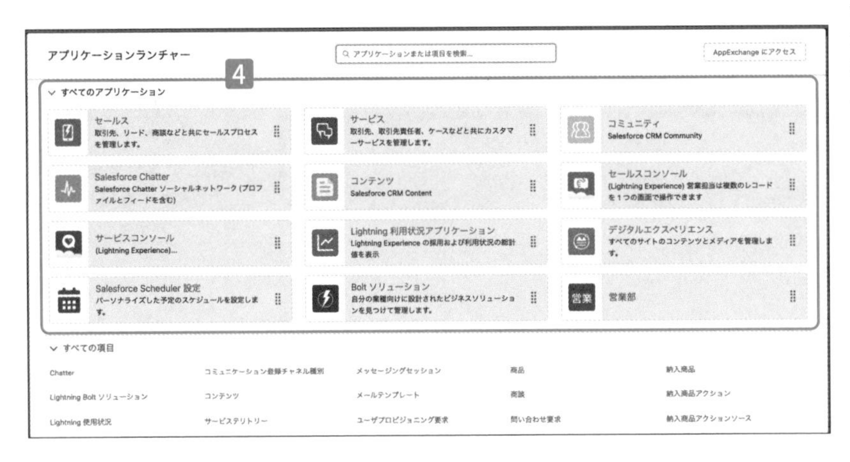

Hint

アプリケーションの非表示

使用していないアプリケーションは非表示にして、必要のあるものだけを表示するようにしましょう。

第 8 章

Chatter・活動管理

第8章では、コミュニケーションツールのChatterや、日々の活動の登録の使用方法や設定方法などについて学びます。

1 Chatter

Chatterとは

Chatterは、FacebookやX（旧Twitter）に似たコミュニケーションツールで、社内や外部パートナーとコミュケーションが可能です。

Chatterのみで無料で使えるライセンスには、次の表に示した2種類あります。

●Chatterのライセンスの種類

ライセンス名	使用可能なライセンス数
Chatter Free	5,000
Chatter External	500

Chatter Freeは社内ユーザ、Chatter Externalは社外のパートナーなどに使用します。Salesforceのアカウントをすでに持っている場合はChatterが使用可能なので、Chatter用のアカウントは必要ありません。

例えば、社内でChatterだけを使用してSalesforce上でコミュニケーションしたい場合、Chatter Freeのライセンスでアカウントを作成します。Chatterライセンスのアカウントを作成後、通常のSalesforceの画面からログインできます。

Chatterアカウントの作成

Chatterアカウントを作成する手順は、以下の通りです。

1 [クイック検索] で「ユーザ」と検索し、検索結果の [ユーザ] を選択します。
2 [ユーザ] 画面で、[新規ユーザ] ボタンをクリックします。

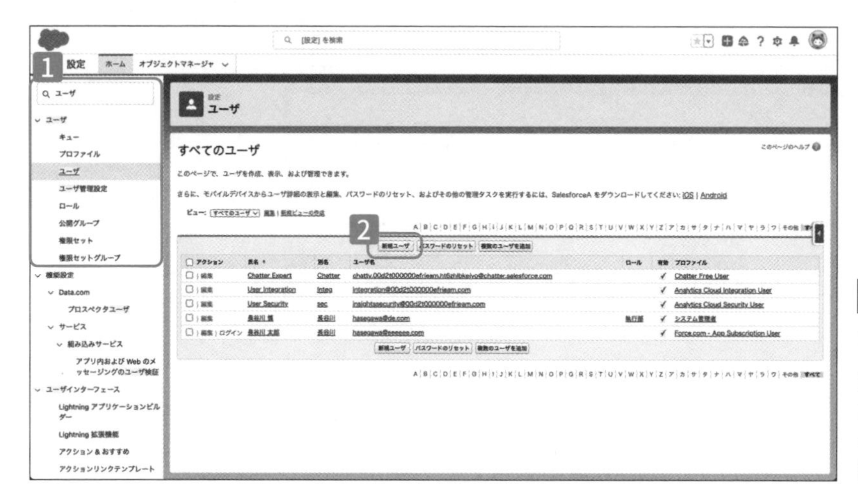

Hint
クイック検索

画面右上の [歯車] アイコンから [設定] を選択すると、画面左上に [クイック検索] 欄が表示されます。

3 [姓]、[名前]、[別名]、[メール]、[ユーザ名]、[ニックネーム] を入力します。
4 社内ユーザの場合は、[ユーザライセンス] は [Chatter Free]、[プロファイル] は [Chatter Free User] を選択します。
5 必須項目の入力が終わったら、[保存] ボタンをクリックします。

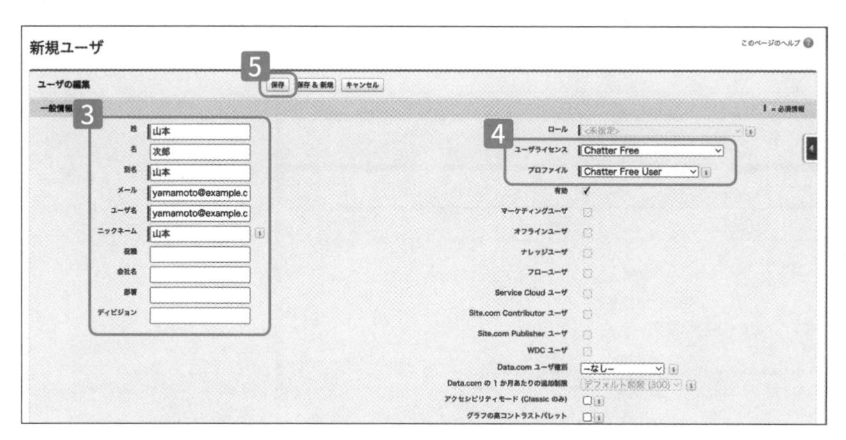

Hint
社外のユーザの場合

[ユーライセンス] は [Chatter External]、[プロファイル] は [Chatter External User] を選択します。

Chatterライセンスの残数の確認

Chatterライセンスの残数を確認する手順は、以下の通りです。

1 ［クイック検索］で「組織情報」と検索し、検索結果の［組織情報］を選択します。
2 ［組織情報］画面のユーザライセンスの一覧で、Chatterアカウントのライセンス残数を確認できます。

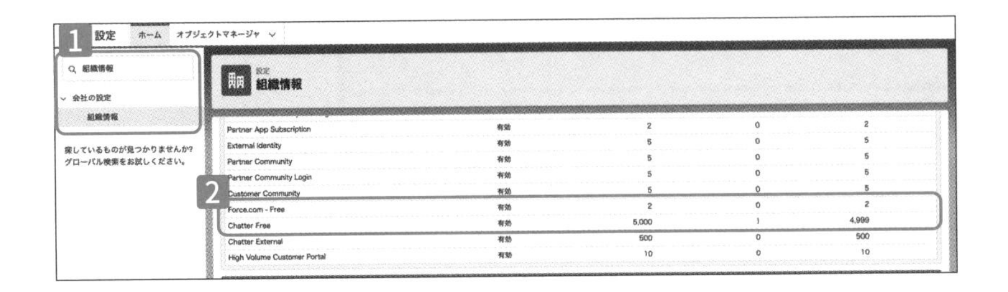

Chatterをレポートで確認

Chatterの投稿一覧をレポートで確認できます。なお、レポートを作成する前にカスタムレポートタイプを作成する必要があります。

カスタムレポートタイプの作成手順は、以下の通りです。

1 ［クイック検索］で「レポートタイプ」と検索し、検索結果の［レポートタイプ］を選択します。
2 ［レポートタイプ］画面で、［次へ］ボタンをクリックします。

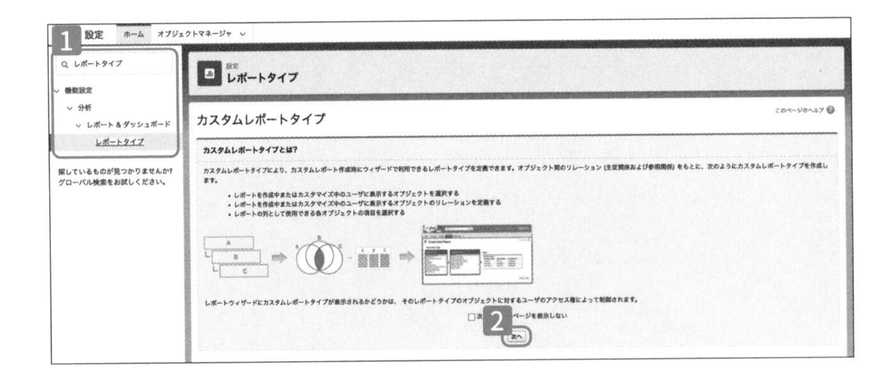

Hint

レポートの公開

Chatterレポートを作成して公開することで、「いいね」やコメントの数を競い合うといったChatter活用の促進につながる可能性があります。

3 ［新規カスタムレポートタイプ］ボタンをクリックします。

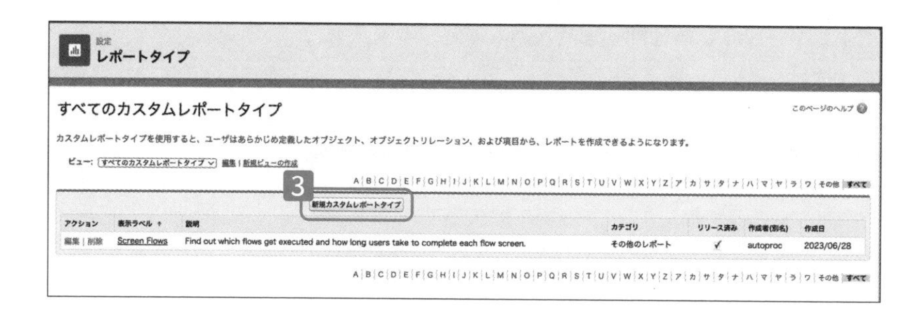

4 ［主オブジェクト］（ここでは［取引先］を指定）、［レポートタイプの表示ラベル］、［レポートタイプ名］、［説明］、［カテゴリに格納］を指定したら、［次へ］ボタンをクリックします。

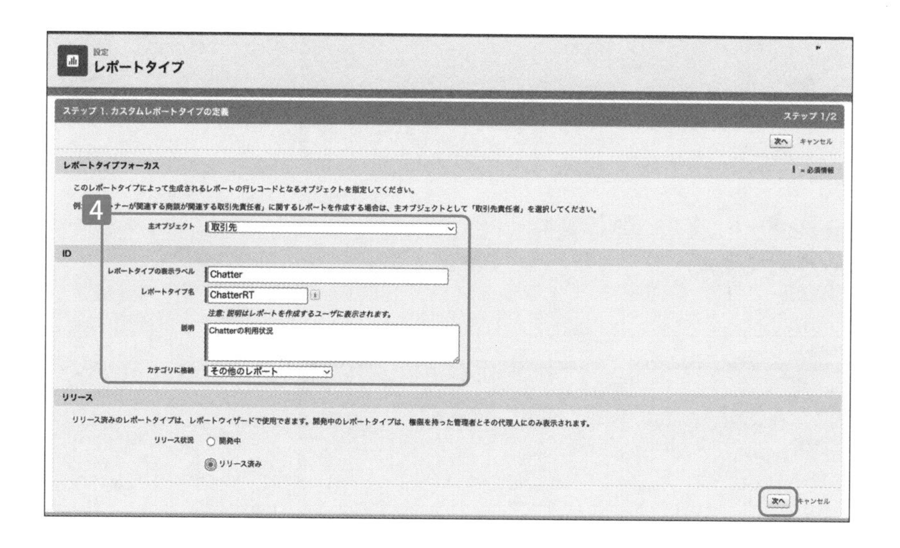

5 リレーションを選択して、レポート結果として返す関連プロジェクトを定義します。「B」に［取引先フィード］、「C」に［Comments］を設定します。続いて、［「B」レコードには関連する「C」レコードの有無は問いません。］にチェックを入れ、［保存］ボタンをクリックします。

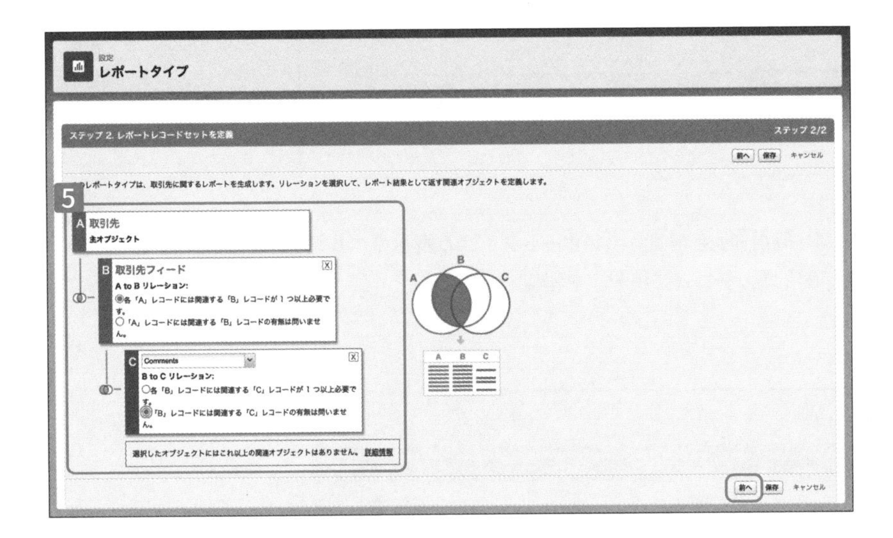

6 ［ナビゲーションバー］から［レポート］タブを選択します。

7 ［新規レポート］ボタンをクリックします。

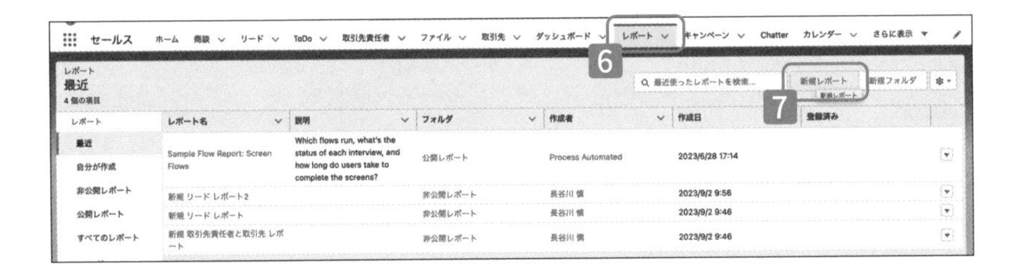

8 ［レポートを作成］画面が表示されます。作成したカスタムレポートタイプを選択します。

9 ［レポートを開始］ボタンをクリックします。

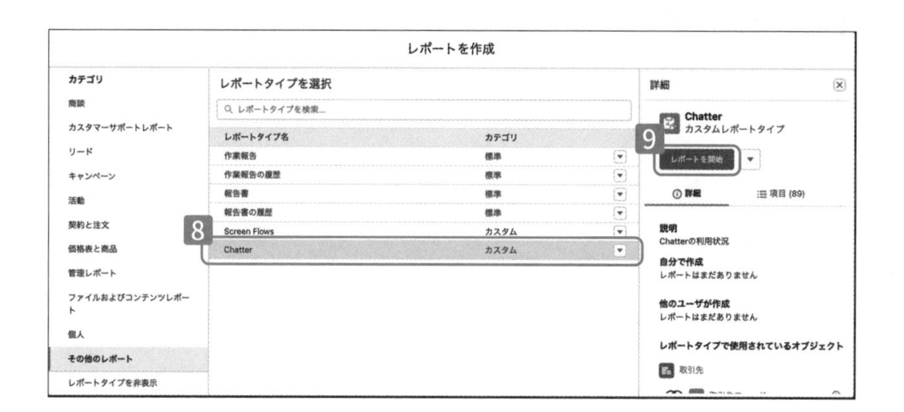

10 列の項目（［取引先名］、［コメント内容］、［いいね！の数］、［コメント数］、［作成者：氏名］）を配置します。

11 レポートを作成した時は、必ず［保存］ボタンをクリックします。

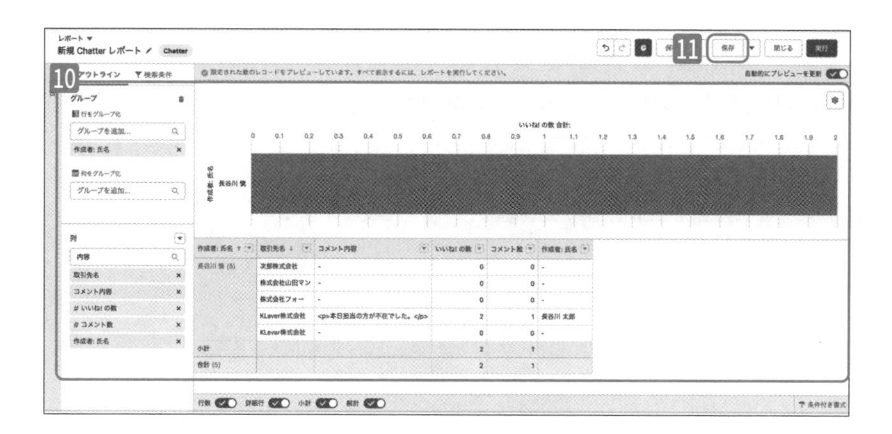

2 活動の管理

活動の管理とは

活動の管理は、顧客との間でどのようなやり取りがあったのかを時系列で記録します。訪問した時の状況や電話の内容、資料の送付など、顧客とのコミュニケーションを記録しておくことで、過去の顧客とのやり取りを振り返ることできます。また、顧客情報を綿密に把握しておくことで、顧客満足度にもつながります。

活動の記録（やったこと）、ToDo（やるべきこと）、行動（これからやること）を管理でき、様々なレコードに紐付けることが可能です。

グローバルアクションから活動を入力

グローバルアクションから活動を入力するには、画面右上の［+］アイコンをクリックし、ドロップダウンリストから項目を選択します（Salesforce Lightningの場合）。

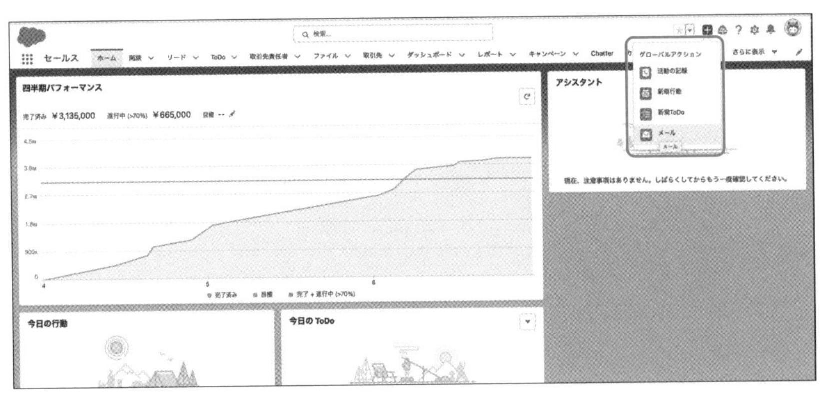

> **Hint**
> **グローバルアクション**
> どのページにいても使用できるアクションです。ユーザはページを切り替えることなく、活動の記録やレコード作成などが行えます。グローバルアクションは、画面右上の［+］アイコンをクリックすると表示されます。

① [活動の記録] を選択した場合

1 [活動の記録] 画面が表示されます。[件名]、[コメント]、[名前]、[関連先] を入力して、[保存] ボタンをクリックします。

Hint

活動の記録

[件名] は項目を選択するか、テキストを入力します。[名前] はリードまたは取引先責任者から、[関連先] はリードまたは取引先責任者以外のオブジェクトに紐付けることができます。

② [新規行動] を選択した場合

1 [新規行動] 画面が表示されます。[件名] を入力し、[開始] と [終了] を日付と時間で指定したら [保存] ボタンをクリックします。

③［新規ToDo］を選択した場合

1 ［新規ToDo］画面が表示されます。［名前］、［関連先］、［割り当て先］を指定したら、［保存］ボタンをクリックします。

Hint
期日

［期日］は入力しておくと、期限切れのToDoをリストビューなどで確認できます。

Hint
割り当て先

［割り当て先］は、デフォルトはログインしているユーザ本人ですが、自分以外のユーザにも設定できます。

2 行動を入力して保存すると、カレンダーに反映されます。

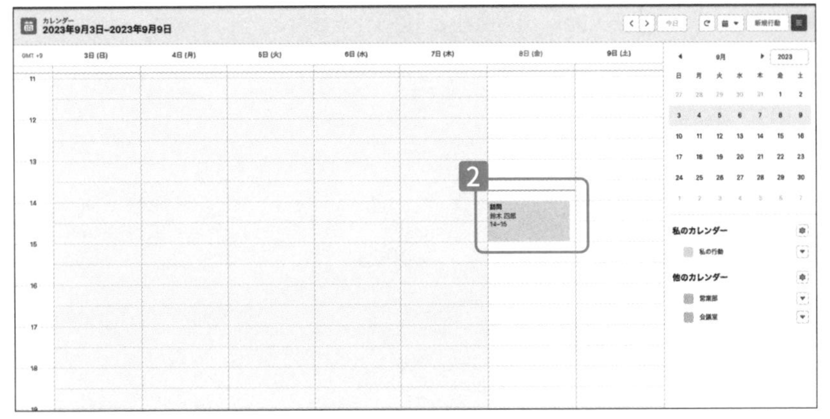

Hint
［メール］を選択した場合

グローバルアクションのドロップダウンリストで［メール］を選択した場合は、メール送信画面が表示されるので、宛先、件名、本文を入力し、［送信］ボタンをクリックすることでメールを送信できます。

レコードから活動を入力

取引先などのレコードに活動を紐付けることができます。これにより、レコードページ上で過去どのような活動があったかを振り返ることができます。

次の画面は、ある取引先のレコードページを表示しています。[ToDo] ボタン、[活動の記録] ボタン、[行動] ボタンからそれぞれ入力することができます。入力に関しては、グローバルアクションでの入力方法と同じです。

活動タイムラインには、過去の入力した活動が時系列で並びます。

Hint
過去の活動

取引先の自社の担当が変わった時など、過去の活動が確認できると効率の良い引き継ぎが可能になります。

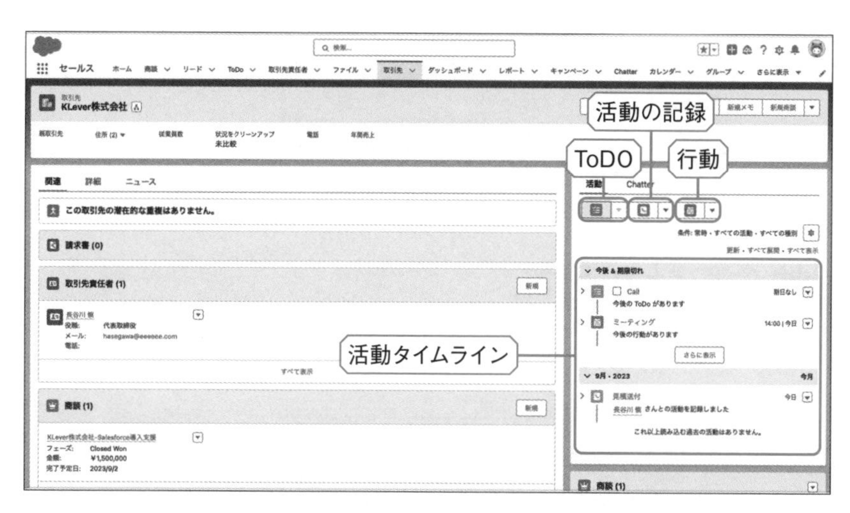

取引先責任者で活動を入力

取引先責任者で入力した活動は、取引先にも表示されます。入力と表示の手順は、以下の通りです。

1 取引先責任者で活動を入力します。

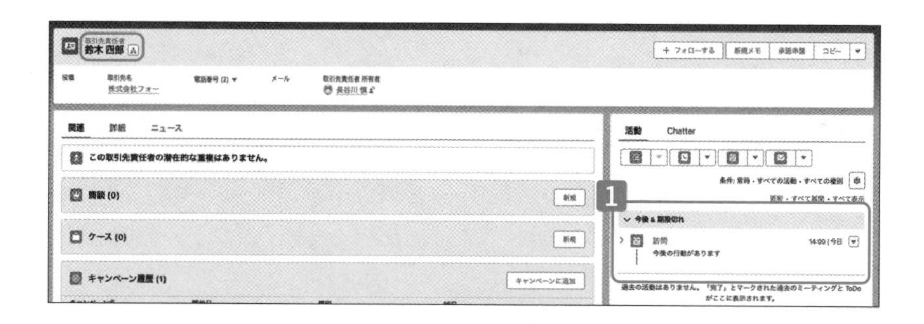

2取引先にも、取引先責任者で入力した活動が表示されます。

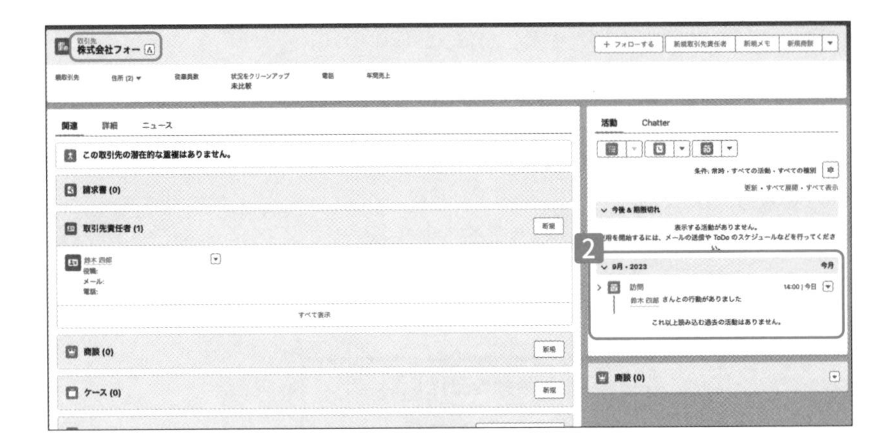

レポートで活動の集計が可能

入力した活動はレポート機能を使用すると、集計することができます。

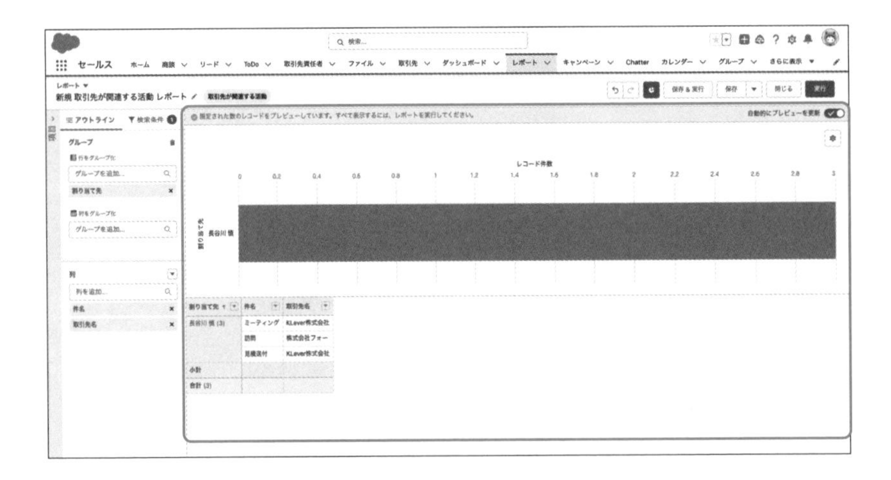

ToDoリストの確認

ToDoリストを確認する手順は、以下の通りです。

1 [ナビゲーションバー] から [ToDo] タブをクリックします。
2 ToDoの一覧が確認できます。[期限切れのToDo] から切り替えて表示することもできます。

3 ホーム画面でもToDoリストを確認ができます。
4 [▼] ボタンをクリックすると、別の条件で抽出されたToDoリストに切り替えることもできます。

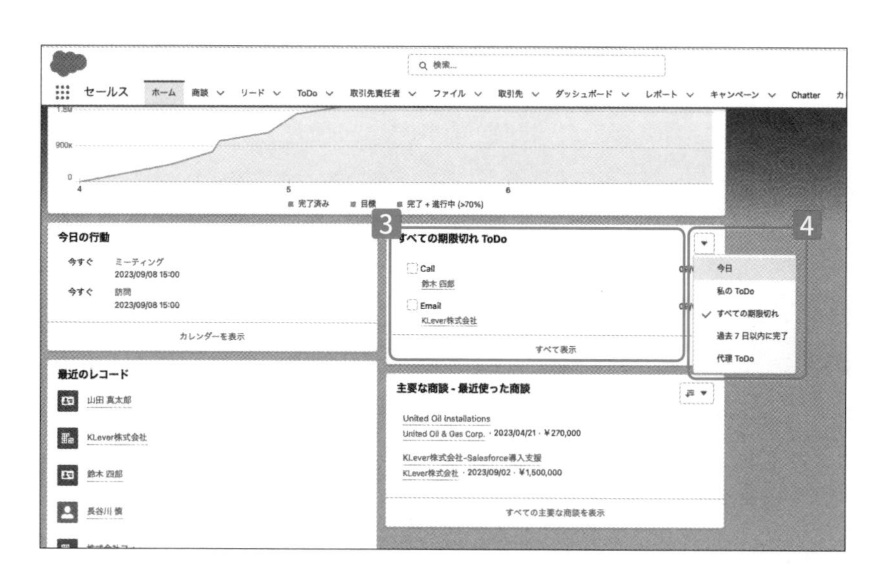

Column **無料アプリ「今日から使えるサクセスダッシュボード」**

「今日から使えるサクセスダッシュボード」は、12種類のダッシュボードをインストールができる無料のアプリです。ダッシュボードをゼロから作成する必要がないので、Salesforce導入初期などに便利で、すぐに利用できます。

ユーザのログイン状況やデータ蓄積確認、顧客分析などが含まれています。まずはダッシュボードを試したい方におすすめです。

●今日から使えるサクセスダッシュボード Lightning Experience版

https://appexchangejp.salesforce.com/appxListingDetail?listingId=a0N3A00000FR65mUAD

第9章

データ管理と分析

第9章ではツールを使用したデータのインポート方法と、レポート＆ダッシュボードを使用した分析方法について学びます。

1 データローダとインポートウィザード

データローダとインポートウィザードの違い

データローダと**インポートウィザード**は、大量のデータを一括でSalesforceにインポートできるツールです。

①データローダの画面

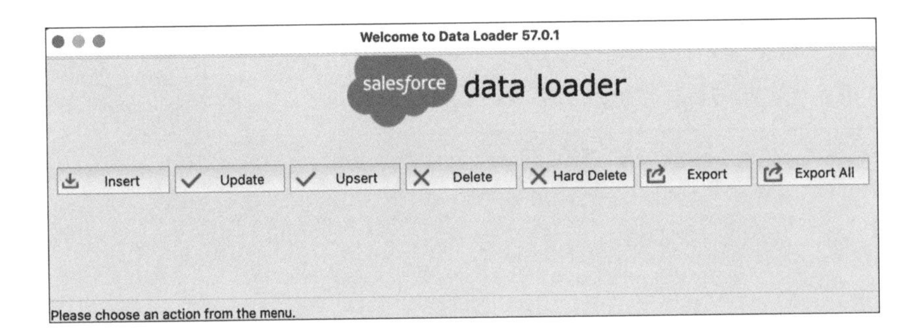

②インポートウィザードの画面

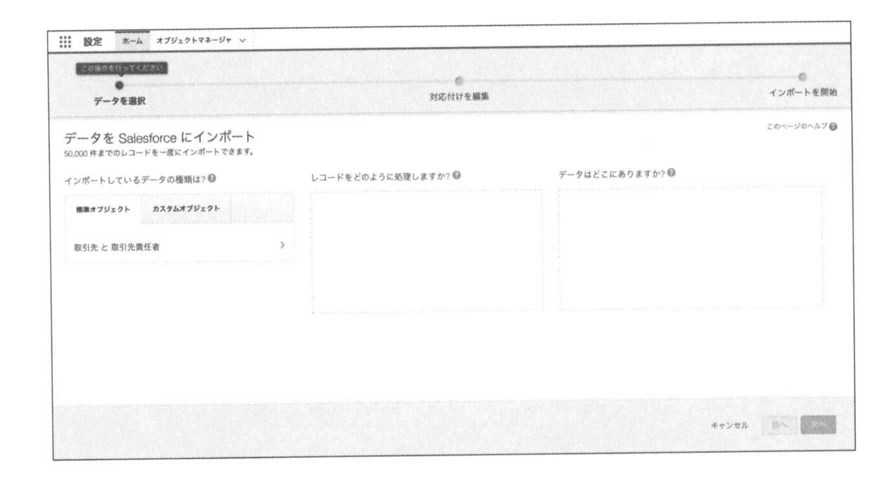

●データローダとインポートウィザードの違い

	データローダ	インポートウィザード
インストール	必要	不要
レコード数の制限	5,000,000	50,000
使用可能なユーザ	システム管理者	標準ユーザでも使用可能
オブジェクトの制限	すべての標準・カスタムオブジェクト	商談のみ不可
バッチモード	○	×
一致確認	Name項目で可能	SalesforceID、外部ID

Hint

システム管理者

アプリケーションの設定およびカスタマイズができる組織内の1人以上のユーザ。システム管理者のプロファイルが割り当てられています。

データローダとインポートウィザードの使い分け

データローダとインポートウィザードを比べた場合、手軽に使用できるのは、インストールが不要なインポートウィザードです。画面の表示言語もほぼ日本語です。

レコード件数で考えると、50,000件以下のデータを一括でインポートする場合は、インポートウィザードで十分です。ただし、バッチモードでタスクモードを使用して定期的な作業をする場合は、データローダを選択する必要があります。

また、商談オブジェクトはデータローダを使用する必要がありますが、データローダはシステム管理者しか使用ができません。そのため、システム管理者以外のユーザがデータローダを使用する場合は、データローダを使用したいユーザのプロファイルをシステム管理者に変更する必要があります。

Hint

バッチモード

設定ファイルを読み込んでコマンドベースで動作させるモード。

インポートするファイルの形式

インポートする場合、インポートウィザードとデータローダのどちらもファイル形式はCSVファイルになります。インポートする前にCSVファイルを用意しておきましょう。

①インポートウィザード

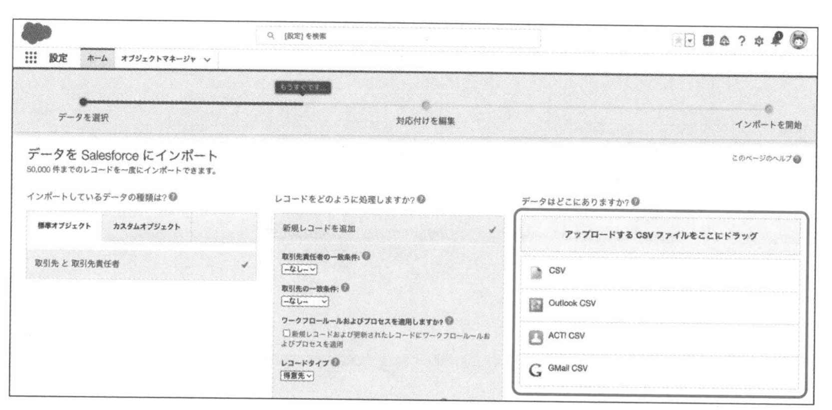

Hint

CSV

CSVは「Comma.Separated.Values」の略で、いくつかの項目をカンマ「,」で区切ったテキストデータおよびテキストファイルのこと。

9

②データローダ

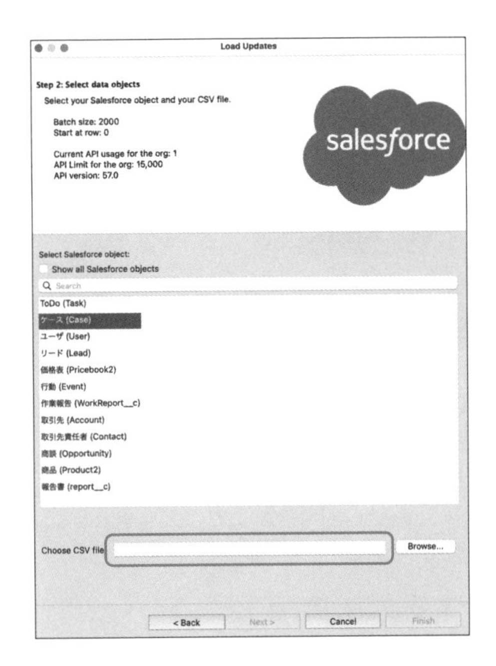

Hint

オブジェクトの表示

[Select Salesforce object]で表示されてないオブジェクトは[Show all Salesforce objects]で表示されることがあります。

データの一致確認

インポートウィザードは、レコード名（Name）が日本語でも一致確認ができます。例えば、「恵比寿株式会社」を既存のデータと一致確認したい場合、CSVファイルで「恵比寿株式会社」と指定することで、既存のデータと一致確認ができます。

それに対し、データローダは、Salesforce ID（レコードのURL内の文字の文字列）やオブジェクトで作成したカスタム項目のIDでしか確認ができません。

インポートする際に既存のデータは上書きして、新規のデータのみインポートする機能があるので、インポートウィザードとデータローダのどちらが効率的に作業できるかを検討する必要があります。

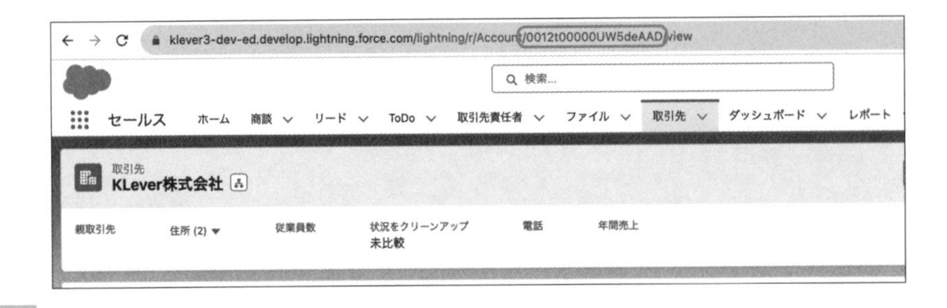

2 インポートウィザード

インポートウィザードの使用(設定から使用)

インポートウィザードの使用手順は、以下の通りです。

1 [クイック検索]で「データインポート」と検索し、検索結果の[データインポートウィザード]を選択します。

Hint

クイック検索

画面右上の[歯車]アイコンから[設定]を選択すると、画面左上に[クイック検索]欄が表示されます。

2 [ウィザードを起動する]ボタンをクリックします。

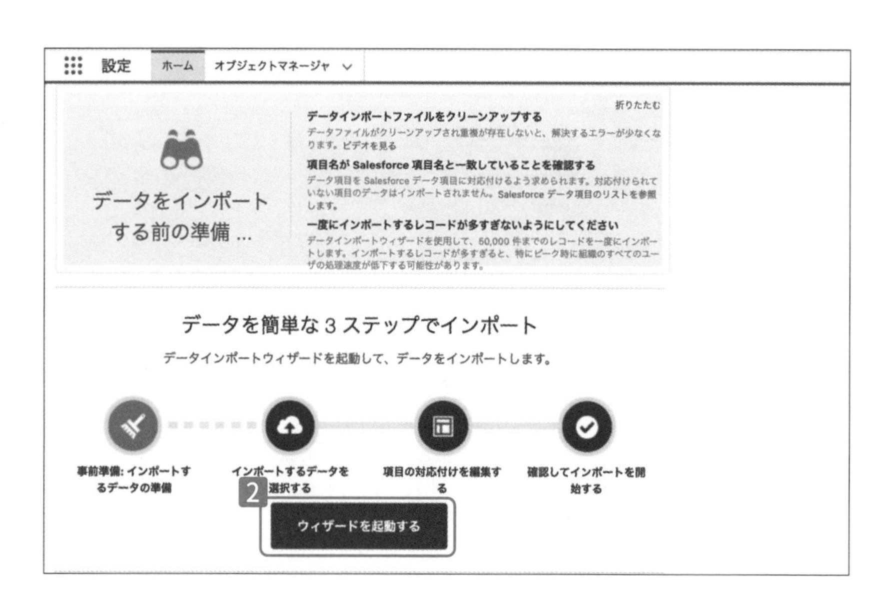

3 今回は「取引先」と「取引先責任者」を同時にインポートしていきます。CSVファイルには、「取引先名」、「姓」、「名」のデータがあり、「取引先名」は「取引先」に、「姓」と「名」は「取引先責任者」にインポートします。

4 CSVファイルは、「取引先名」に「株式会社サンプル」が2件、同様に「株式会社テスト」が2件と重複していますが、重複したまま4件入れるのではなく、重複のないように取引先名は2件にし、それぞれ2件の取引先責任者が紐づくようインポートします。

Hint

同時にインポート

「取引先」と「取引先責任者」を同時にインポートできるのは、インポートウィザードだけです。

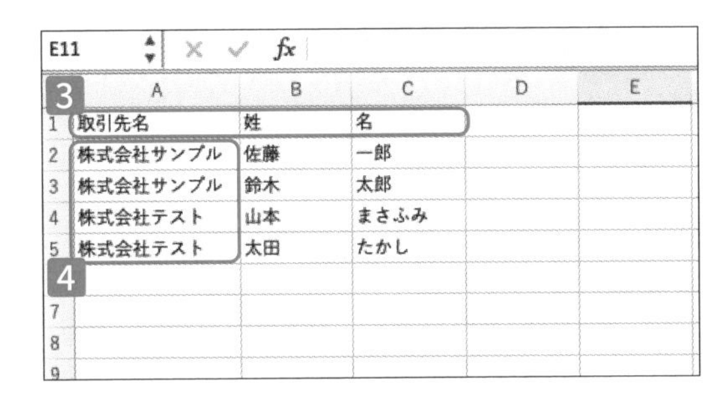

	A	B	C	D	E
1	取引先名	姓	名		
2	株式会社サンプル	佐藤	一郎		
3	株式会社サンプル	鈴木	太郎		
4	株式会社テスト	山本	まさふみ		
5	株式会社テスト	太田	たかし		

5 ［取引先と取引先責任者］を選択します。

6 取引先を重複させないようにするため、［取引先の一致条件］で［名前と部門］を選択します。

7 インポートするCSVファイルを選択し、［次へ］ボタンをクリックします。

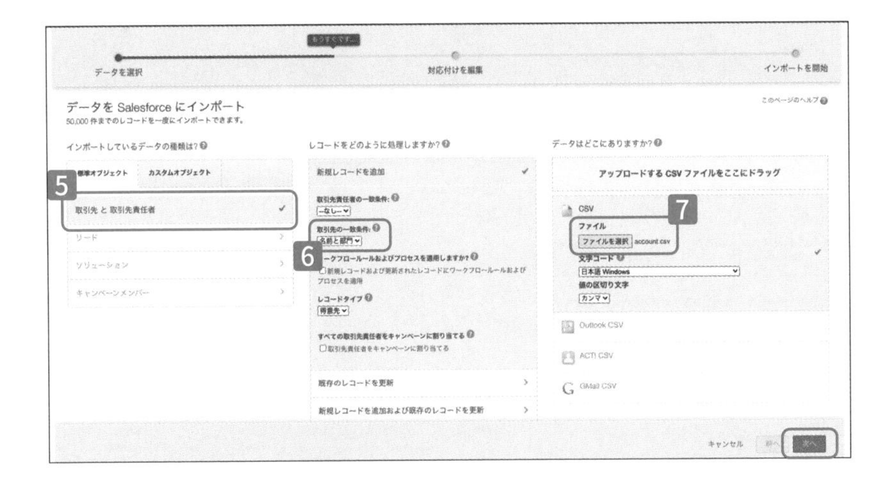

8 対応付けが間違いないか確認し、[次へ] ボタンをクリックします。

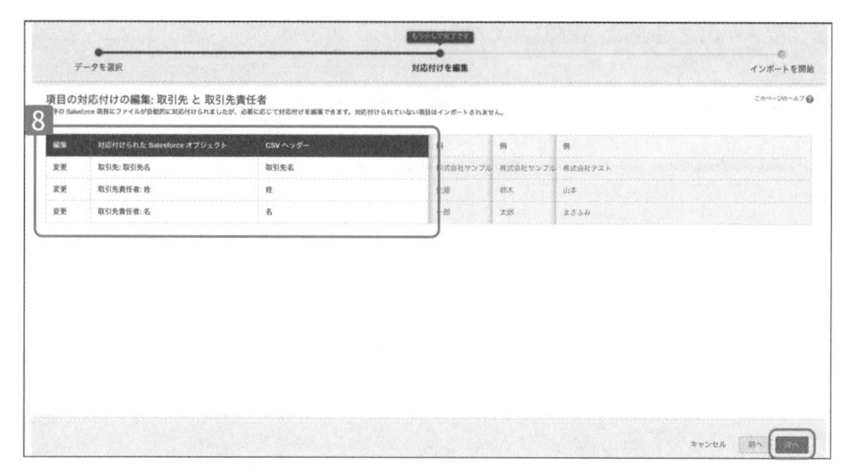

Hint

CSVヘッダー

インポート用のCSVファイルを作成する時に、CSVヘッダー（ファイルの1行目）の項目名をSalesforceの項目名と一致させておくと自動で対応付けされるので、作業効率が向上します。

9 [インポートを開始] ボタンをクリックします。

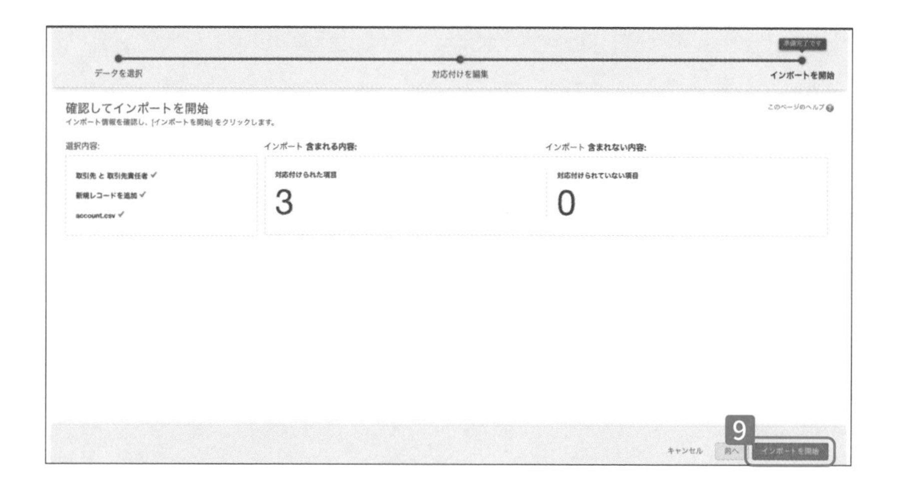

10 インポートを開始したメッセージが表示されます。[OK] ボタンをクリックします。

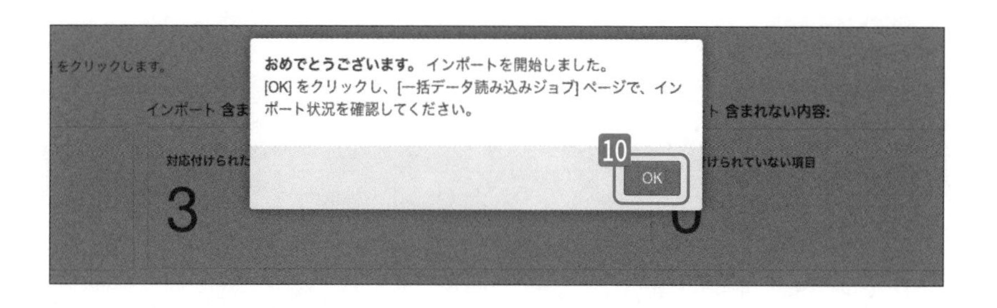

⑪インポート結果が表示されます。[レコードの失敗] が0なので、失敗したレコードがないことを意味します。[結果を表示] のリンクをクリックすると、CSVで結果を詳細に確認できます。エラーが出た場合は、確認してください。

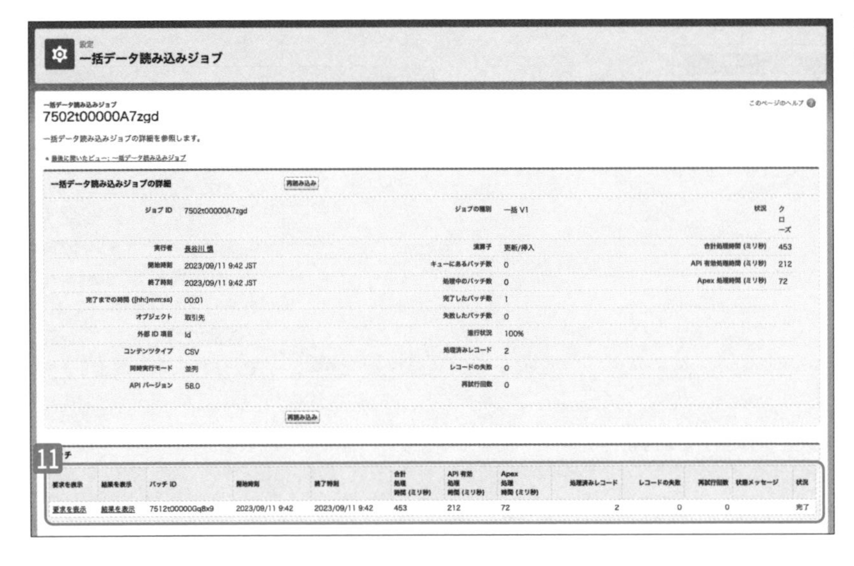

⑫取引先は、2件とも重複されずに登録されています。

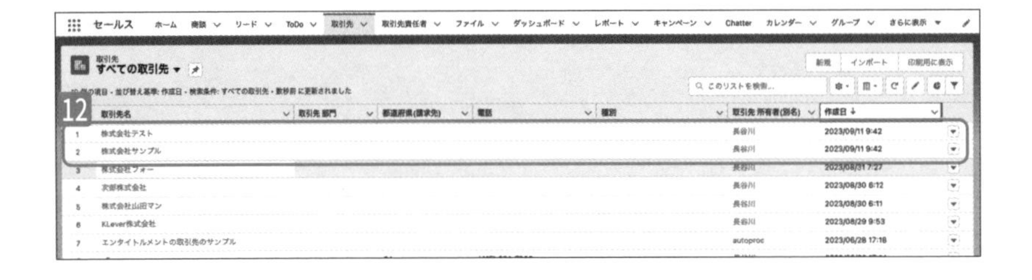

Hint

インポートの失敗

レコードのインポートに失敗した場合は、結果の確認をして原因を追求する習慣をつけましょう。

⑬取引先責任者も2名ずつ登録されています。

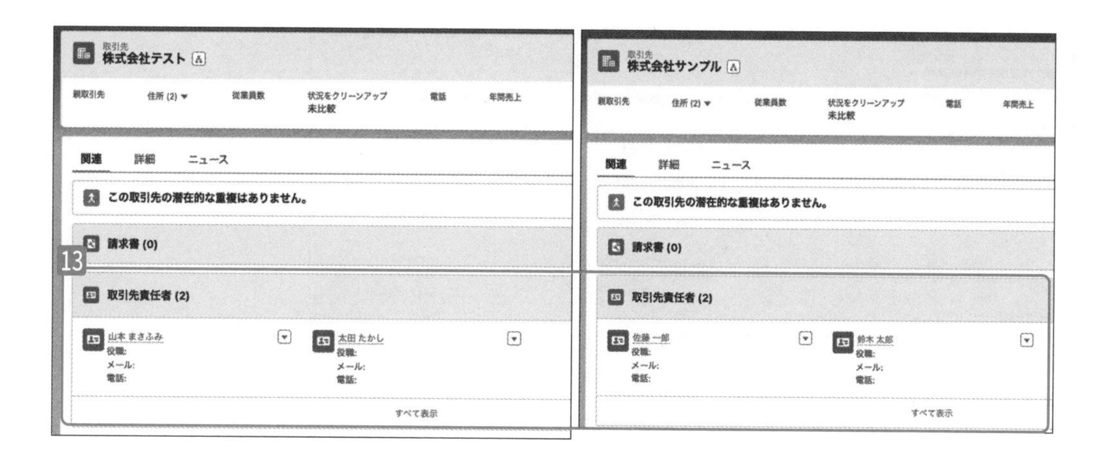

Salesforce導入初期は、取引先や取引先責任者をインポートすることが多くなります。データローダでも取引先と取引先責任者をインポートできるのですが、同時にできないので、取引先と取引先責任者をインポートする場合は、インポートウィザードを使用すると効率的に作業できます。

過去のインポートの確認

過去のインポート結果を確認することもできます。確認の手順は、以下の通りです。

1 ［クイック検索］で「一括データ読み込みジョブ」と検索し、検索結果の［一括データ読み込みジョブ］を選択します。
2 ［一括データ読み込みジョブ］画面が表示されます。［ジョブID］（ここでは「7502t00000A7zgi」）をクリックします。

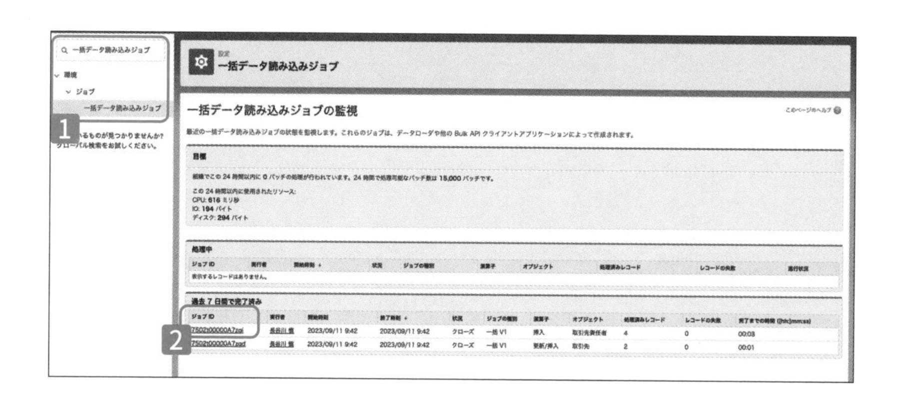

❸過去のインポート結果が表示されます。

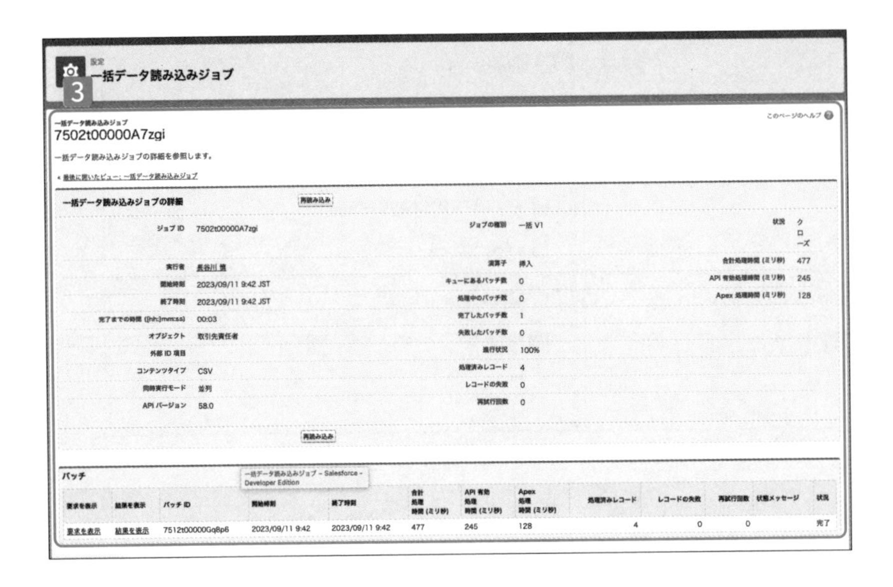

3 データローダ

データローダのインストール

データローダは、事前にインストールが必要ですが、CSVファイル形式のデータを一括で500万件までインポートが可能です。

データローダのインストール手順は、以下の通りです。

1 [クイック検索] で「データローダ」と検索し、検索結果の [データローダ] を選択します。

2 [ダウンロード] をクリックすると、ダウンロードサイトに移動するので、ダウンロードしてください。

Hint

ダウンロードする前に

[開発者ガイド] や [ヘルプガイド] でインストール方法を確認した後に、インストールしましょう。

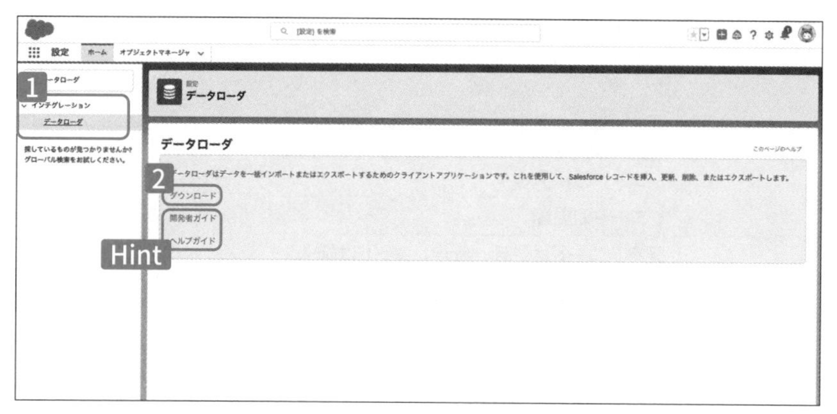

データローダの起動

データローダを起動する手順は、以下の通りです。

1 デスクトップなどにあるデータローダのショートカットを開きます。

2 データローダの起動画面が表示されます。画面にはボタンが配置されています。

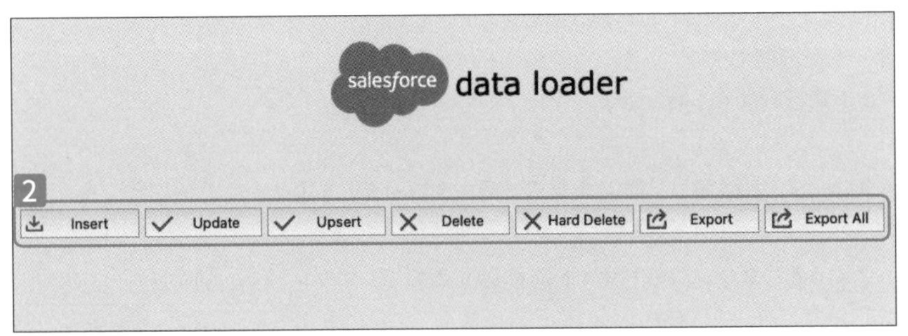

> **Hint**
> **DeleteとHard Deleteの違い**
> DeleteはSalesforceのゴミ箱を経由するのに対し、Hard DeleteはSalesforceのゴミ箱を経由しない削除になりますので、実行後レコードの復元ができなくなります。

配置されているボタンの機能は、それぞれ次の表のようになります。

●起動画面のボタンの機能

ボタンの名称	機能
Insert	レコードの挿入
Update	レコードの更新
Upsert	既存レコードは更新、新規レコードは挿入
Delete	レコード削除
Hard Delete	レコード物理削除
Export	抽出
Export All	すべて抽出

> **Hint**
> **ExportとExport Allの違い**
> Exportと違い、Export Allに関しては、アーカイブされたレコード、ゴミ箱にあるレコードもエクスポートが可能です。

データのインポート

データのインポート手順は、以下の通りです（今回は「取引先」のインポートになります）。

1 ［Insert］ボタンをクリックします。

2 ［Load Inserts］画面が表示されます。［Log in］ボタンをクリックして、Salesforceにログインし、アクセスを許可します。
3 ［Next］ボタンをクリックします。

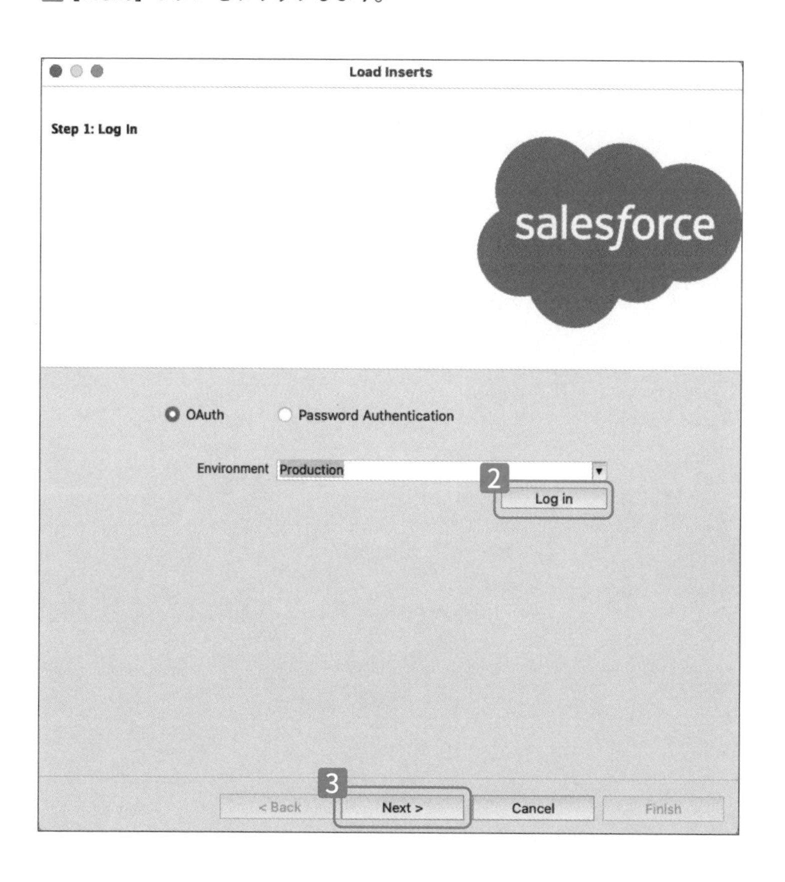

4 取引先を選択します。

5［Choose CSV files:］にインポートしたいCSVファイルを指定します。

6［Next］ボタンをクリックします。

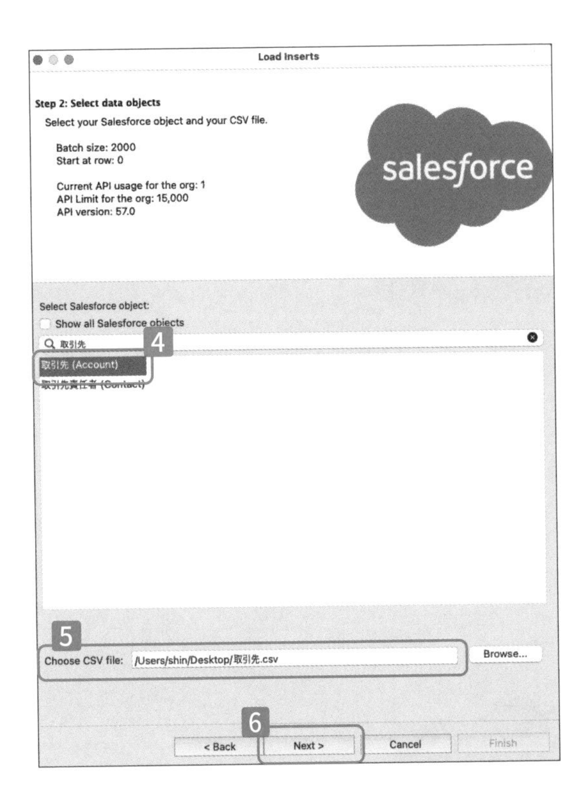

7［Data Selection］画面が表示されます。［OK］ボタンをクリックします。

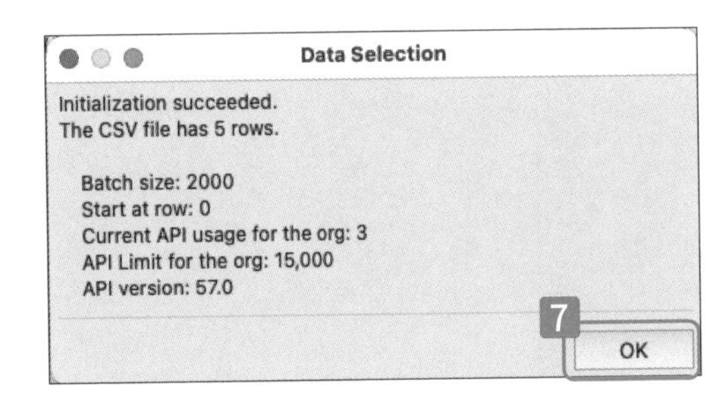

8 再び［Load Inserts］画面が表示されます。CSVの項目とSalesforceの項目と対応付けするために、［Create or Edit a Map］ボタンをクリックします。

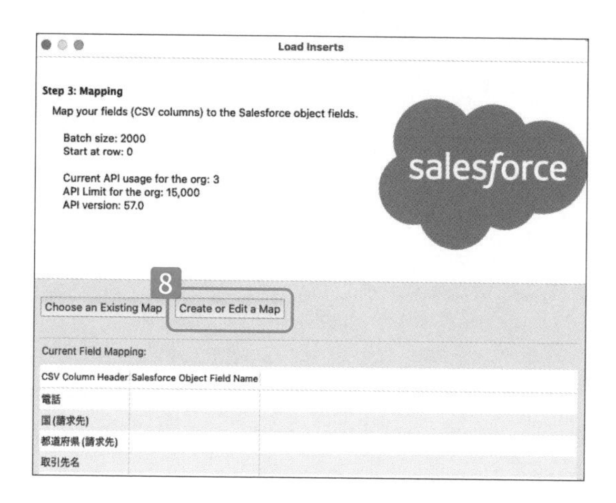

9 ［Mapping Dialog］画面が表示されます。［Auto-Match Fields to Columns］ボタンをクリックします。CSVの項目名とSalesforceの項目名が一致していれば、自動で対応付されます。

10 対応付がされない項目に関しては、上部のSalesforceの項目一覧からドラッグ&ドロップで下部のCSV項目に対応付けます。

11 対応付けが終わったら［OK］ボタンをクリックします。［Next］ボタンをクリックします。

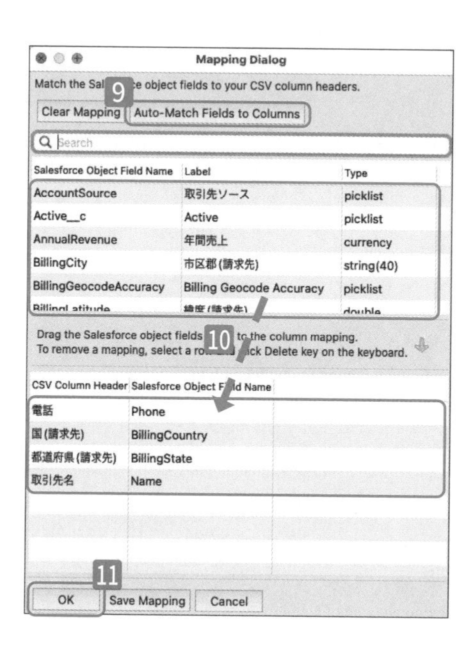

⑫ [Directory:] にインポート結果のファイルを格納するフォルダを指定し、[Finish] ボタンをクリックします。

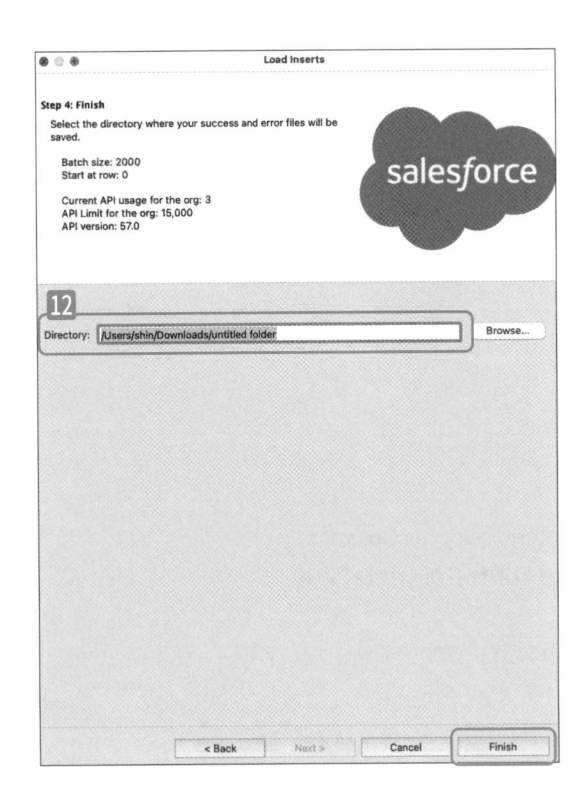

⑬「新しいレコードをインサートすることを選択しました。続行しますか？」という意味のメッセージが表示されます。[はい] ボタンをクリックします。

⑭［Operation Finished］画面が表示されます。インポートに成功したレコード結果を見る場合は［View Successes］ボタン、エラー結果を見る場合は［View Errors］ボタンをクリックします。終了する場合は、［OK］ボタンをクリックします。

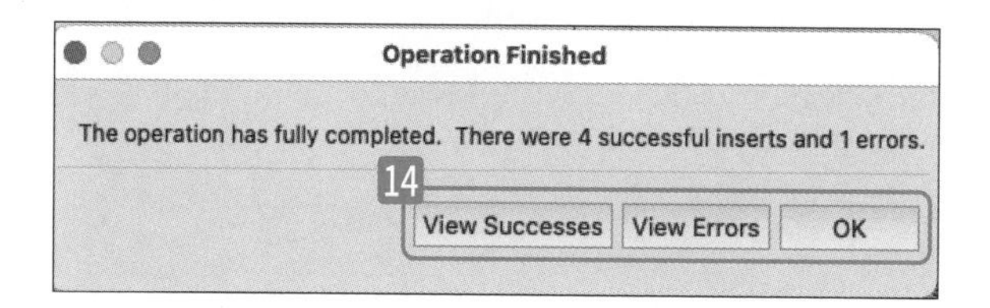

⑮［CSV Viewer］画面にエラー内容が表示されます。

Hint

エラー内容

「REQUIRED_FIELD_MISSING: 値を入力してください: [Name]Error fields: Name」は、この場合、「[Name]: レコード名（取引先名）が必須項目なのに、空白でエラーとなりました」という意味になります。

今回使用した取引先にインポートするためのCSVファイルです。6行目が空白だったために、エラーが起きました。エラーになったデータに関しては、Salesforceにはインポートされないので、エラーを解消して再度インポートします。

	A	B	C	D	E
1	取引先名	電話	国(請求先)	都道府県(請求先)	
2	株式会社ワン	00-0000-0001	日本	東京都	
3	株式会社ツー	00-0000-0002	日本	神奈川県	
4	株式会社スリー	00-0000-0003	日本	栃木県	
5	株式会社フォー	00-0000-0004	日本	群馬県	
6		00-0000-0005	日本	佐賀県	
7					

［取引先］タブで確認すると、成功したレコードはインポートされています。

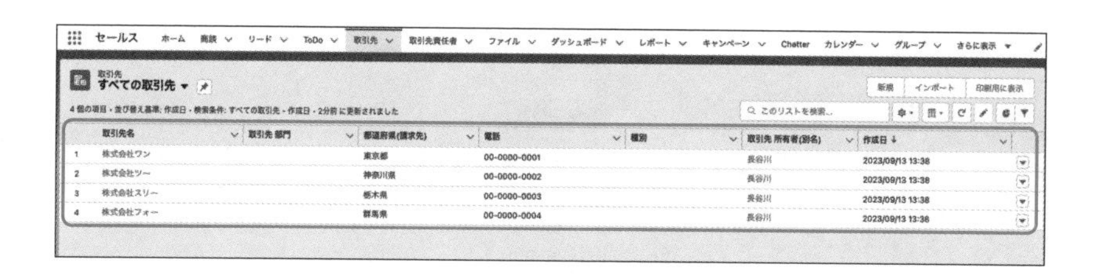

レポートの作成

関連する複数オブジェクトにまたがる**レコード**を抽出し、レコード件数のカウントや金額などの集計（最大・最小・合計・平均・中央値）が可能です。

レポートを作成する手順は、以下の通りです。ここでは、今期の年月でグルーピングした商談金額の推移を作成します。

1 ［ナビゲーションバー］の［レポート］タブをクリックします。
2 ［新規レポート］ボタンをクリックします。

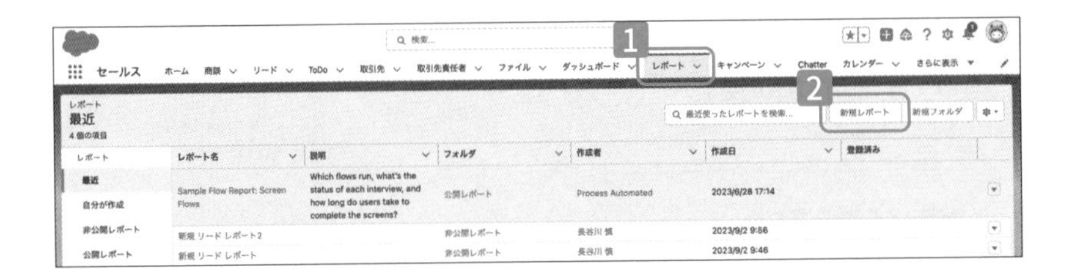

3 ［レポートを作成］画面が表示されます。［カテゴリ］から［商談］を選択します。
4 ［レポートタイプ名］の［商談］をクリックします
5 ［レポートを開始］ボタンをクリックします。

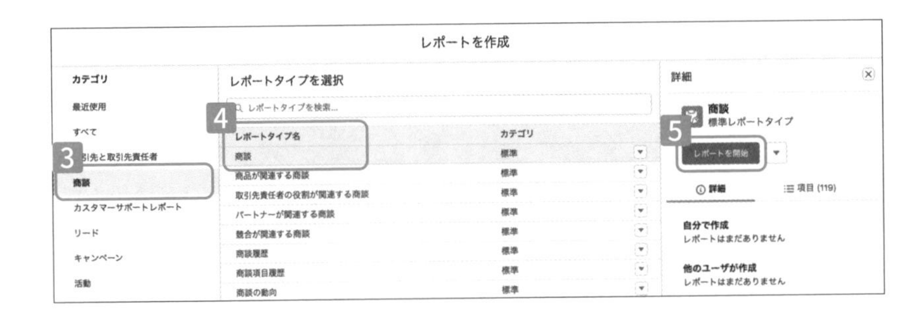

6 [検索条件] をクリックします。
7 条件から [完了予定日] を選択します。
8 [日付] を [完了予定日]、[範囲] を [当会計年度] に指定し、[適用] ボタンをクリックします。

Hint
当会計年度

会計年度の設定が反映されます。会計年度が実際と違う場合は会計年度の設定を確認してください。

9 [アウトライン] を選択します。
10 [行をグループ化] に [完了予定日] を配置します。
11 [完了予定日] の [▼] ボタンをクリックし、ドロップダウンリストから [集計期間単位…] → [年月] を選択します。

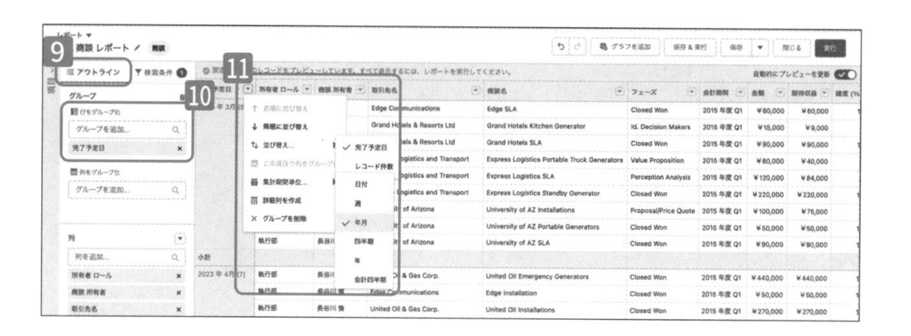

⑫［金額］の［▼］ボタンをクリックし、ドロップダウンリストから［集計］→［合計］を選択します。

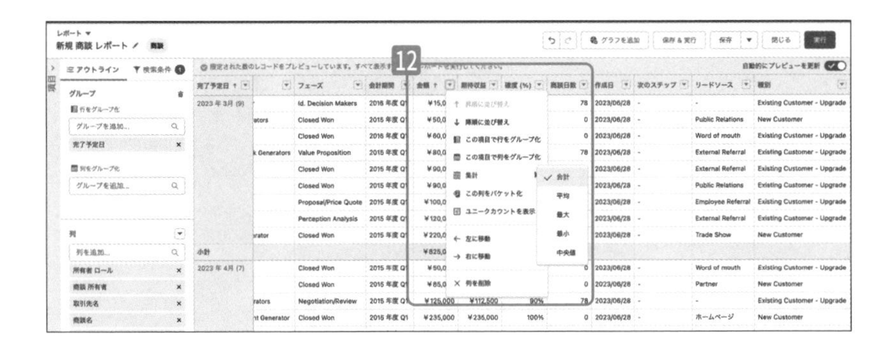

⑬完了予定日の年月でグルーピングした商談金額の合計が表示されます。

完了予定日 ↑		フェーズ	会計期間	金額 ↑	期待収益	確度 (%)	商談日数
2023 年 3月 (9)		Id. Decision Makers	2015 年度 Q1	¥15,000	¥9,000	60%	78
	ators	Closed Won	2015 年度 Q1	¥50,000	¥50,000	100%	0
		Closed Won	2015 年度 Q1	¥60,000	¥60,000	100%	0
	k Generators	Value Proposition	2015 年度 Q1	¥80,000	¥40,000	50%	78
		Closed Won	2015 年度 Q1	¥90,000	¥90,000	100%	0
		Closed Won	2015 年度 Q1	¥90,000	¥90,000	100%	0
		Proposal/Price Quote	2015 年度 Q1	¥100,000	¥75,000	75%	78
		Perception Analysis	2015 年度 Q1	¥120,000	¥84,000	70%	78
	erator	Closed Won	2015 年度 Q1	¥220,000	¥220,000	100%	0
小計				¥825,000			

グラフの作成

続いて商談金額の推移のグラフを作成します。作成の手順は、以下の通りです。

1 ［グラフの追加］ボタンをクリックします。

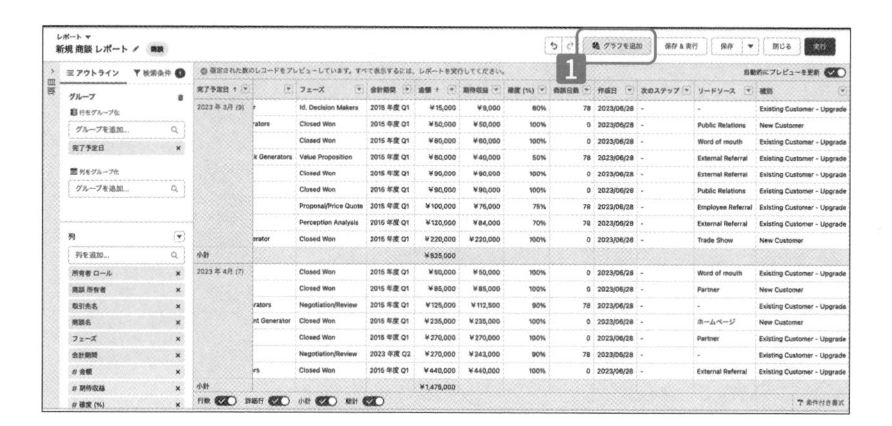

2 ［歯車］アイコンをクリックし、ドロップダウンリストから［折れ線］を選択します。

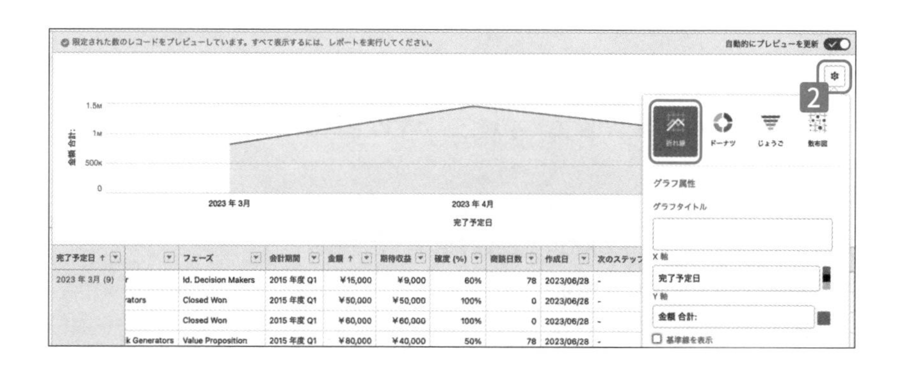

3 ［実行］ボタンをクリックします。

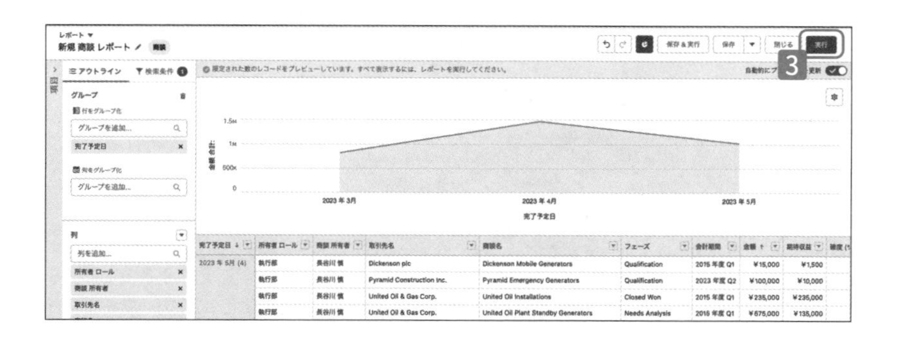

4 今期の年月でグルーピングした商談金額の推移のグラフが作成できました。最後に忘れずにレポートを保存しておきましょう。

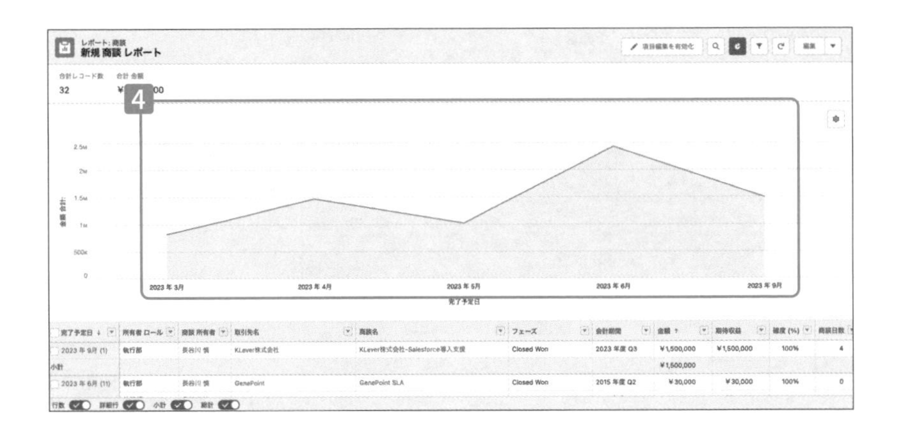

基準線の配置

商談金額の推移のグラフに基準線を配置します。配置の手順は、以下の通りです。

1 ［歯車］アイコンをクリックし、ドロップダウンリストの［基準線を表示］にチェックを入れ、［基準線の値］（今回は1,000,000）を指定します。

2 基準線が表示されます。

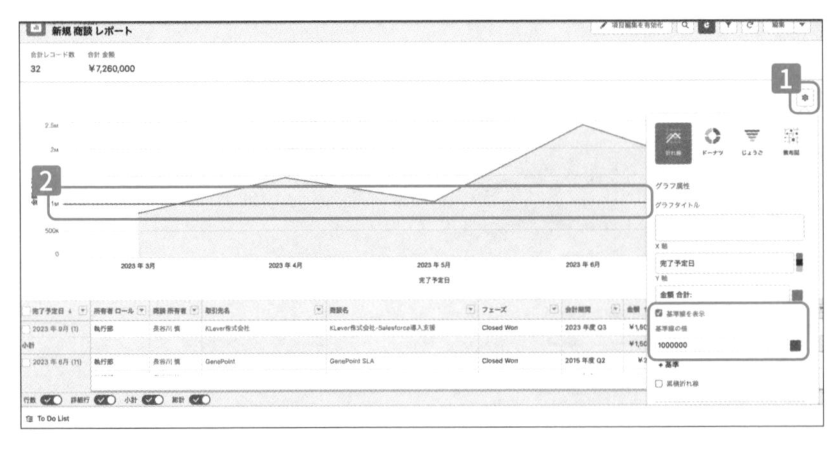

Hint

基準線の色

色を変更できるので、お好きな色に変更してみてください。

データの編集

さらにレポート上でデータを編集します。編集の手順は、以下の通りです。

1 ［項目編集を有効化］ボタンをクリックします。

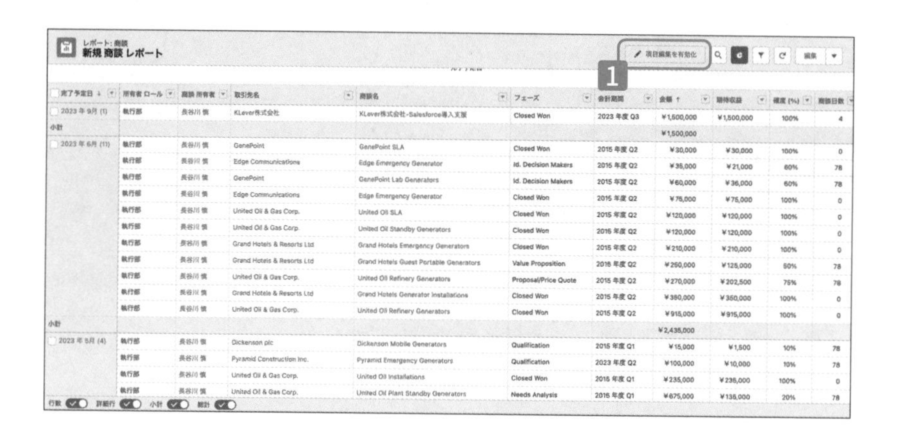

2 マウスポインタを当てると［鉛筆］マークが表示される項目は、レポート上でデータを編集できます。

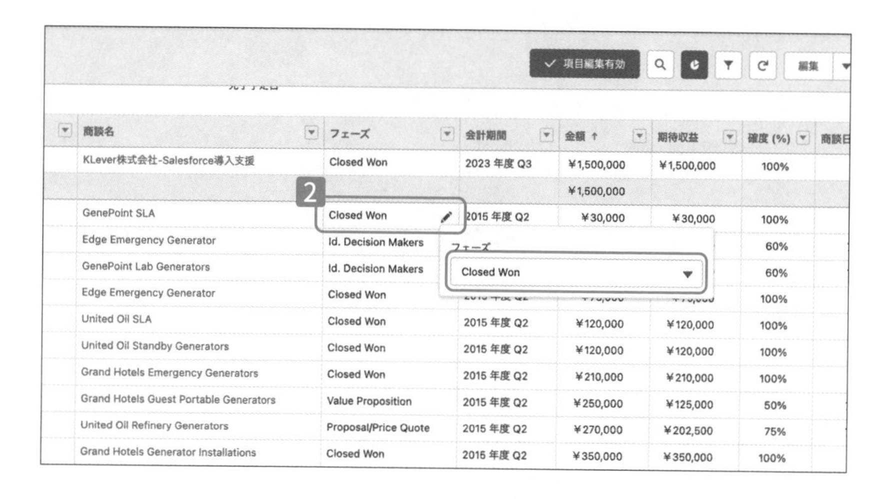

3 変更を加えた場所は色が変わります。

4 編集が終わったら［保存］ボタンをクリックすると、変更が反映されます。

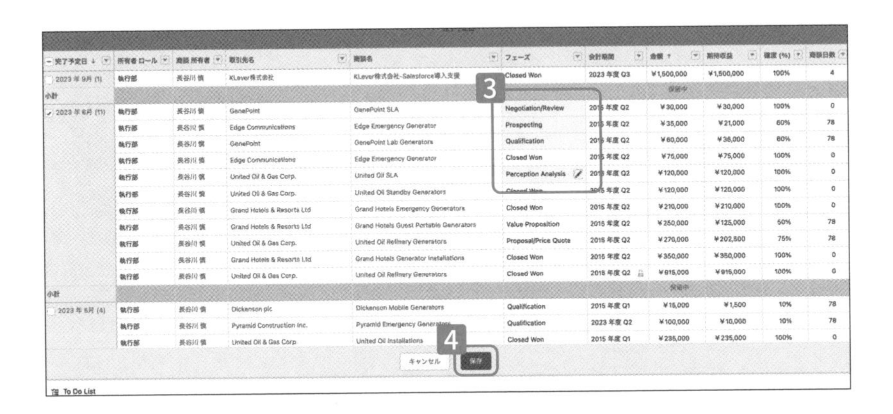

複数のレコードを編集する際は、レポート上で編集すると業務の効率化につながります。

レポートからデータのエクスポート

データローダでもエクスポートができますが、レポートもエクスポートできます。エクスポートの手順は、以下の通りです。

1 レポートを表示している状態で、画面右上の［▼］ボタンをクリックし、ドロップダウンリストから［エクスポート］を選択します。

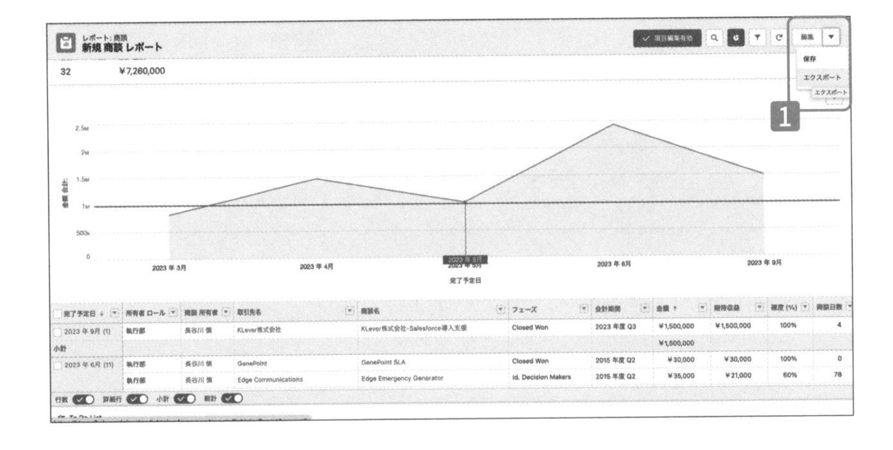

2 [エクスポート] 画面が表示されます。[エクスポートビュー] で [フォーマット済みレポート] か [詳細のみ] のどちらかを選択し、[エクスポート] ボタンをクリックします。

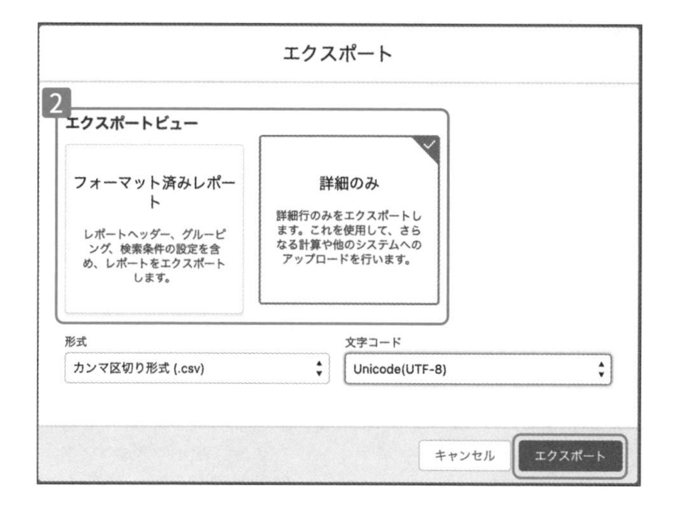

Hint

CSVでエクスポート

CSVでエクスポートしたい場合は、[詳細のみ] を選択します。

① [フォーマット済みレポート] を選択した場合

エクスポートは、次のようになります。

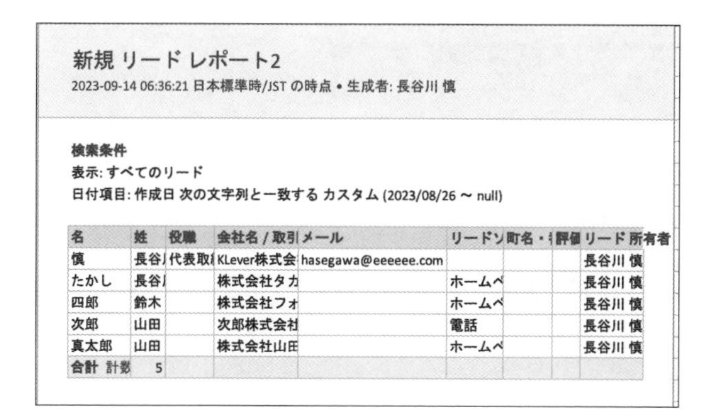

新規 リード レポート2

2023-09-14 06:36:21 日本標準時/JST の時点 • 生成者: 長谷川 慎

検索条件

表示: すべてのリード

日付項目: 作成日 次の文字列と一致する カスタム (2023/08/26 ～ null)

名	姓	役職	会社名 / 取引	メール	リードソ	町名・番	評価	リード 所有者
慎	長谷	代表取	KLever株式会	hasegawa@eeeeee.com				長谷川 慎
たかし	長谷		株式会社タカ		ホームペ			長谷川 慎
四郎	鈴木		株式会社フォ		ホームペ			長谷川 慎
次郎	山田		次郎株式会社		電話			長谷川 慎
真太郎	山田		株式会社山田		ホームペ			長谷川 慎
合計	計数 5							

② [詳細のみ] を選択した場合

エクスポートは、次のようになります。

report1694640974791

名	姓	役職	会社名 / 取引先	メール	リードソース	町名・番地	評価	リード 所有者
慎	長谷川	代表取締役	KLever株式会社	hasegawa@eeeeee.com				長谷川 慎
たかし	長谷川		株式会社タカシーズ		ホームページ			長谷川 慎
四郎	鈴木		株式会社フォー		ホームページ			長谷川 慎
次郎	山田		次郎株式会社		電話			長谷川 慎
真太郎	山田		株式会社山田マン		ホームページ			長谷川 慎

9

5 ダッシュボード

ダッシュボードの作成

ダッシュボードは、レポートのデータをビジュアル化して、1つの画面に集約する機能です。レポートから複数のグラフを作成・配置することで、レポートデータが一目瞭然となり、全体像を俯瞰して素早く把握することができます。

ダッシュボードを作成する手順は、以下の通りです。なお、ダッシュボードの作成は、レポートが必要になるので、事前に作成しておいてください。

Hint

ダッシュボード

ダッシュボードには、最大20個のコンポーネントを持たせることができます。11種類のグラフから選択し、作成と配置ができます。

1 [ナビゲーションバー] の [ダッシュボード] タブを選択します。

2 [新規ダッシュボード] ボタンをクリックします。

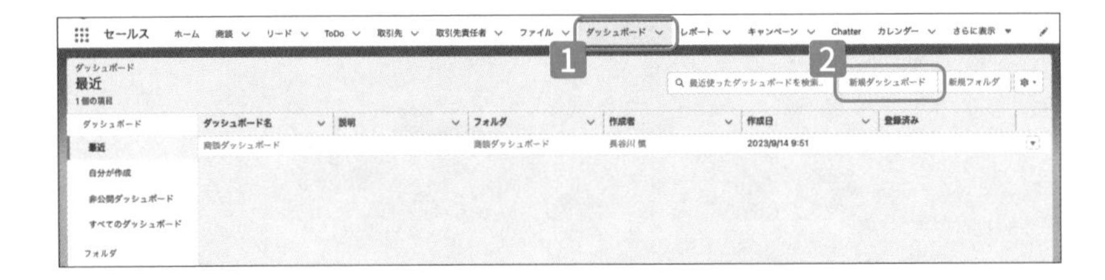

3 [新規ダッシュボード] 画面が表示されます。[名前] にダッシュボード名（ここでは「商談ダッシュボード」)、[フォルダ] に格納するフォルダ（ここでは「商談フォルダ」) を指定し、[作成] ボタンをクリックします。

Hint

格納するフォルダ

事前に格納するフォルダは作成しておくとスムーズに進みます。

新規ダッシュボード
3
名前
商談ダッシュボード
説明
フォルダ
商談フォルダ
フォルダを選択
キャンセル
作成

4 ［＋コンポーネント］ボタンをクリックし、グラフを追加していきます。

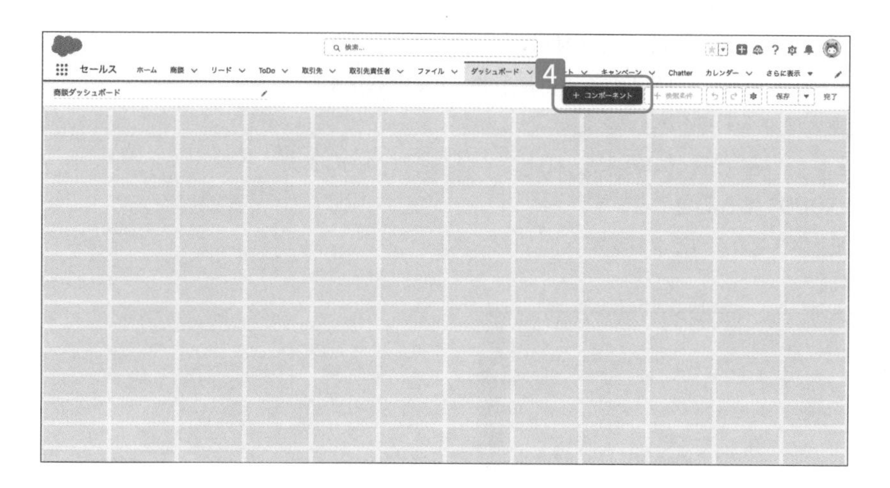

5 ［レポートを選択］画面が表示されます。グラフの元になるレポート（ここでは「今期商談レポート」）を指定し、［選択］ボタンをクリックします。

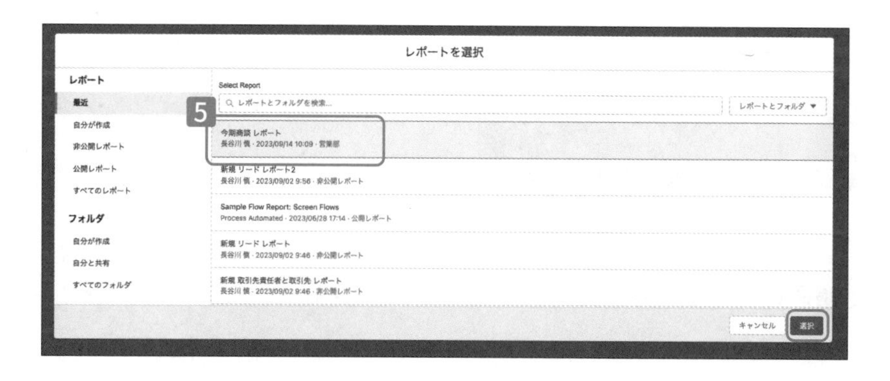

6 [コンポーネントの追加] 画面が表示されます。レポート作成時のレポートグラフをそのまま利用する場合は、[レポートのグラフ設定を使用] にチェックを入れると反映されます。[表示グラフ] からグラフを選択します。

7 [Y軸]、[X軸] はレポートでグルーピングしている項目が反映されている状態になるので、変更の必要があれば変更してください。

8 [表示単位] はデフォルトが [短縮数値] (1K、1M、1B) ですが、定数 (1,000、1,000,000、1,000,000,000) にも変更できます。

9 指定が終わったら、[追加] ボタンをクリックします。

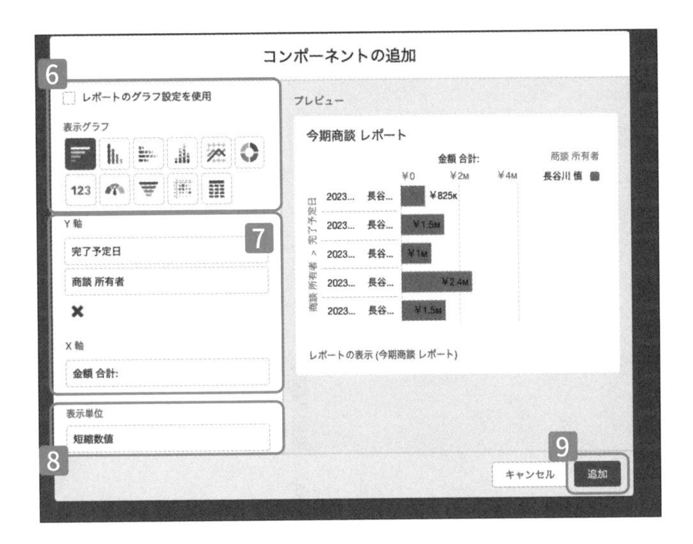

10 なお、先ほどの手順8の領域を下にスクロールすると、[X軸の範囲] や [小数部の桁数]、[並び替え] で項目を指定したり、昇順・降順を切り替えたりできます。

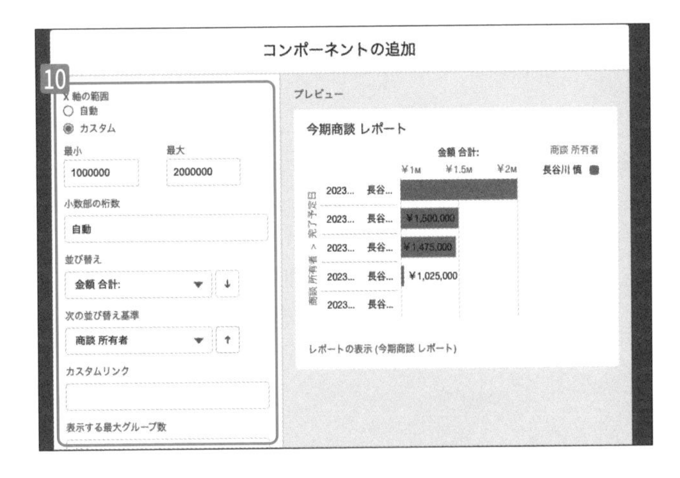

⑪［コンポーネントを編集］画面が表示されます。［タイトル］（デフォルトはレポート名）、［サブタイトル］、［フッター］の表示設定、［凡例の表示位置］、［コンポーネントテーマ］を設定します。
⑫設定した項目は、右のプレビューに反映されます。
⑬設定が終わったら、［更新］ボタンをクリックします。

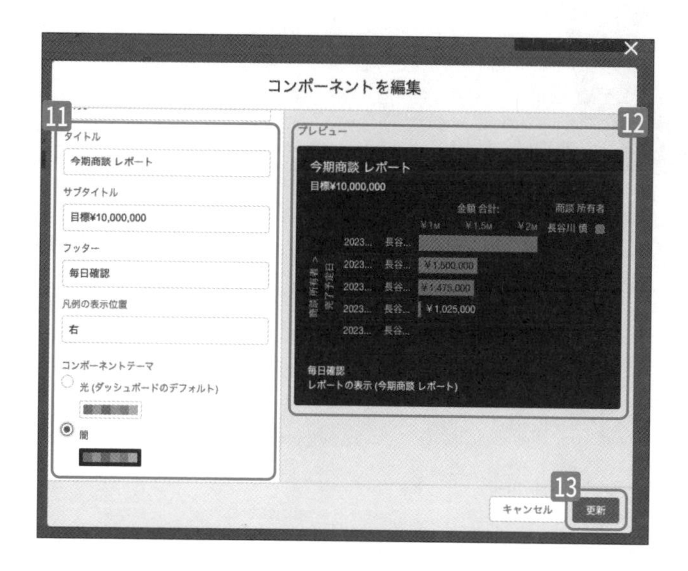

⑭これでコンポーネントを追加できました。

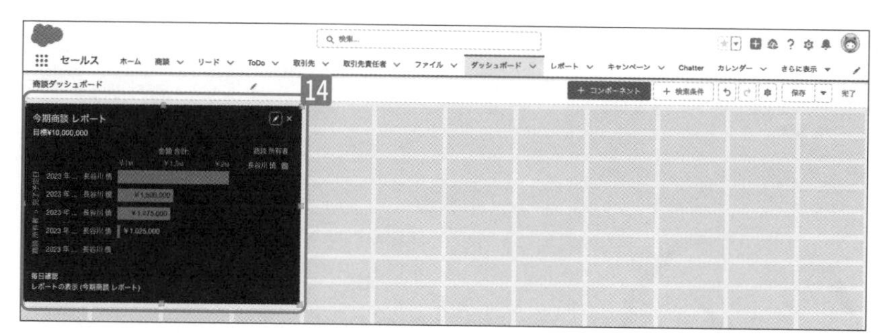

Hint
違うグラフの作成

2つ以上コンポーネントを配置する場合、同じレポートを使用して、違うグラフを作成することもできます。

Hint
ダッシュボード作成のコツ

ダッシュボードを作成する際には、できるだけ少ないレポートでダッシュボードを作成することを心がけましょう。

コンポーネントは、1つのダッシュボードで20個まで配置できます。

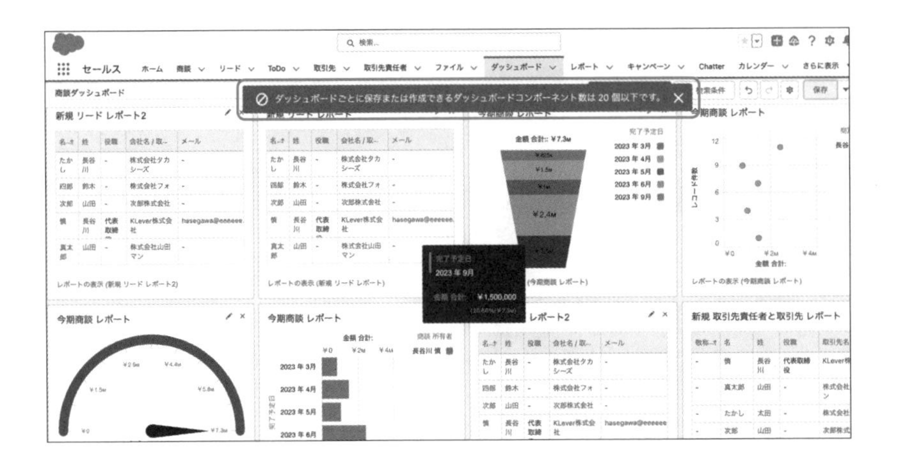

ゲージグラフの動的モード

ダッシュボードでは、ゲージグラフを作成するために、動的モードと標準モードの2つのモードがサポートされています。

動的モードでは、ビジネス状況や目標の変化に合わせてグラフが動的に対応します。レポート基準と項目値がグラフの対象と基準になります。

標準モードでは、レポートから総計値を選択してグラフの対象を指定し、[セグメント範囲]を入力して決定します。

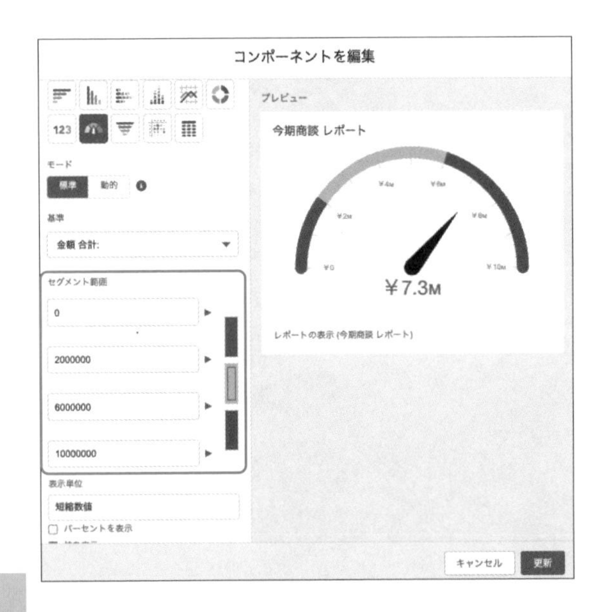

動的モードの場合は、あるレコードの数値を利用ができ、[セグメント範囲]はパーセントで指定できます。

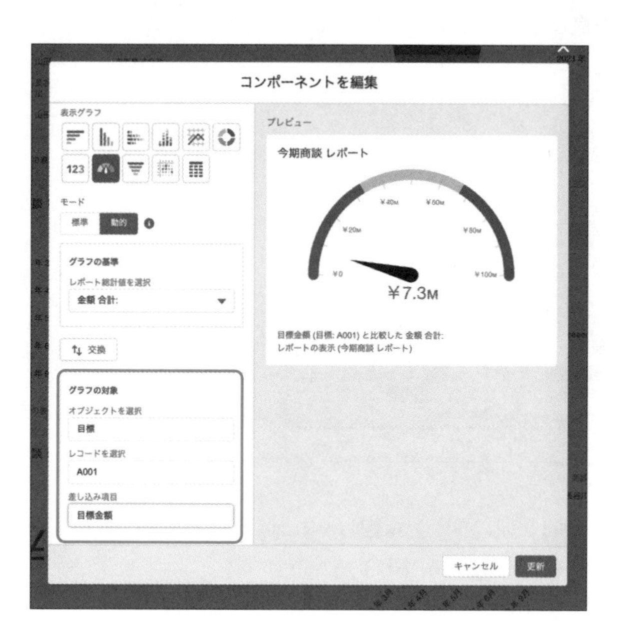

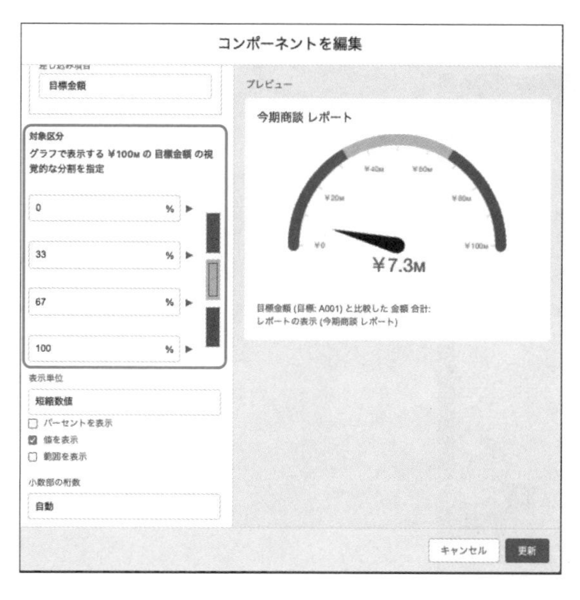

ダッシュボードの登録

　ダッシュボードを登録しておくと、結果をメール送信してくれます。登録の手順は、以下の通りです。

1 ダッシュボードの［登録］ボタンをクリックします。

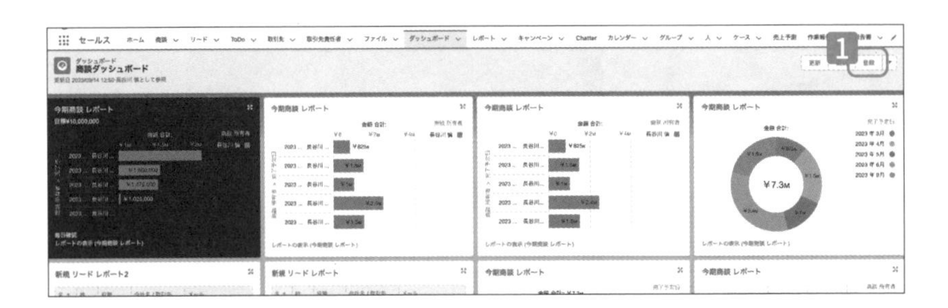

2 ［登録の編集］画面が表示されます。［頻度］、［曜日］、［時間］を指定します。［メール送信先］はデフォルトを自分のみですが、メール受信者を編集して追加できます。

3 指定が終わったら、［保存］ボタンをクリックします。

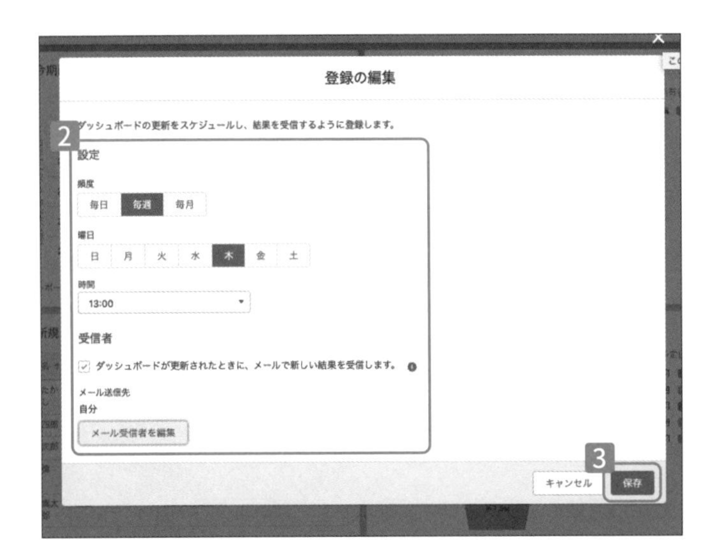

グラフを画像としてダウンロード

ダッシュボード全体のグラフを画像として、ダウンロードできます。ダウンロードの手順は、以下の通りです。

1 画面右上の［▼］ボタンをクリックし、ドロップダウンリストの［ダウロンロード］を選択します。
2 またダッシュボード全体ではなく、個別のグラフを画像としてダウンロードする場合は、まず個別のグラフの［展開］アイコンをクリックします。

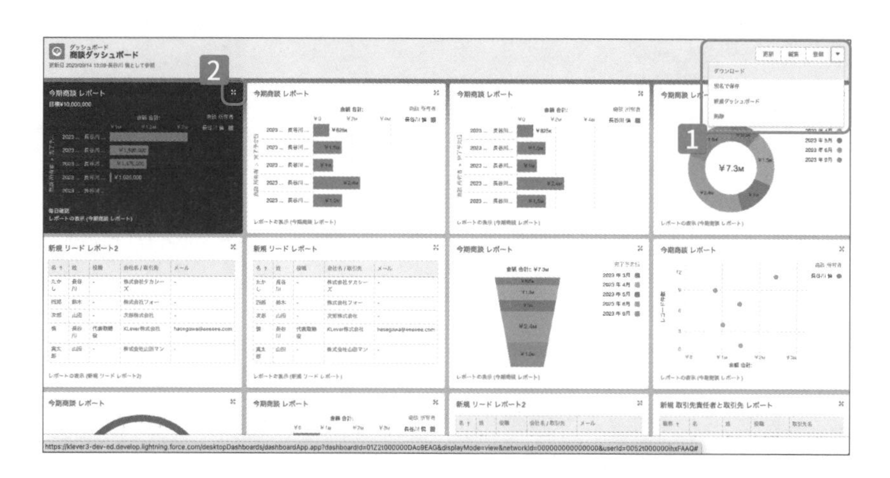

3 展開したグラフの［ダウンロード］アイコンをクリックすると、個別のグラフが画像としてダウンロードできます。

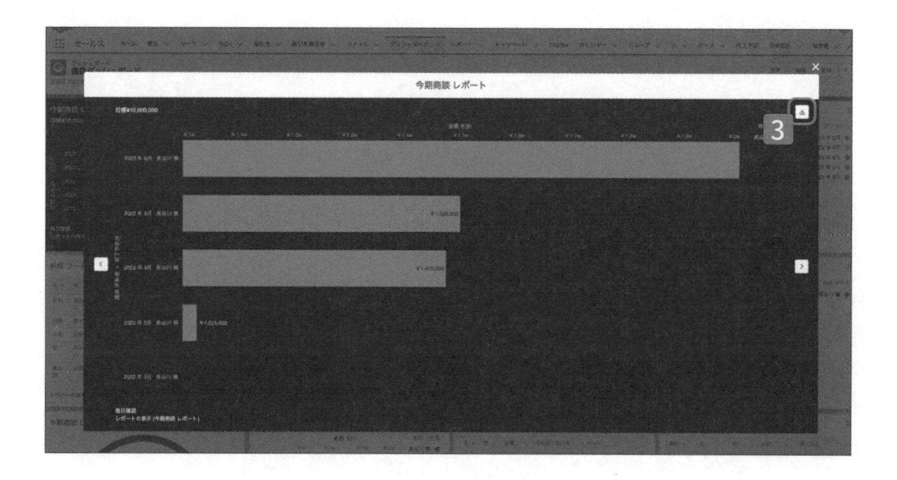

Column 無料アプリ「Scan to Salesforce」

無料の名刺取り込みアプリ「Scan to Salesforce」は、Salesforceと連携させて、名刺を一度に4枚まで取り込むことができ、リードや取引先責任者に転送ができます。また、リードや取引先責任者に転送するときに同時にキャンペーンにキャンペーンメンバーに追加が可能です。

スキャンした名刺は、画像として残るのでSalesforce上でいつでも確認ができます。名刺を確認しながら、リードや取引先責任者に登録するよりもより効率的に情報を蓄積できます。

●Scan to Salesforce

https://www.scantosalesforce.com/ja/

第10章

プロセスの自動化

Salesforceでは、承認の自動化や業務プロセスの自動化などの設定ができます。第10章では、プロセスの自動化の種類とその使い方について学びます。

ワークフロールールとプロセスビルダーの廃止

ワークフロールールとプロセスビルダーとは

これまで**ワークフロールール**は、Salesforce上でビジネスプロセスを自動化する機能で、**プロセスビルダー**は、条件に基づくビジネスプロセスを自動化できる機能でした。

しかし2023年現在、ワークフロールールとプロセスビルダーで、自動化の新規作成ができなくなっています。

①ワークフロールールの画面

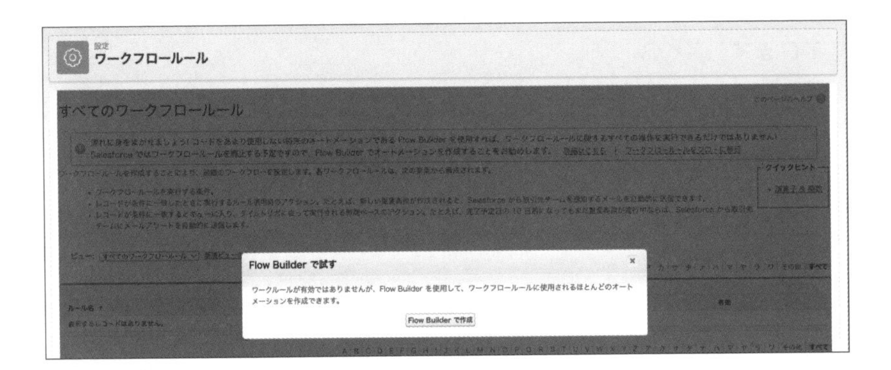

②プロセスビルダーの画面

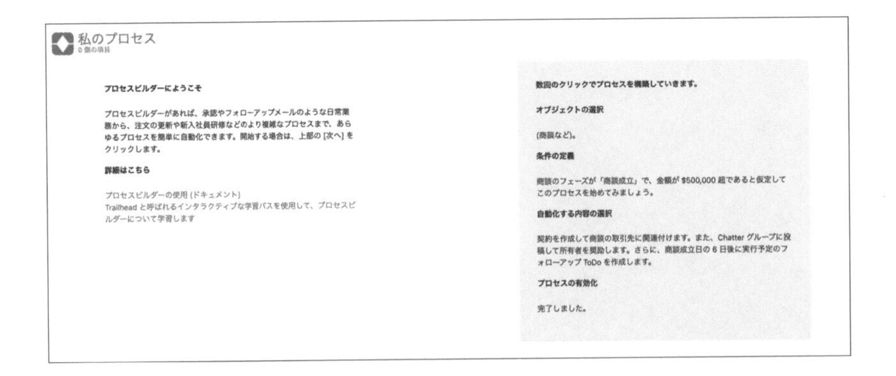

ワークフロールールとプロセスはフローに移行

既存のワークフロールールとプロセスは、フローに移行できます。移行の手順は、以下の通りです。

1 ［クイック検索］で「フローに移行」と検索し、検索結果の［フローに移行］を選択しくす。
2 フローに移行させたいワークフロールールまたはプロセス（ここでは「レコード更新」）を選択します。
3 ［フローに移行］ボタンをクリックします。

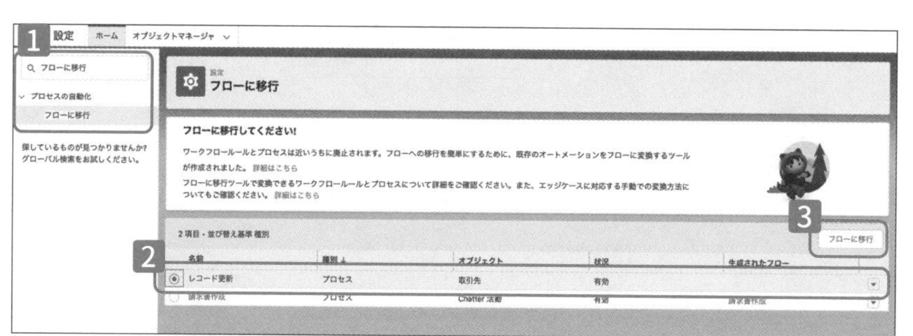

4 ［フローに移行］画面で、移行する条件（ここでは［なし］）を選択し、［フローに移行］ボタンをクリックします。

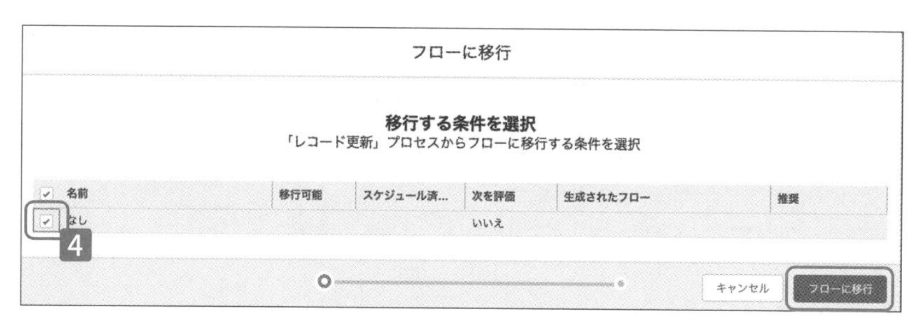

Hint

クイック検索

画面右上の［歯車］アイコンから［設定］を選択すると、画面左上に［クイック検索］欄が表示されます。

Hint

フロー

ワークフローやプロセスビルダーに比べて自由度の高いビジネスプロセスを自動化できるツールです。複雑なプロセスでもプログラミングなしで設定できます。

Hint

フローに移行

ワークフロールールやプロセスビルダーでフローに移行できるものは早めに移行しておきましょう。

5 [完了] ボタンをクリックします。

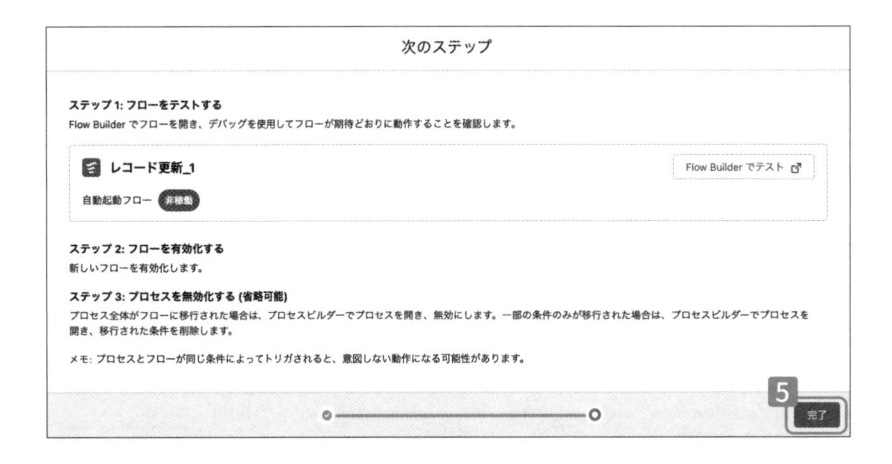

次のステップ
ステップ 1: フローをテストする
Flow Builder でフローを開き、デバッグを使用してフローが期待どおりに動作することを確認します。
レコード更新_1
Flow Builder でテスト
自動起動フロー
非稼働
ステップ 2: フローを有効化する
新しいフローを有効化します。
ステップ 3: プロセスを無効化する (省略可能)
プロセス全体がフローに移行された場合は、プロセスビルダーでプロセスを開き、無効にします。一部の条件のみが移行された場合は、プロセスビルダーでプロセスを開き、移行された条件を削除します。
メモ: プロセスとフローが同じ条件によってトリガされると、意図しない動作になる可能性があります。
5
完了

6 [クイック検索] で「フロー」と検索し、検索結果の [フロー] を選択します。

7 [フロー] 画面で、プロセスがフローに移行されたことを確認し、有効化して完了となります。

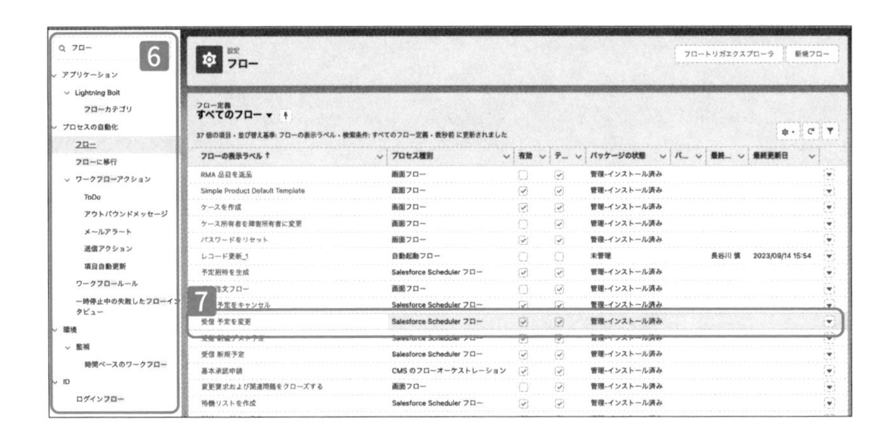

2 承認プロセス

承認プロセスの設定

承認プロセスは、Salesforceのレコードごとにユーザが申請し、マネージャが承認する機能です。承認申請者やプロセスの各ポイントでの実行内容など、承認の各ステップについて設定します。

承認プロセスを設定する手順は、以下の通りです。ここでは、下記のような購入品レコードの金額で承認プロセスを設定します。

Hint

マネージャ

ユーザの設定で、各ユーザが設定できる上司のことです。

・100,000円未満の場合、安井課長の承認のみ必要。
・100,000円以上の場合、安井課長の承認後、高田部長の承認が必要。

1 ［クイック検索］で「承認プロセス」と検索し、検索結果の［承認プロセス］を選択します。
2 ［承認プロセスを管理するオブジェクト］に「購入品」（カスタムオブジェクト）を指定します。
3 ［承認プロセスの新規作成］ボタンをクリックし、ドロップダウンリストから［ジャンプスタートウィザードを使用］を選択します。

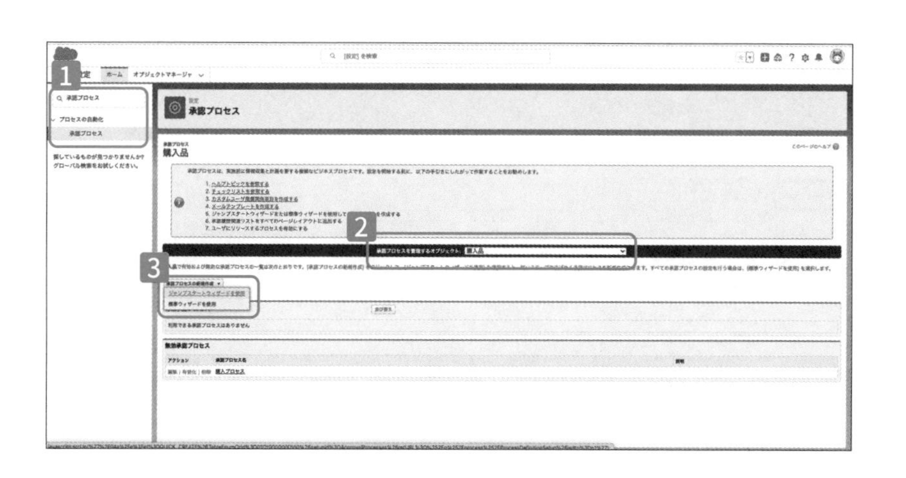

4 ［名前］に名前（ここでは「購入品承認プロセス」）、［一意の名前］に一意の名前（ここでは「ApprovalProcess」）を入力します。

5 ［項目］（ここでは「購入品：金額」）、［演算子］（ここでは「>」）、［値］（ここでは「0」）を設定します。

6 申請ユーザのマネージャが安井課長なので［マネージャ］を選択し、［保存］ボタンをクリックします。

Hint

開始条件

左記の手順5で設定した開始条件は、「購入品：金額が0より大きい」になります。

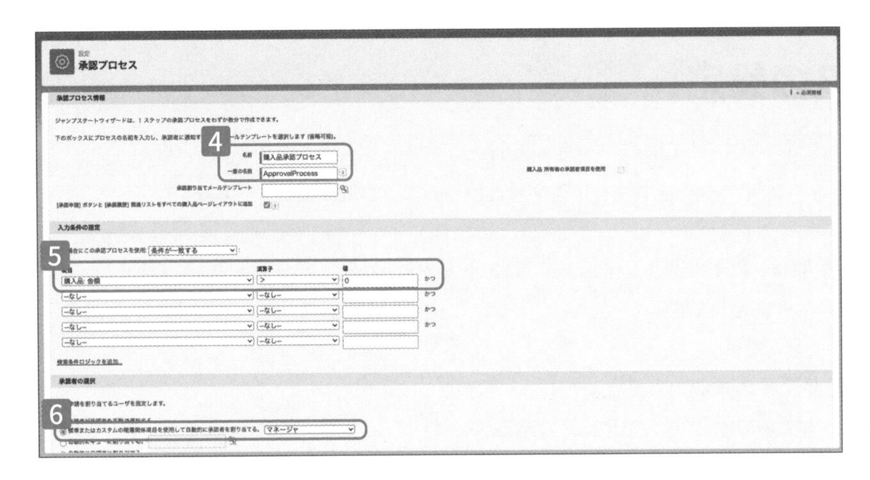

7 ［承認プロセスの詳細ページの参照］ボタンをクリックします。

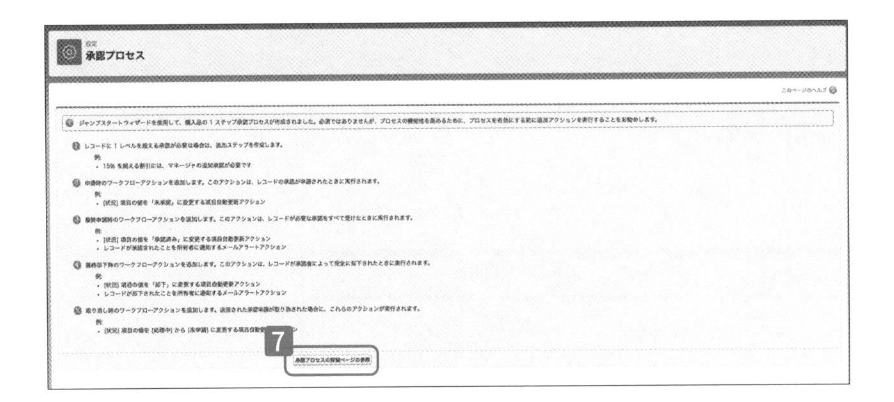

8 ［新規承認ステップ］ボタンをクリックし、購入品が100,000円以上のステップを作成します。

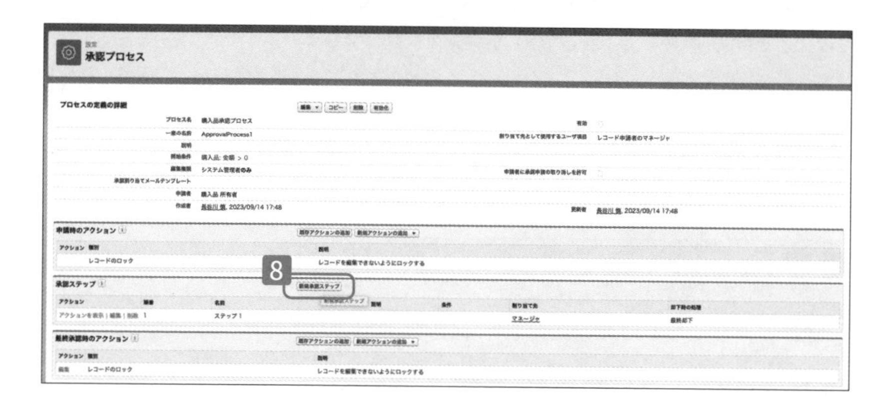

9 ［名前］に名前（ここでは「高田部長の承認」）、［一意の名前］に一意の名前（ここでは「ApprovalProcess3」）を入力し、［次へ］ボタンをクリックします。

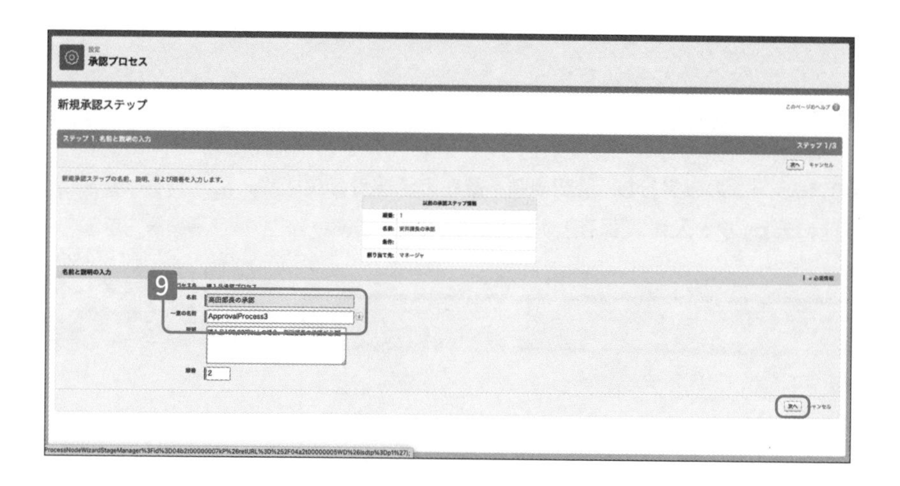

⑩ ［次の場合に、このステップに入ります。］にチェックを入れ、［条件が一致する］を選択します。

⑪ ［項目］を「購入品: 金額」」、［演算子］を「>=」、［値］を「100000」に指定し、「購入金額が100,000円以上」を開始条件にして、［次へ］ボタンをクリックします。

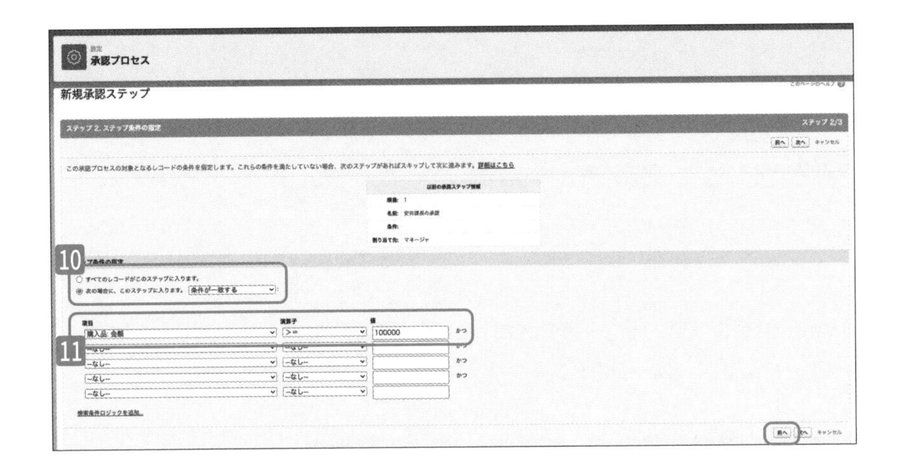

⑫ ［自動的に承認者に割り当てる。］にチェックを入れ、［ユーザ］［高田部長］を指定します。

⑬ ［このステップの却下時のアクションのみ実行し、承認申請を最新の承認者に戻します。（1 ステップ戻る）］にチェックを入れ、［保存］ボタンをクリックします。

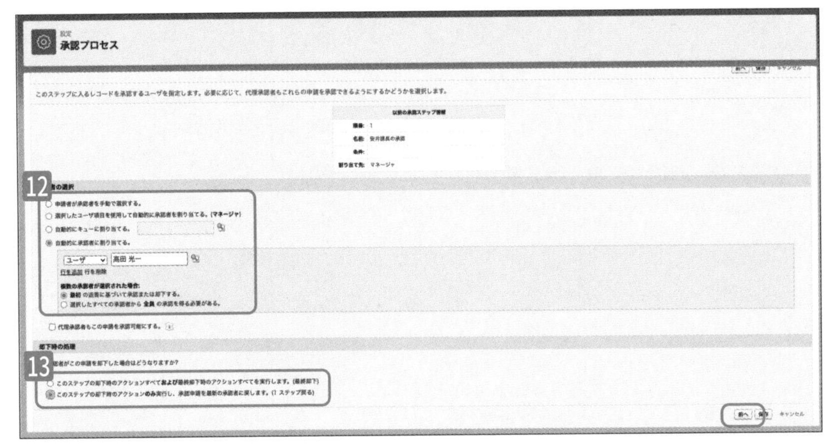

Hint

承認申請

承認プロセスの設定後、レコードが開始条件に合致した場合、レコードに対して承認の申請ができます。承認者が承認したかどうかの承認履歴を表示させることもできます。

⑭［いいえ、後で設定します。承認プロセスの詳細ページに移動して、作成した承認プロセスを確認します。］にチェックを入れ、［Go!］ボタンをクリックします。

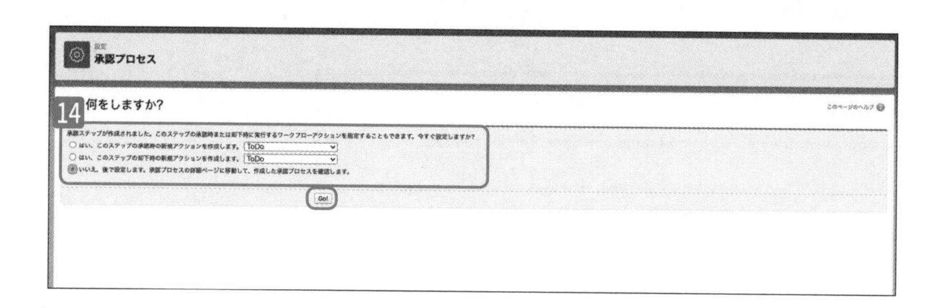

⑮今回は承認された後、状況を項目自動更新で未承認から承認済になるようにします。［最終承認時のアクション］の［新規アクションの追加］ボタンをクリックし、ドロップダウンリストから［項目自動更新］を選択します。

Hint
項目自動更新

項目を新しい値で自動的に更新するアクションです。

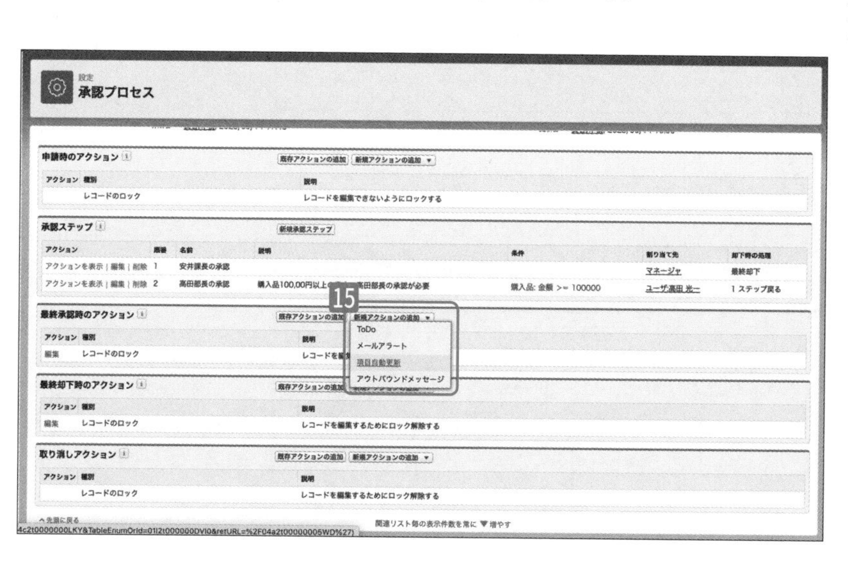

⑯ ［名前］に名前（ここでは「承認済へ更新」）、［一意の名前］に一意の名前（ここでは「ActionFieldUpdate1」）をを入力し、［更新する項目］で［状況］、［選択リストオプション］で［特定値：承認済］を指定して、［保存］ボタンをクリックします。

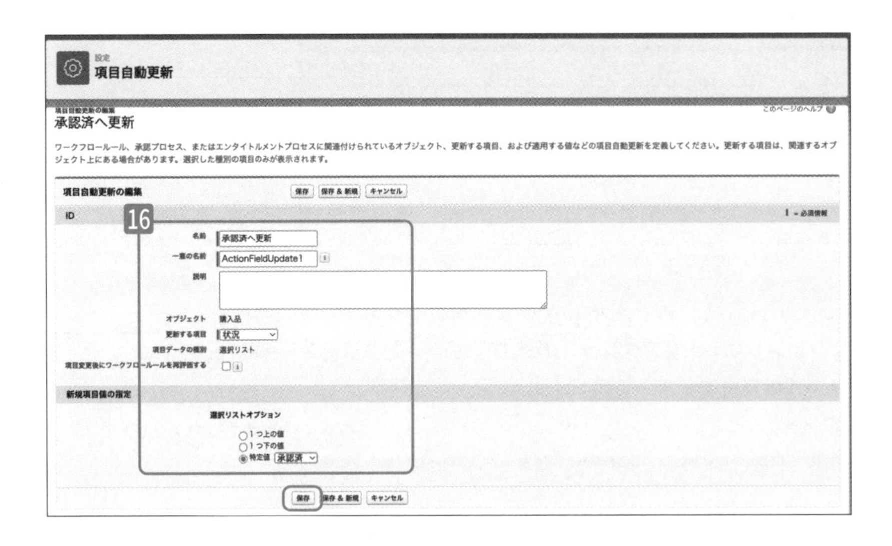

⑰ ［有効化］ボタンをクリックして、作成した承認プロセスを有効化します。

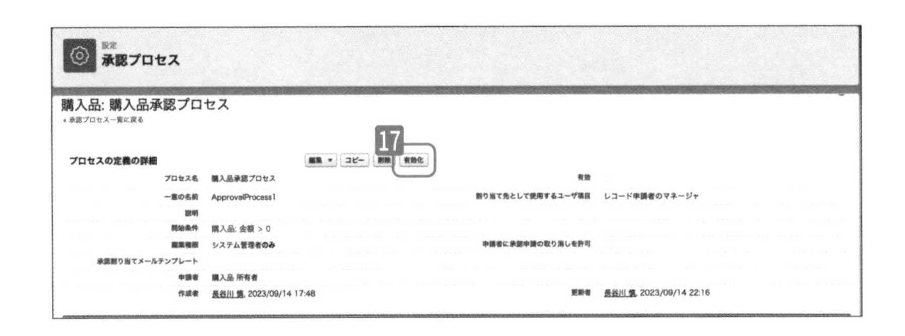

⑱最終承認後、状況は承認済に更新されています。

未承認申請コンポーネントの配置

ホーム画面に未承認申請コンポーネントを配置します。配置の手順は、以下の通りです。

1 [ホーム] タブを選択した後、[歯車] アイコンをクリックし、ドロップダウンリストから [編集ページ] を選択します。

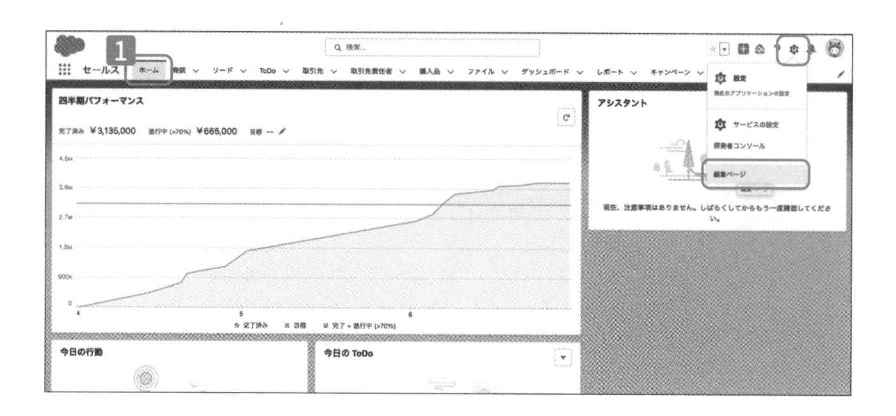

2 [コンポーネント] から [未承認申請] をドラッグ&ドロップで任意の場所に配置します。

3 [保存] ボタンをクリックし、[ホーム] 画面に戻ります。

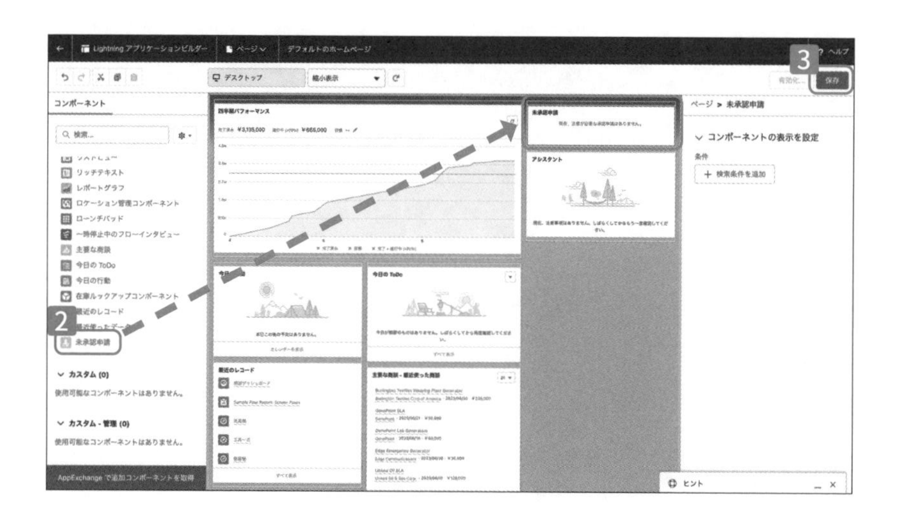

4 未承認申請が届いていれば、ここに表示されます。

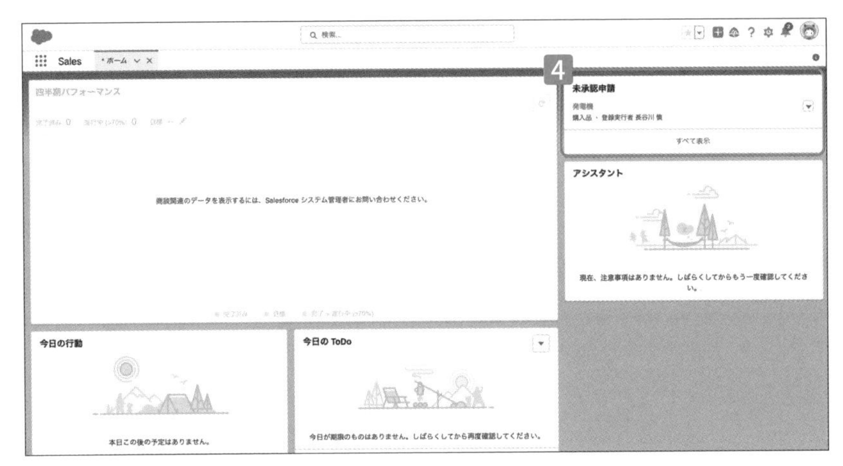

Hint

未承認申請のコンポーネント

承認プロセスを作成した場合、承認者に申請が届いていることをわかりやすくするため、ホーム画面に未承認申請のコンポーネントを配置しておきましょう。

3 フロービルダー

フローの作成

フロービルダー（Flow Builder）は、自由度の高いビジネスプロセスを自動化できるツールです。複雑なプロセスでもプログラミングなしのマウス操作で設定ができます。

フロービルダーを使用して、フローを作成する手順は、以下の通りです。ここでは、「商談が成立した時に、マネージャにメール送信する」を例として作成します。

1 ［クイック検索］で「フロー」と検索し、検索結果の［フロー］を選択します。
2 ［新規フロー］ボタンをクリックします。

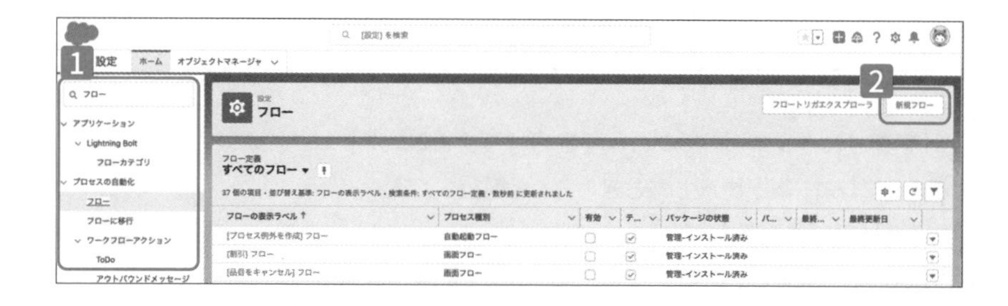

3 ［新規フロー］画面が表示されます。［レコードトリガフロー］を選択し、［作成］ボタンをクリックします。

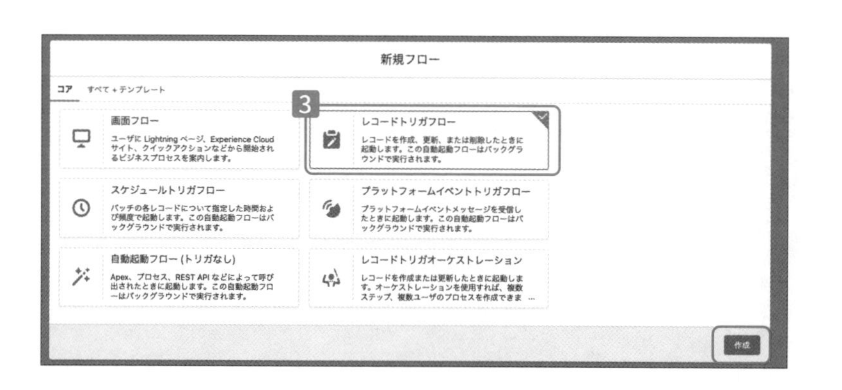

Hint
レコードトリガフロー
レコードの作成、更新、削除で起動するフローです。

4 [オブジェクト] は [商談] を選択します。

5 [フローをトリガする条件] は [レコードが作成または更新された] を選択します。

6 [項目] は [StageName (フェーズ)]、[演算子] は [次の文字列と一致する]、[値] は [Closed Won] を選択します。

7 画面を下にスクロールし、[更新されたレコードでフローを実行するタイミング] は [条件の要件に一致するようにレコードを更新したときのみ] を選択し、フェーズがClosed Wonになった時だけ起動させるようにします。

8 選択が終わったら [完了] ボタンをクリックします。

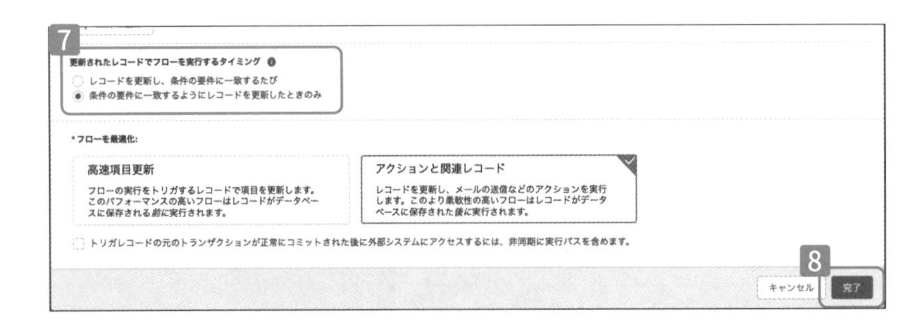

9 フロービルダーのフロー作成画面が表示されます。[＋] ボタンをクリックします。

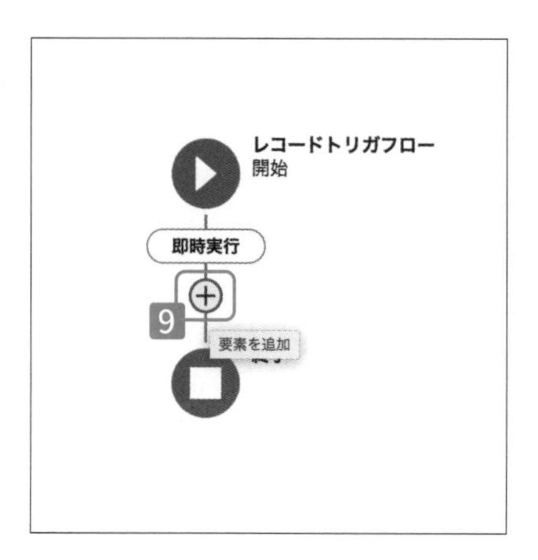

10 [要素を追加] から [アクション] を追加します。

⑪［新規アクション］画面が表示されます。［アクション］（ここでは「メールを送信」）、［表示ラベル］、［API参照名］を入力します。

⑫画面を下にスクロールし、［件名］に「{!$User. LastName}{!$User. FirstName}は商談：{!$Record.Name}を成立させました」を入力します。

⑬［受信者アドレスリスト］に「{!$Record.Owner.Manager.Email}」（マネージャのアドレスを指定）を入力します。

⑭［本文］に「{!$User.LastName}{!$User.FirstName}が{!$Record.Name}を商談成立させました。」を入力します。

⑮入力が終わったら、［完了］ボタンをクリックします。

Hint

入力した文字の意味

{!$User.LastName}{!$User.FirstName}はユーザの姓と名、{!$Record.Name}はこの場合、商談名となります。

16 ［保存］ボタンをクリックします。

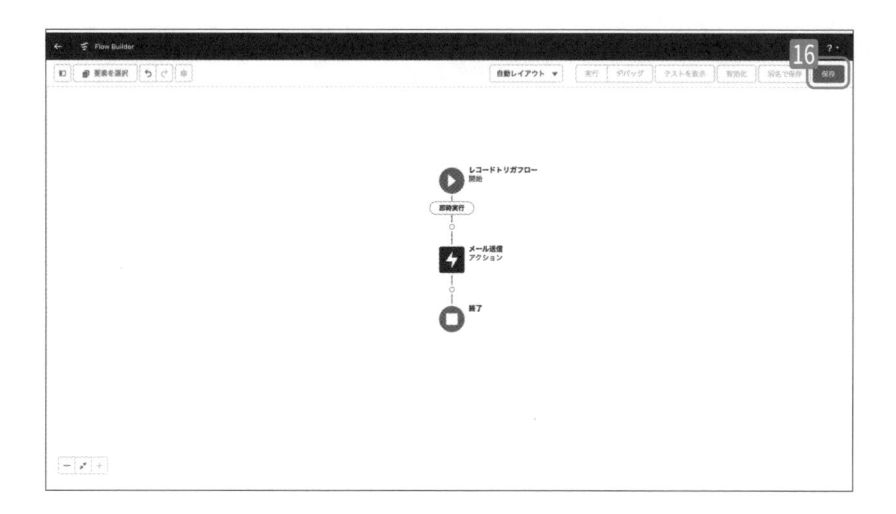

17 ［フローを保存］画面が表示されます。［フローの表示ラベル］、［フローのAPI参照名］を入力し、［保存］ボタンをクリックします。

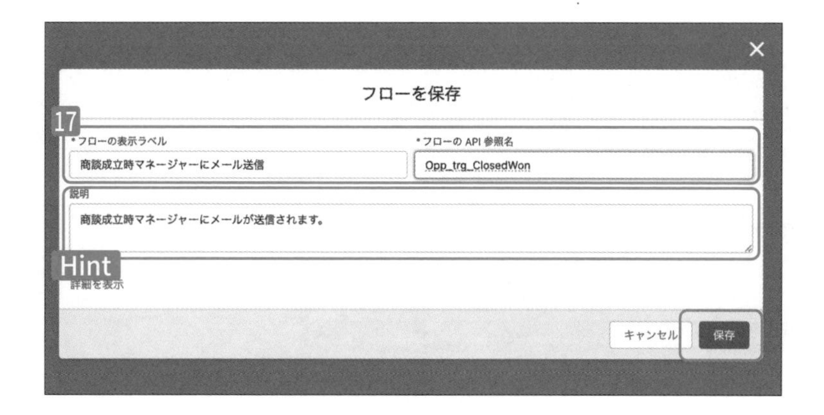

Hint

説明

［説明］は必須項目ではありませんが、フローがどんな自動化をしているのかという説明を書いておくと、フローの一覧で確認できます。

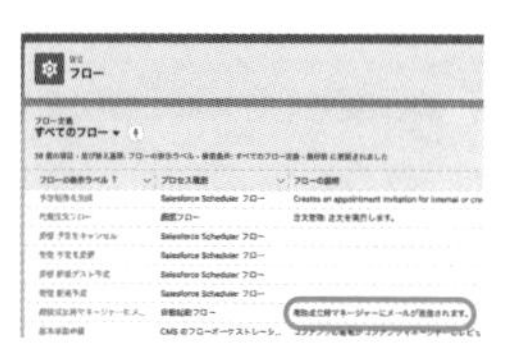

18 [有効化] ボタンをクリックします。

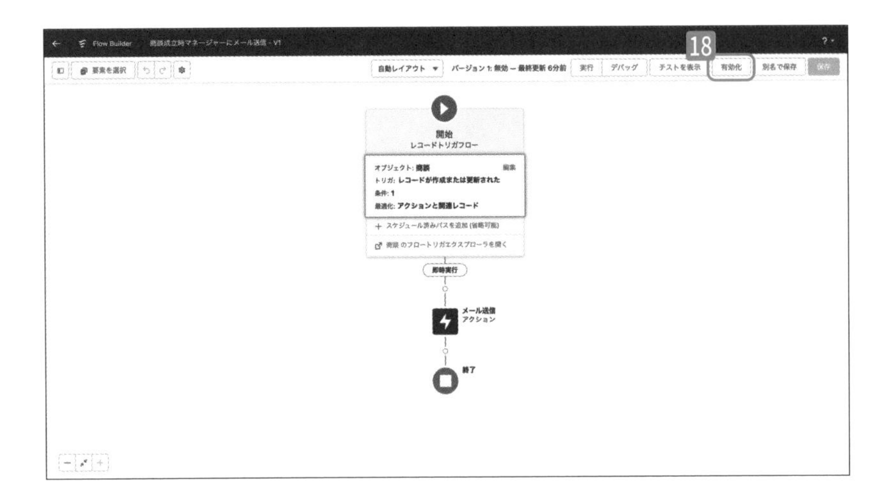

フローの起動確認

続いて、作成したフローがしっかり起動するかを確認します。確認の手順は、以下の通りです。

1 商談のフェーズを [Closed Won] にします。

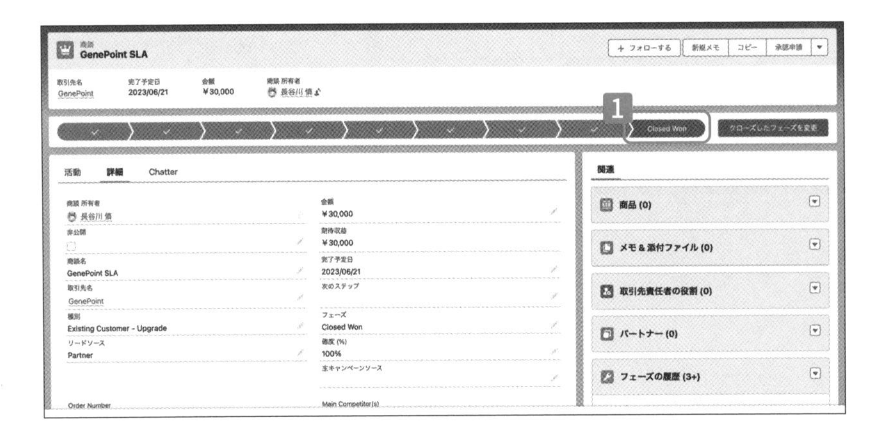

2 メールがマネージャに送信されます。

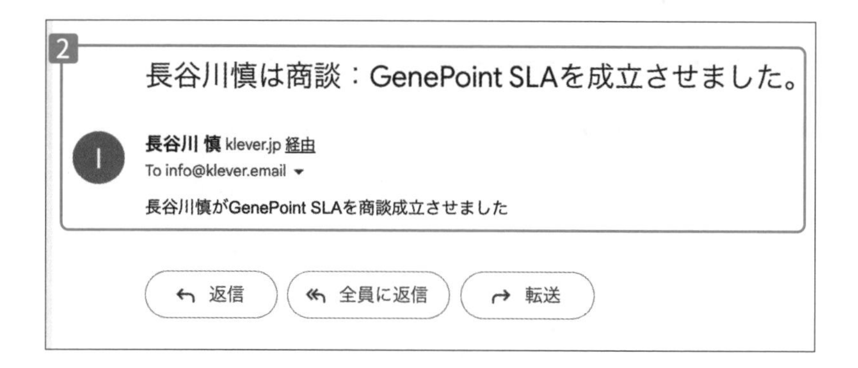

フローのバージョン管理

フローはバージョン管理がされているので、旧バージョンを有効化することができます。有効化の手順は、以下の通りです。

1 バージョンの詳細を確認したいフローの［▼］ボタンをクリックし、［詳細とバージョンの表示］を選択します。

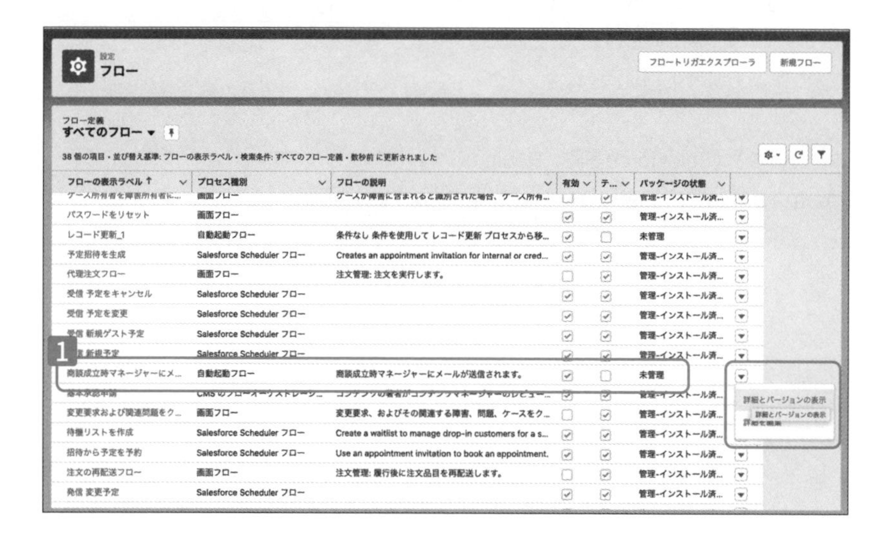

2 別のバージョンに有効化する場合は、[フローのバージョン] の [有効化] をクリックします (以前の有効化のバージョンは無効化になります)。

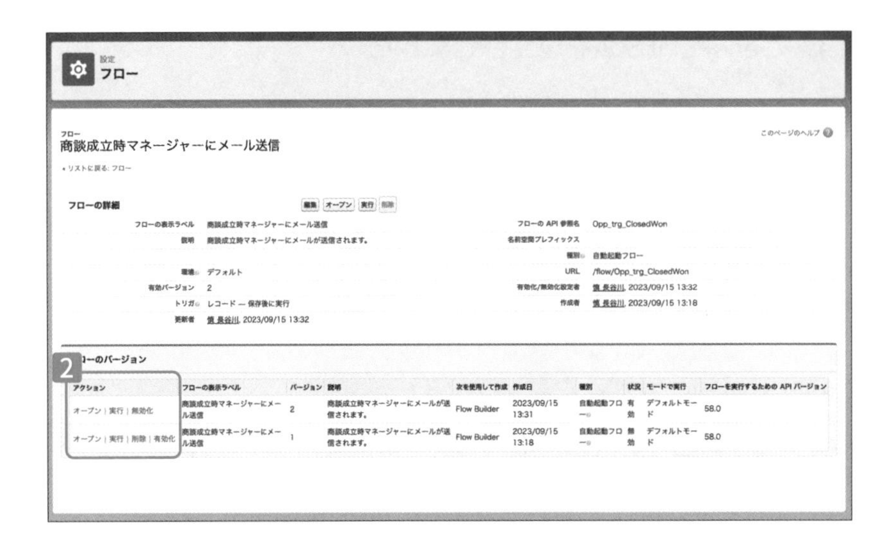

フロービルダー内での要素の命名規則

　フロービルダー内では様々な要素に対して命名しますが、ある程度のルールを決めておき、要素の内容がわかりやすい名前にしましょう。これによって、フローを後で見直してメンテナンスする際の作業効率が向上します。

参考：実装時に気をつけると良いこと (Salesforce Flow Recipes)

```
https://shunkosa.github.io/lightning-flow-recipes-jp/design-guideline/
```

> **Hint**
>
> **命名規則**
>
> 要素の命名規則をルール化しておくことで、初期設定をした人以外が後にメンテナンスする際にスムーズになります。

第11章

生産性向上

第11章では、生産性を向上させる方法について学びます。例えば、AppExchangeを利用すると、アプリをインストールだけで機能が拡張し、開発コストも抑えられます。

1 AppExchangeの利用

AppExchangeの利用

AppExchangeは、Salesforceに簡単にインストールできるアプリストアです。業種別、業界別アプリケーションが多数販売されており、有料版と無料版があります。

●AppExchange URL

```
https://appexchangejp.salesforce.com/
```

利用の手順は、以下の通りです。

1 AppExchangeに、Salesforceのユーザ名とパスワードでログインします。
2 地域パートナーページから、地域や対応製品などの条件で絞って、構築支援パートナーを探すことができます。

Hint

地域パートナー

設定などで支援が必要な場合は、自社の近くの地域パートナーを探してみましょう。

3 ［アプリ］タブをクリックし、業界、業種別にアプリを探すことも可能です。

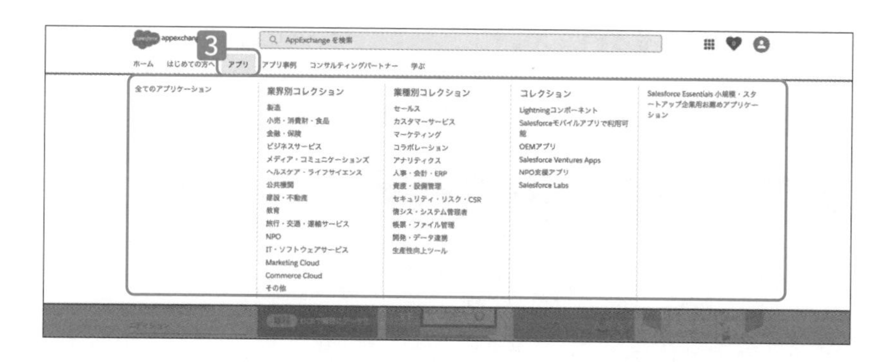

4 PICK UPアプリやレビュー投稿の多いアプリからまずは見てみるのもよいでしょう。

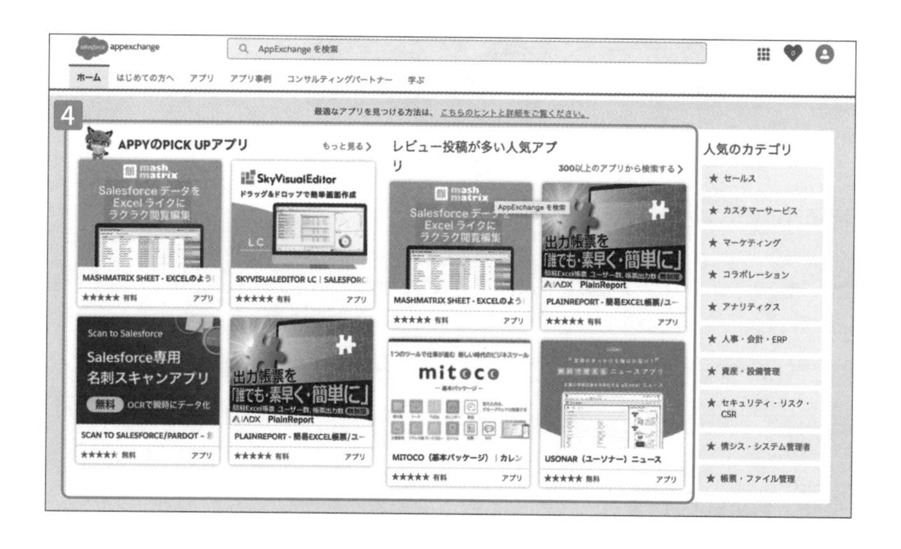

5 AppExchangeに掲載されているアプリはすべてが有料ではなく、無料のアプリケーションもたくさんあります。

6 AppExchangeの概要をTrailheadで学習することもできます。

Hint

Trailhead

Salesforceが無料で学べるオンライン学習プラットフォームです。

●Salesforce Labs

```
https://appexchangejp.salesforce.com/collection/LAB-App
```

7 無料の部品として使えるコンポーネントやダッシュボードが提供されています。

Salesforceからアクセス可能

Salesforceの設定からもAppExchangeにアクセスできます。アクセスの手順は、以下の通りです。

1 ［クイック検索］で「AppExchange」と検索し、検索結果の［AppExchange マーケットプレイス］を選択します。
2 AppExchangeの画面が表示されます。アプリの検索やインストールも可能です。

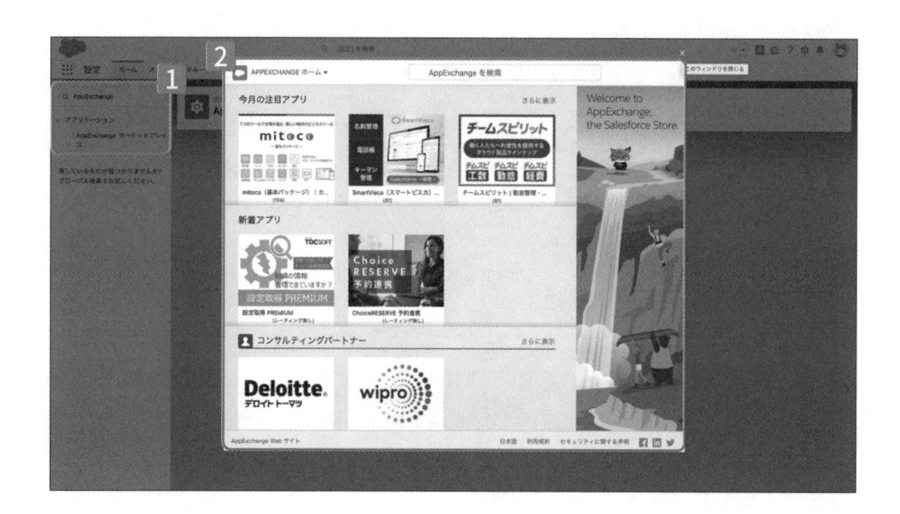

2 アプリのインストール

アプリのインストール

アプリのインストールは、システム管理者のSaesforceアカウントがあれば、インストールができます。気になるアプリを見つけたら、さっそくインストールしてみましょう。

インストールの手順は、以下の通りです。ここでは、「今日から使えるサクセスダッシュボード Lightning Experience版」をインストールしてみます。

1 下記のURLにアクセスします。

●今日から使えるサクセスダッシュボード Lightning Experience版

```
https://appexchangejp.salesforce.com/appxListingDetail?listingId=a0N3A00000FR65mUAD
```

2 AppExchangeのページが表示されます。［今すぐ入手］ボタンをクリックします。

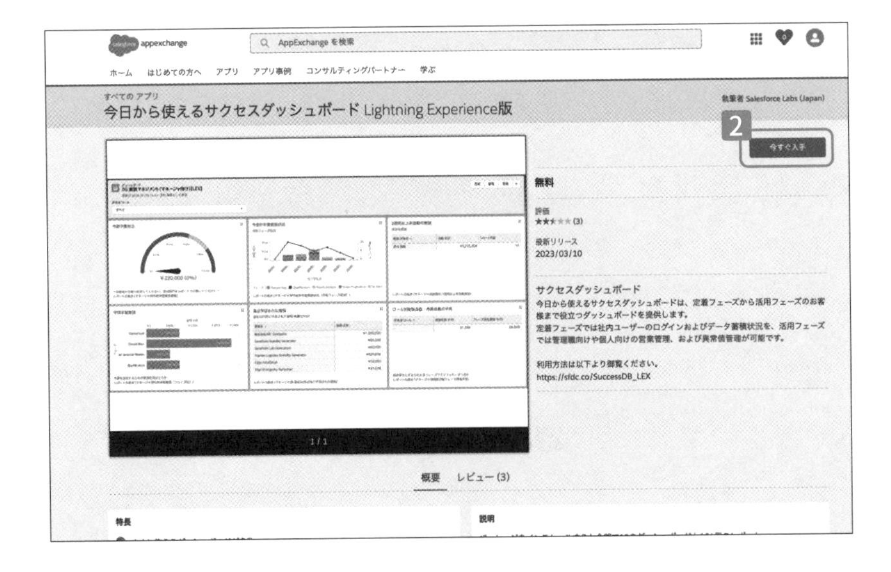

3 接続済みのSalesforceアカウントが自分のSalesforceアカウントに間違いないかを確認し、問題なければ、[本番環境にインストール] ボタンをクリックします。

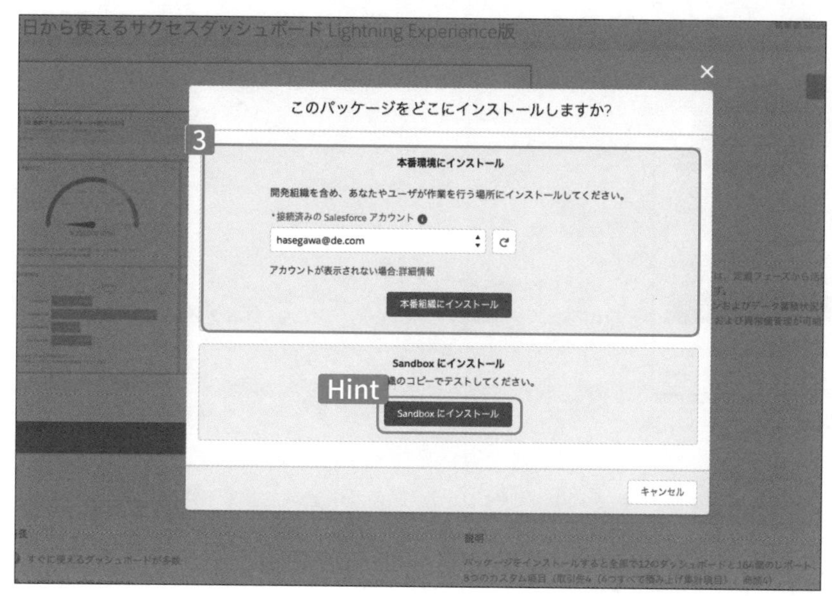

4 [インストールの詳細を確認] 画面が表示されます。[私は契約条件を読み、同意します] にチェックを入れて、[確認してインストール] ボタンをクリックします。

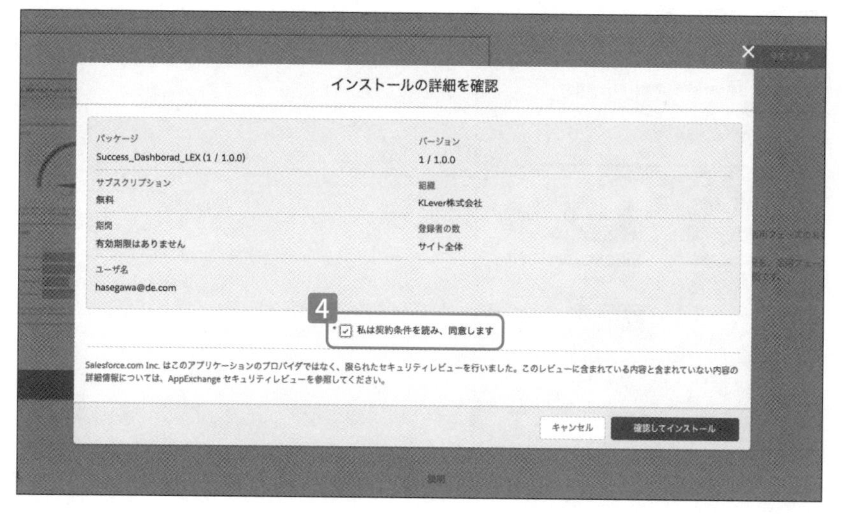

Hint

Sandboxにインストール

本番環境にインストールする前にSandboxで試したい場合は、[Sandboxにインストール] ボタンをクリックします。

Hint

Sandbox

本番環境のコピーができる検証用の組織です。Sandbox内の検証作業は本番環境に影響を受けないので、本番環境の業務を中断させることなく自由に検証が可能です。

5 ログイン画面が表示されるので、Salesforceアカウントでログインします。

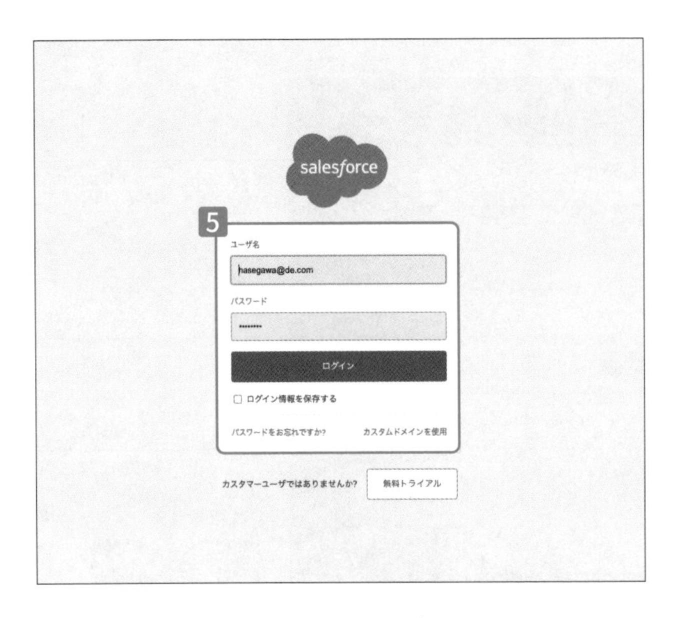

6 アプリケーションのインストール対象ユーザを選択します。例えば、すべてのユーザにアプリケーションを配布する場合は、[すべてのユーザにインストール] を選択し、[インストール] ボタンをクリックします。

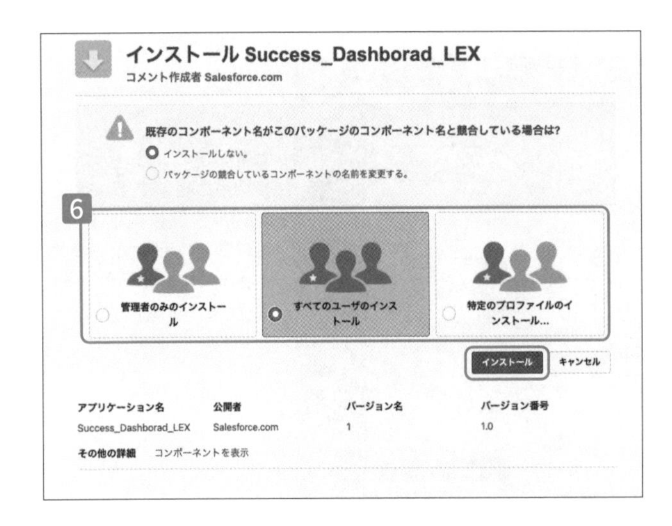

7 ユーザへのアクセス権限の付与の表示画面がしばらく表示されます。

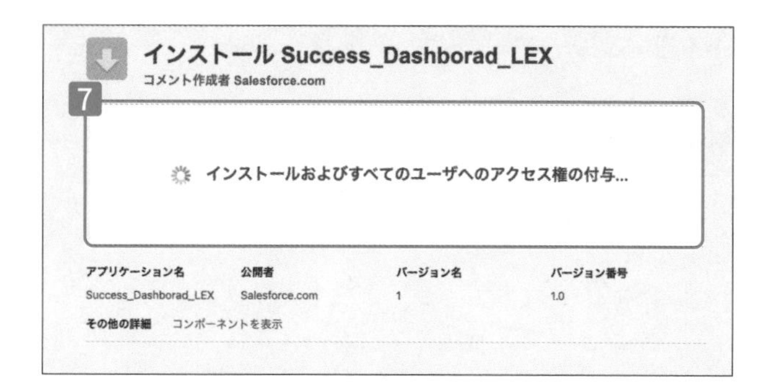

8 [完了] ボタンをクリックします。

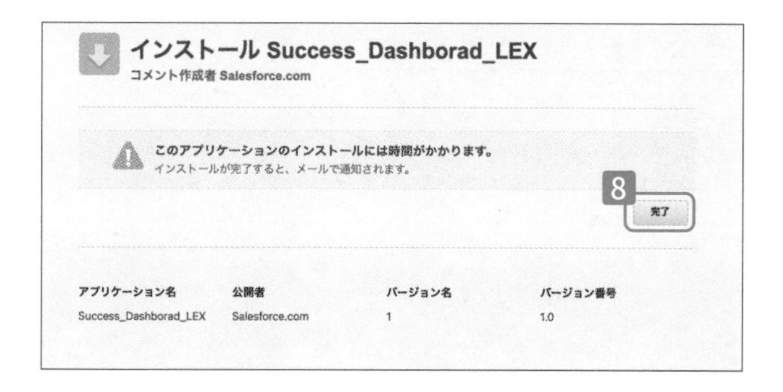

9 [インストール済みパッケージ] 画面に、インストールしたパッケージが表示されます。

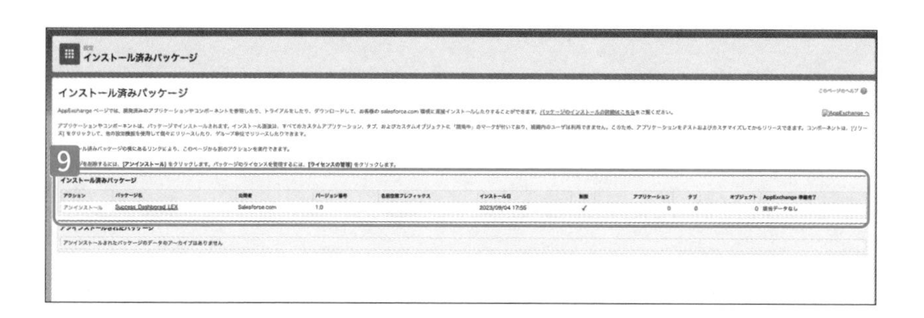

インストールしたアプリの確認

インストールしたアプリを確認する手順は、以下の通りです。

1 ［クイック検索］で「インストール済み」と検索し、検索結果の［インストール済みパッケージ］を選択します。

2 ［インストール済みパッケージ］画面に、過去にインストールしたアプリケーションが表示され、確認できます。

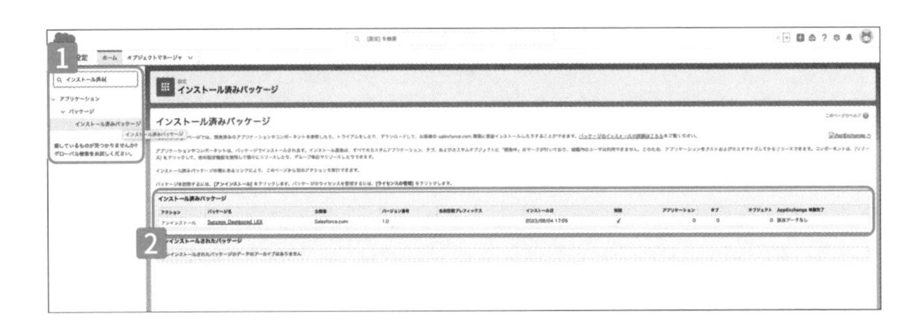

3 アプリのアンインストール

アプリのアンインストール

インストールしたアプリが不要になった場合、**アンインストール**で不要になったアプリを取り除きます。アンインストールの手順は、以下の通りです。

1 ［クイック検索］で「インストール済み」と検索し、検索結果の［インストール済みパッケージ］を選択します。
2 ［インストール済みパッケージ］画面が表示されます。アンインストールしたいアプリの左側にある［アンインストール］をクリックします。

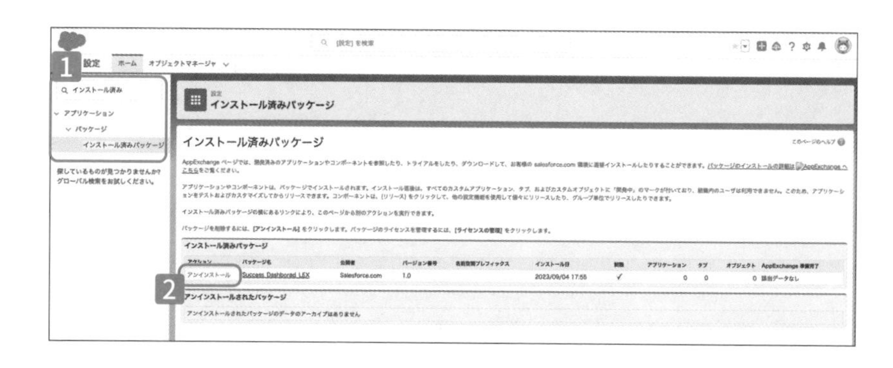

3 画面下にある［はい。このパッケージをアンインストールして、すべての関連コンポーネントを永久に削除します］にチェックを入れ、［アンインストールの］ボタンをクリックします。

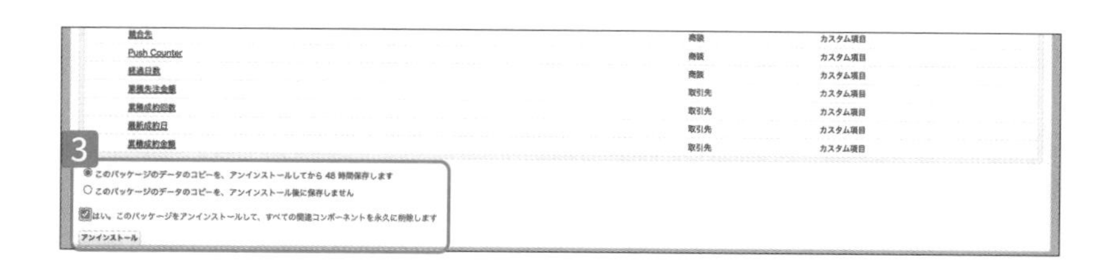

4 ［アンインストールされたパッケージ］に、アンインストールしたパッケージが表示されました。

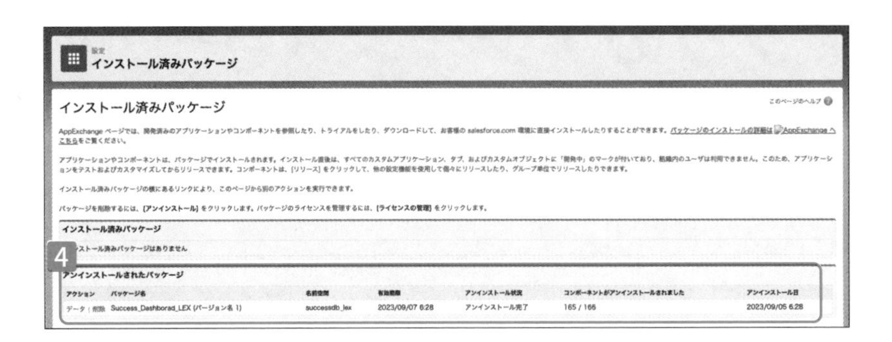

第12章

開発

第12章では、Javaに似た構文を使用するApexと、HTMLに似たタグベースのマークアップ言語が含まれるVisualforceについて学びます。

1 Apex

Apexとは

Apexは、Salesforceの機能を拡張する際に使用されるプログラミング言語です。Apexを使ったプログラムの作成には、次の2種類があります。

①**設定からプログラムを作成**
②**開発コンソールからプログラムを作成**

Hint
Apex
Salesforceの標準機能で実現できない場合は、Apexを使用するようにしましょう。

①設定からプログラムを作成

［設定］からApexのプログラムを作成する手順は、以下の通りです。

1 ［設定］→［クイック検索］で「Apex」と検索し、検索結果の［Apexクラス］を選択します。
2 ［Apexクラス］画面の［新規］ボタンをクリックします。

Hint
クイック検索
画面右上の［歯車］アイコンから［設定］を選択すると、画面左上に［クイック検索］欄が表示されます。

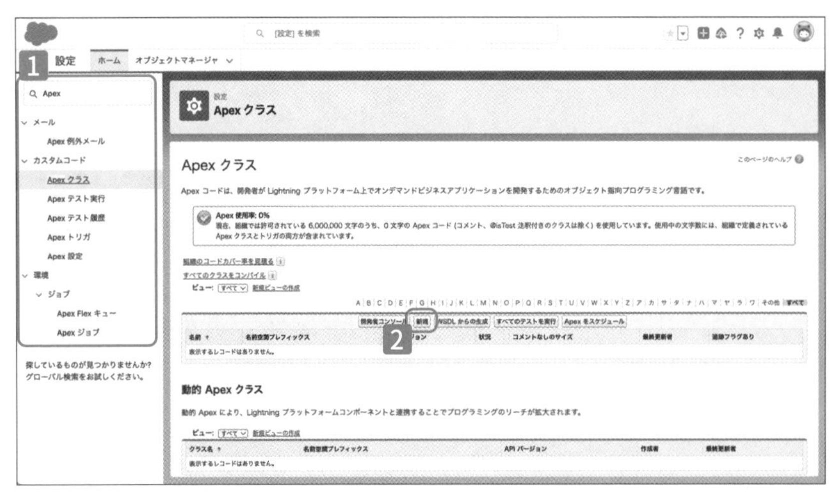

3 処理内容は省略しますが、Apexのアクセス修飾子とクラス名（ここでは「FirstApex」）を記載し、［Save］ボタンをクリックします。

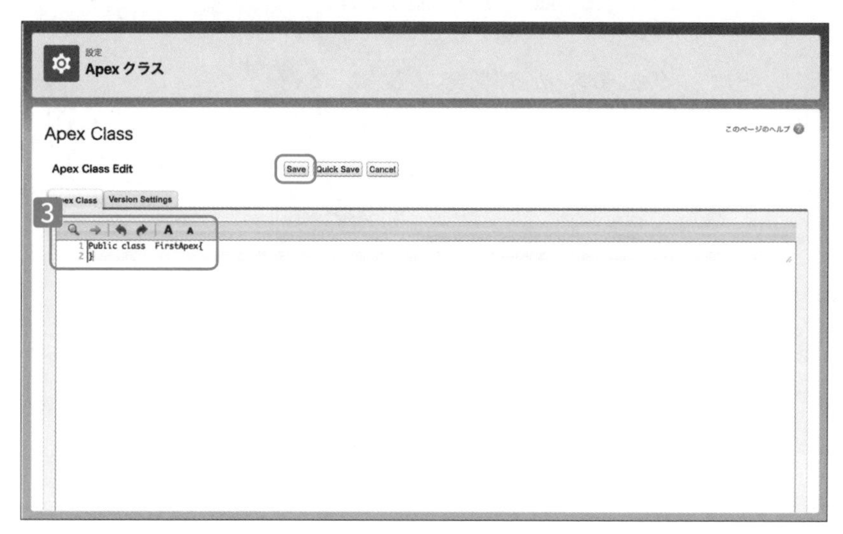

Hint

アクセス修飾子とクラス

「アクセス修飾子」は、各クラスの変数や関数におけるアクセス権が決定されています。すべてのクラスからアクセス可能な場合は「Public」、自身だけアクセス可能な場合は「Private」を指定します。「クラス」は、ある機能を実現するために必要なものをひとまとめにしてひな形にしたものです。

4 「FirstApex」と名付けたクラス名でプログラムが作成されました。

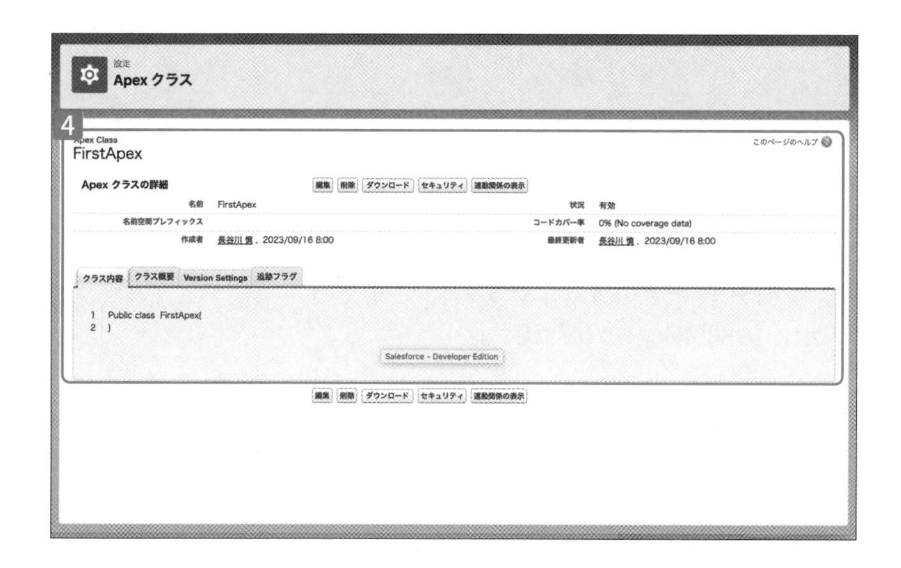

②開発コンソールからプログラムを作成

開発コンソールからApexのプログラムを作成する手順は、以下の通りです。

1 ［歯車］アイコンをクリックし、ドロップダウンリストから［開発コンソール］を選択します。

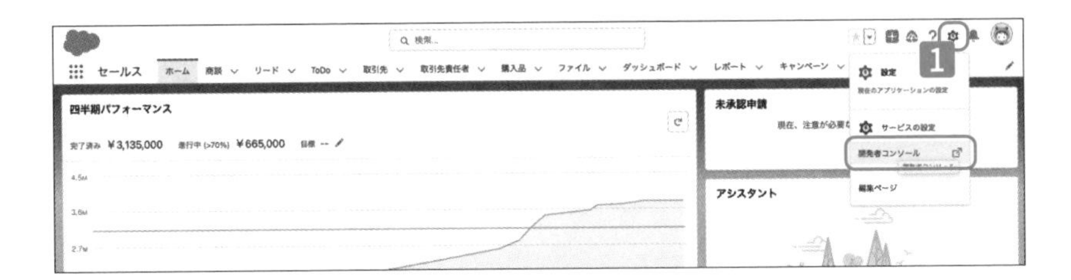

2 別ウィンドウで［開発コンソール］画面が表示されます。［File］メニュー→［New］→［Apex Class］を選択します。

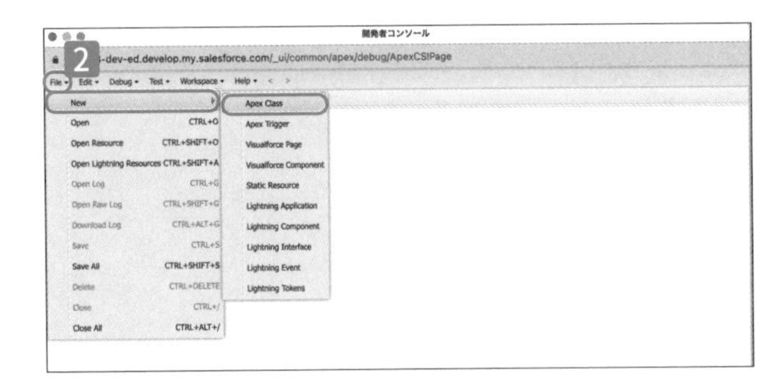

3 ［New Apex class］画面が表示されます。クラス名（ここでは「FirstApexSecond」）を入力し、［OK］ボタンをクリックします。

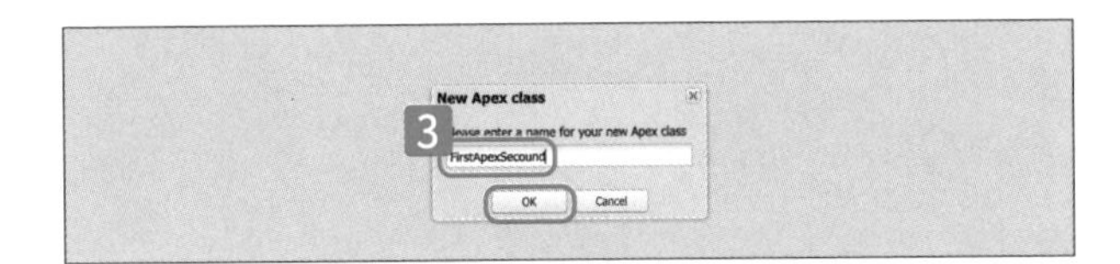

4 Apexのプログラムが作成できました。

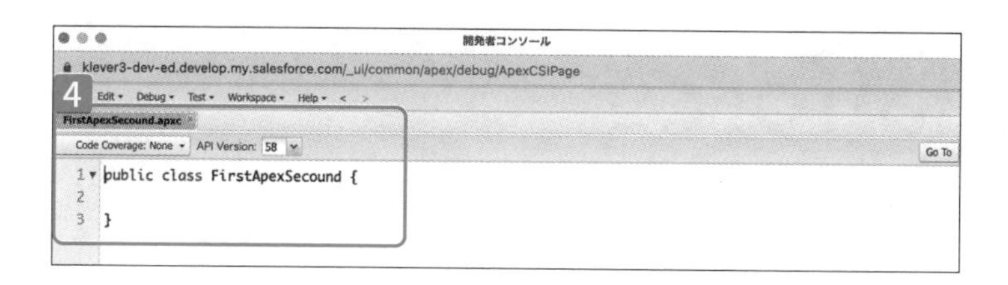

Apexクラスの確認

作成したApexクラスのプログラムは、どちらの方法で作成してもApexクラスで確認できます。確認の手順は、以下の通りです。

1 ［クイック検索］で［Apex］と検索し、検索結果の［Apexクラス］を選択します。
2 ［Apexクラス］画面に、2つのプログラム（FirstApex、FirstApexSecond）が表示されています。

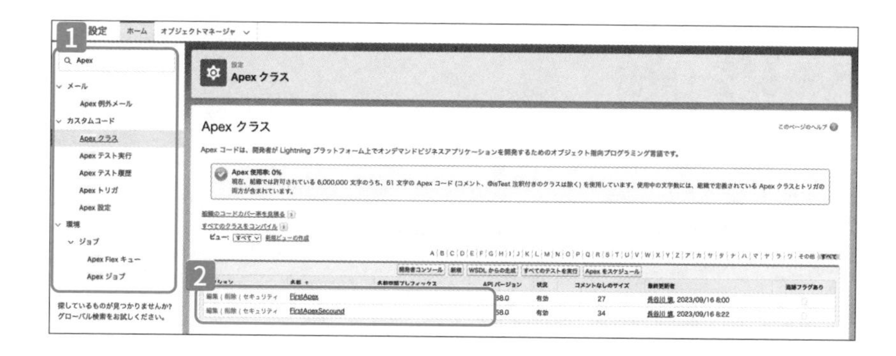

Apexについては、いろいろなWebコンテンツが用意されているので、参照してみてください。

●参考：Apexとは？（Apex開発者ガイド）

https://developer.salesforce.com/docs/atlas.ja-jp.234.0.apexcode.meta/apexcode/apex_intro_what_is_apex.htm

●参考：Apex入門（Trailhead）

https://trailhead.salesforce.com/ja/content/learn/modules/apex_database/apex_database_intro

2 Visualforce

Visualforceとは

Visualforceは、Salesforceのカスタムユーザインターフェースを開発するためのWeb開発フレームワークです。HTML、CSS、JavaScriptなどのコードを記述して、Lightning Experienceのスタイル設定に準じたアプリケーションや、独自の完全カスタムインターフェースを作成できます。

Visualforcepexページの作成には、次の2種類があります。

Hint

Visualforce

Salesforceの標準機能で実現できないレイアウトを作成したい場合に、Visualforceを使用しましょう。

①設定からページを作成
②開発コンソールからページを作成

①設定からページを作成

［設定］からVisualforcepexページを作成する手順は、以下の通りです。

1 ［設定］から［クイック検索］で「Visualforce」と検索し、検索結果の［Visualforceページ］を選択します。
2 ［Visualforceページ］画面で、［新規］ボタンをクリックします。

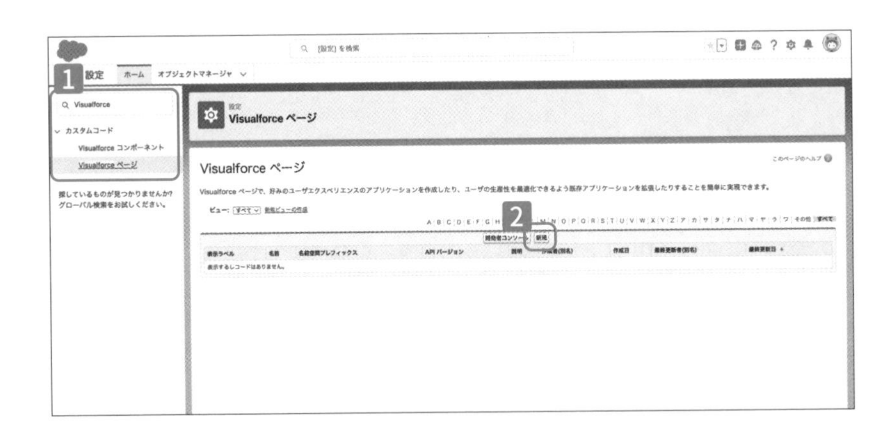

3 ［表示ラベル］、［名前］を入力します。

4 今回は省略しますが、通常、ページ内容をマークアップしていきます。

5 設定が終わったら、［保存］ボタンをクリックします。

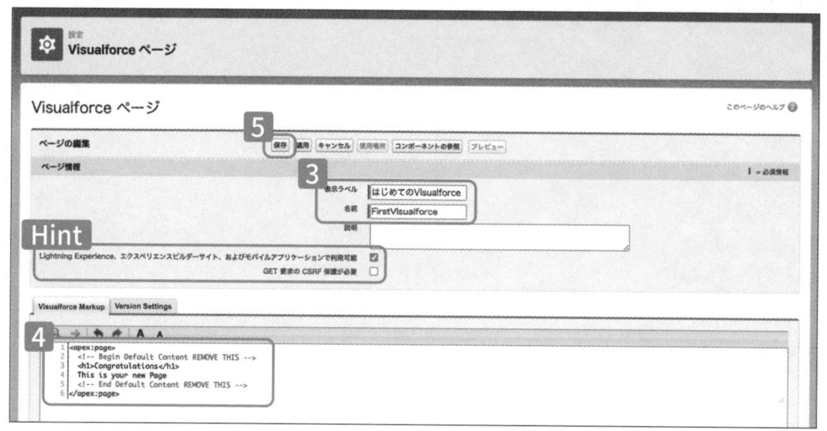

6 Visualforceページをプレビューで確認します。

Congratulations This is your new Page

6

②開発コンソールからページを作成

開発コンソールからVisualforcepexページを作成する手順は、以下の通りです。

1 ［歯車］アイコンをクリックし、ドロップダウンリストから［開発コンソール］を選択します。

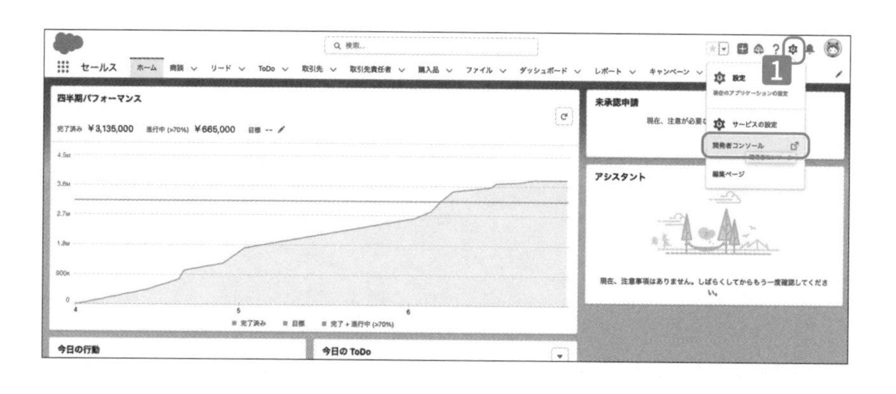

> **Hint**
> **マークアップ**
>
> テキストの構造や飾りなどの情報をコンピュータが認識できるように、タイトルや見出しなどに目印となる「タグ」を使って意味付けをすることです。

> **Hint**
> **チェックボックス**
>
> 必要があれば、［Lightning Experience、エクスペリエンスビルダーサイト、およびモバイルアプリケーションで利用可能］にチェックを入れます。

2 別ウィンドウで［開発コンソール］画面が表示されます。［File］メニュー→［New］→［Visualforce Page］を選択します。

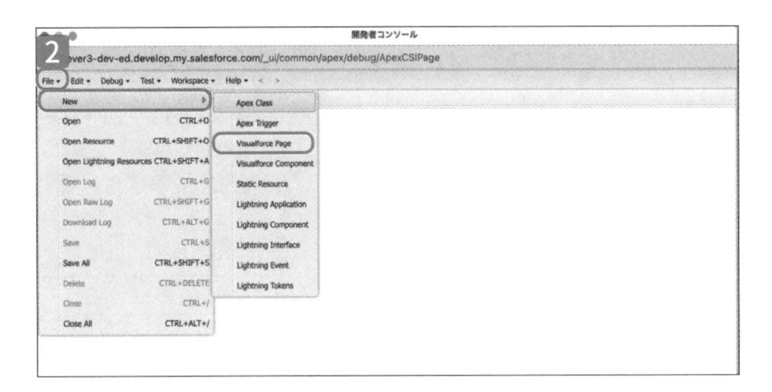

3 ［New Apex Page］画面が表示されます。ページ名（ここでは「FirstVFPsge」）を入力し、［OK］ボタンをクリックします。

4 マークアップして保存します。

開発者コンソール

klever3-dev-ed.develop.my.salesforce.com/_ui/common/apex/debug/ApexCSIPage

File▾ Edit▾ Debug▾ Test▾ Workspace▾ Help▾ < >

FirstVFPage.vfp

4 API Version: 58

```
1  <apex:page standardController="Opportunity">
2      <apex:form >
3          <apex:pageBlock title="商談編集">
4              <apex:pageBlockSection columns="1">
5                  <apex:inputField value="{!Opportunity.Name}"/>
6                  <apex:inputField value="{!Opportunity.StageName}"/>
7                  <apex:inputField value="{!Opportunity.CloseDate}"/>
8              </apex:pageBlockSection>
9              <apex:pageBlockButtons >
10                 <apex:commandButton action="{!save}" value="Save"/>
11             </apex:pageBlockButtons>
12         </apex:pageBlock>
13     </apex:form>
14 </apex:page>
```

Visualforceページの配置

作成したVisualforceページは、Lightningアプリケーションビルダー上に配置できます。配置の手順は、以下の通りです。

1 ［コンポーネント］にある［Visualforce］をドラッグ&ドロップでLightningアプリケーションビルダーに配置します。

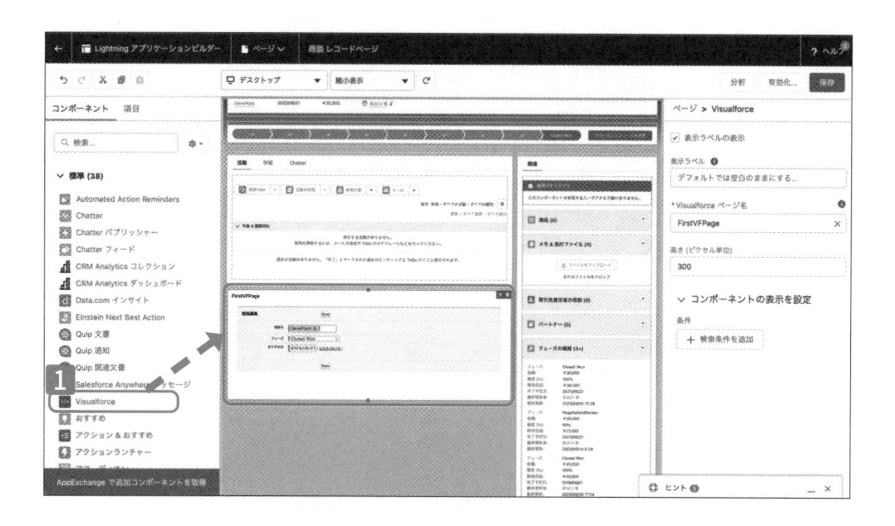

2 Visualforceページが配置されました。

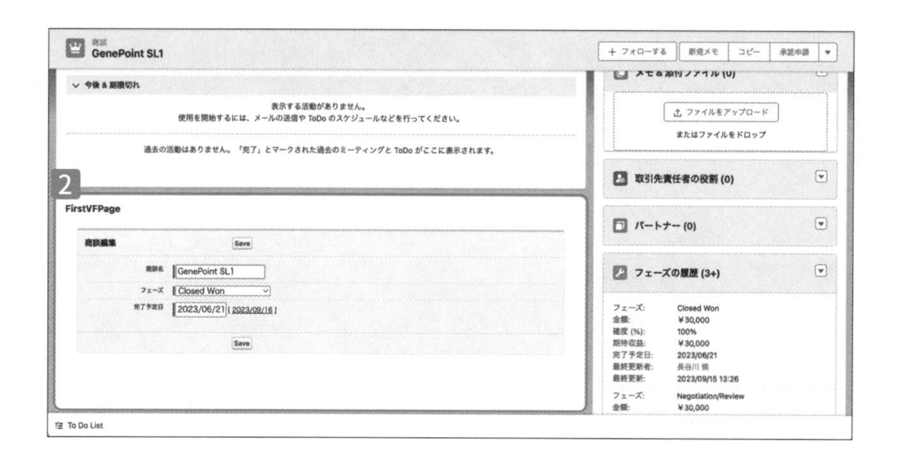

Visualforceについては、いろいろなWebコンテンツが用意されているので、参照してみてください。

参考：Visualforceの基礎（Trailhead）

```
https://trailhead.salesforce.com/ja/content/learn/modules/visualforce_fundamentals?trail_id=force_com_dev_beginner
```

Appendix

巻末資料

資料1 学習コンテンツ

学習用のコンテンツの紹介

Salesforce学習用のコンテンツを2つ紹介します。

①Trailhead

```
https://trailhead.salesforce.com/ja/
```

Trailhead（トレイルヘッド）は、Salesforceを無料で学べるオンライン学習プラットフォームです。問題をクリアすることでバッジが獲得でき、バッジやポイントによってランクがあります。

試験対策用に問題がまとめられているので、効率の良い学習が可能です。実際に環境に触れて学習できるので、より理解が深まります。

●参考：**Salesforce公式**認定アドミニストレーター資格 対策

```
https://trailhead.salesforce.com/ja/users/welcome4/trailmixes/
prepare-for-your-salesforce-administrator-credential
```

②Pathfinder

```
https://www.salesforce.com/jp/company/careers/pathfinders/
```

Pathfinder（パスファインダー）は、CRMやSalesforceの知見を短期間で習得できる人材育成プログラムです。

IT未経験からキャリアチェンジを目指す方、就職活動中・転職・再就職を検討中の方、CRM、クラウドのスキルを身に付けたい方などにおすすめです。オンラインですべて無料で学習できるので、地方にお住まいの方も参加することができます。

また、認定資格の受験（受験費用はかかります）や取得支援もプログラムに含まれているので、まずは資格取得が目的の方にとって学習効率の良いプログラムと言えます。

資料2 困った時は？

Salesforce Help

Salesforceで設定や操作に困った時に役立つのが**Salesforce Help**です。

●Salesforce Help

```
https://help.salesforce.com/s/?language=ja
```

上記のURLにアクセスし、[お問い合わせ] ボタンからSalesforceのサポートを利用することができます。

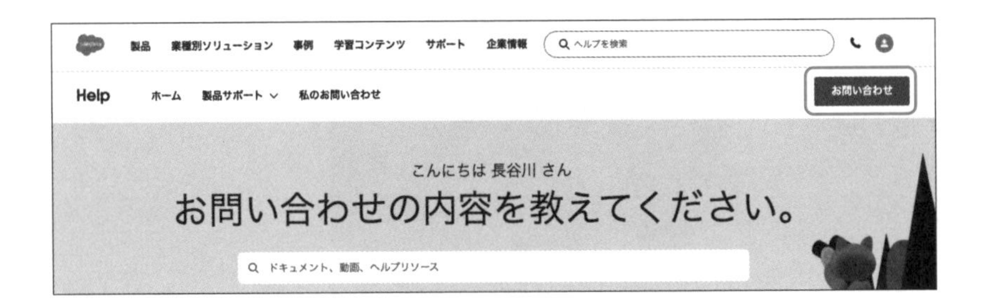

具体的には、[お問い合わせを作成] ボタンからフォームに入力して、問い合わせます。

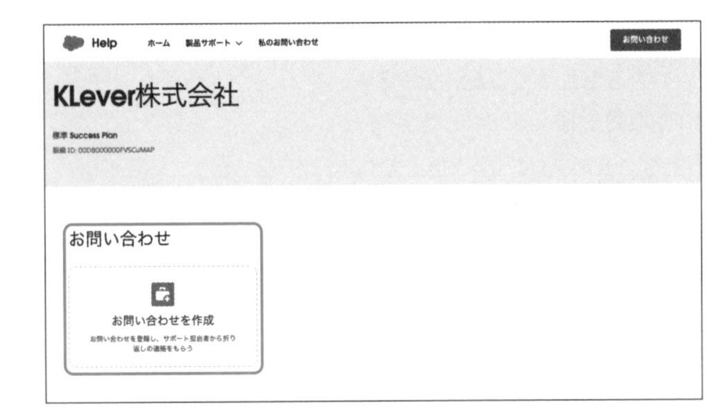

また、お問い合わせを作成する際に、[ファイルをアップロード] ボタンなどを使って画像や動画を添付すると、サポート担当者に情報が伝わりやすくなり、解決までの時間も短縮される可能性が高くなります。

なお、サポートのプランはいくつかあるので、自社のプランをまずは確認してみましょう。

●参考：お客様のビジネスに最適なSuccess Planを見つけてください。

https://www.salesforce.com/jp/services/success-plans/overview/

●参考：Success PlanとProfessional Serviceの価格

https://www.salesforce.com/jp/services/pricing/

Appendix

資料3 Salesforce用語集

用語解説

Salesforceで覚えておくとよい用語をまとめました。

●Account Engagement（旧Pardot）

Sales Cloudと連携し、営業活動や商談などを可視化してマーケティング施策ができるマーケティングオートメーションツールです。顧客がWebサイトに訪れた日時やメール開封日時なども確認できます。

●Apex（エイペックス）

Salesforceの標準の機能で設定が実現できない時に使われるJavaに似たプログラム言語です。

●API参照名

API（エーピーアイ）は、「アプリケーション・プログラミング・インターフェース（Application Programming Interface）」の略した名称になります。オブジェクトや項目に英数字で付ける名前です。

●AppExchange（アップエクスチェンジ）

Salesforceのアプリが販売されているストアです。すぐにインストールできる業種別、業界別アプリケーションが多数販売されており、有料版と無料版があります。

●Chatter（チャター）

FacebookやX（旧Twitter）にとてもよく似たコミュニケーションツールです。メンションする（宛先を付ける）場合は「@」、トピックで投稿をまとめる場合は「#」を使用します。

●Chatterグループ

Chatterグループを作成して、特定の人と情報を共有できます。社外の方も招待することができます。

●Flow Builder（フロービルダー）

システム管理者がSalesforceで使用するフローを作成できるクラウドベースのアプリケーションです。

●Lightning Experience（ライトイングエクスペリエンス）

Salesforceの新しいユーザインターフェースで、カスタマイズ性も強く、プログラムなしで柔軟にレイアウト変更が可能です。Lightning Experienceより前のユーザインターフェースはClassicと呼び、Lightning Experienceから切り替えて使用することも可能です。

●Lightningアプリケーションビルダー

SalesforceモバイルアプリケーションやLightning Experienceのカスタムページを簡単にプログラミングなしで作成ができます。コンポーネントと呼ばれる部品をドラッグ&ドロップで配置可能です。

●Lightningテーブル

ダッシュボードの表示グラフの一種。テーブル形式の表現ができます。

●Pathfinder（パスファインダー）

CRMやSalesforceの知見を短期間で無料で習得できる人材育成プログラムです。

●Sales Cloud（セールスクラウド）

新規顧客の発掘や商談受注のスピード化を図る機能が用意されている営業支援アプリケーションです。顧客管理の他に商談の管理や見込み客管理、売上予測が使用可能で、営業活動を一元化できます。

●Sandbox（サンドボックス）

本番環境のコピーができる検証用の環境です。Sandbox内の検証作業は本番環境に影響を受けないので、本番環境の業務を中断させることなく自由に検証が可能です。

●Service Cloud（サービスクラウド）

カスタマーサポートを効率よく行うことができる機能が搭載されたアプリケーションです。特徴的なのは「サービスコンソール」という機能で、複数のレコードおよび関連レコードを同じ画面で表示ができます。

●ToDo（トゥードゥー）

ToDo（やるべきこと）をレコードに関連させて登録します。期日やステータスも入力可能です。期限切れのToDoの一覧を作成し、確認することもできます。

●Trailhead（トレイルヘッド）

Salesforceが無料で学べるオンライン学習プラットフォームです。

●Visualforce（ビジュアルフォース）

Salesforceのカスタムユーザインターフェースを開発するためのWeb開発フレームワークです。HTML、CSS、JavaScriptなどのコードを記述して進めていきます。

●Web-to-ケース（ウェブトゥーケース）

Webのお問い合わせフォームなどからの問い合わせをケースに自動で登録する機能です。Webには専用のSalesforceで発行したフォームのHTMLを埋め込む必要があります

●Web-to-リード（ウェブトゥーリード）

Webのお問い合わせフォームなどからの問い合わせをリードに自動で登録する機能です。Webには専用のSalesforceで発行したフォームのHTMLを埋め込む必要があります。

●アプリケーション

業務内容に応じてタブをまとめることができ、現在選択しているアプリケーションがナビゲーションバーの左側に表示されます。アプリケーションは業務内容に応じてタブをまとめることができます。標準で用意されている「セールス」は営業支援目的としたものです。

●アプリケーションランチャー

Lightning Experienceのアプリケーションを管理し、簡単に起動・切り替えができる機能です。ナビゲーションバーに表示されていない項目は、アクセス権があればすべてを表示させることができます。

●インポートウィザード

CSV形式のデータを一括で5万件までインポート可能で、取引先と取引先責任者を同時にインポートできます。

●オブジェクト

Salesforce内のデータを格納するためのデータベーステーブルで、カスタムオブジェクトと標準オブジェクトの2種類があります。

●オブジェクトマネージャ

標準オブジェクトとカスタムオブジェクトのすべてのオブジェクトを管理する場所です。

●カスタムオブジェクト

Salesforceにはじめから用意されている標準オブジェクトに対し、それとは別に作成したオブジェクトをカスタムオブジェクトと言います。

●カスタム項目

Salesforceにはじめから用意されている標準項目に対して、それとは別に作成した項目をカスタム項目と言います。

●キャンペーン

広告、メール、展示会などのマーケティング活動の追跡と分析ができる標準オブジェクトです。

●キャンペーンメンバー

キャンペーンでアプローチする対象のリード・取引先責任者のことです。展示会などで集めた名刺情報をリードに登録し、キャンペーンメンバーに追加しておくことで、そのリードがどのようなキャンペーンでアプローチしたのかを可視化できます。リードや取引責任者、個人取引先が追加できます。

●キュー

Salesforce内のユーザをグループ化したものです。レコード所有者に割り当てることも可能です。

●グローバル検索

Salesforceで画面上部のヘッダーの検索ボックスから多くのレコードおよび項目を検索すること。グローバル検索は、使用するオブジェクトとそれらを使用する頻度を追跡し、それに基づいて検索結果を編成します。最もよく使用されるオブジェクトの検索結果は、リストの最上部に表示されます。

●コミュニティ

従業員、顧客、パートナーに提供されたカスタマイズ可能な公開または非公開スペースです。ゲストユーザにアクセスを許可する公開も可能です。

●コンポーネント

部品を意味し、ダッシュボードやLightningアプリケーションビルダーで使用します。コンポーネントはドラッグ＆ドロップで配置の変更が可能です。

●システム管理者

アプリケーションの設定およびカスタマイズができる組織内の1人以上のユーザ。システム管理者のプロファイルが割り当てられています。

●ダッシュボード

レポートを元に複数のグラフを配置し、データを俯瞰的に把握できるようにした一覧表示の画面および機能のことです。各ダッシュボードには、最大20個のコンポーネントを持たせることができます。11種類のグラフの作成と配置ができます。

●タブ

アプリケーション内の機能の単位になり、例えば取引先のタブは取引先というようにナビゲーションバーに並びます。タブ毎に表示/非表示を設定することができます。WebのタブやVisualforceのタブも作成が可能です。

●データローダ

Salesforce上のデータを一括でインポート/エクスポートするためのクライアントアプリケーションです。CSV形式のデータを一括で500万件までインポートできます。

●ナビゲーションバー

画面上部にあるメニューバーで、タブというメニューが並びます。タブは追加したり、並び替えをしたりすることができます。

●パイプライン（Pipeline）

完了予定日が当四半期にある進行中の商談の金額合計です。売上予測ページに表示されます。マネージャの場合、この値には、自分自身とチーム全体で進行中の商談が含まれます。

●プロファイル

複数のアクセス権限を1つにまとめたもので、オブジェクトおよびデータへのユーザによるアクセス方法や、アプリケーション、タブ、ページレイアウトの表示/非表示などの設定が可能です。Salesforceのすべてのユーザは、必ずプロファイルを設定する必要があります。

●マネージャ

ユーザの設定で各ユーザが設定できる上司のことです。

●メール-to-ケース

サポート用のメールアドレスを用意し、サポート用のメールアドレスに送られてきたお客様からメールの問い合わせをケースに自動で登録する機能です。

●リード

まだSalesforce上で取引の開始がされていない「見込み客」のことです。取引の開始をすると、取引先、取引先責任者、商談の3つに自動で移行します。

●リストビュー

標準オブジェクト、カスタムオブジェクトで数あるレコードから、特定の条件で抽出したレコードの一覧を表示する機能です。グラフも追加できます。

●リストメール

事前に定義したリストビューからリードや取引先責任者のメールアドレス宛に一括でメールを送信する機能です。

●レコード

オブジェクトの1行分のデータで、Microsoft社のExcelでは1行分にあたります。

●レコードタイプ

1つのオブジェクトのレコード（データ）を分類し、タイプごとにページレイアウトを割り当てることができる機能のこと。

●レポート

関連する複数オブジェクト（最大4つ）の複数のレコード（データ）を抽出し、グルーピングして、レコード件数、金額などを集計（最大・最小・合計・平均・中央値）する機能です。グラフを追加することも可能です。

●ロール

階層の設定が可能で、自分より下位のロールのユーザのレコード（データ）を所有者と同様に閲覧したり、編集したりできます。

●売上予測分類

商談を売上予測に計上する売上予測の分類を決定します。デフォルトの売上予測分類設定は、［フェーズ］選択リストで設定されているフェーズに関連付けられています。特定の商談の［売上予測分類］を更新するには、その商談の売上予測を編集する必要があります。

●親取引先

取引先が関連付けられている組織または会社。取引先の親を指定することによって、［階層の表示］リンクを使用してすべての親／子の関係を表示できます。

●活動の記録

活動レコードを登録する機能およびデータのことです。

●権限セット

ユーザに特定のツールと機能へのアクセスを提供する一連の権限と設定です。

●公開グループ

共通の目的で定義されるユーザのセット。公開グループの作成ができるのはシステム管理者のみです。

●項目レベルセキュリティ

項目が、ユーザに非表示、表示、参照のみ、または編集可能であるかどうかを決定する設定です。

●項目自動更新

項目を新しい値で自動的に更新するアクションです。Flow Builderや承認プロセスなどで使用します。

●参照関係

2つの異なるオブジェクト同士を結び付け、一方のオブジェクトからもう一方のオブジェクトを参照できるようにしたものです。オブジェクトの結び付きは主従関係より弱く、親のレコードが削除されても、このレコードは削除されません。はじめから設定されている参照関係の例としては、取引先と取引先責任者です。

●主従関係

オブジェクトの結び付きを示す関係で、主となるオブジェクトに積み上げ集計項目を作成することができます。主となるレコードが削除された時、従となるレコードも削除されます。1つのオブジェクトから2つまで主従関係を設定可能です。

●商談

進行中の案件のことです。商談では取引先責任者を登録することで、取引先責任者がどのように商談に関わっているかを管理できます。

●承認プロセス

Salesforceでレコードを承認する方法を自動化します。承認プロセスでは、承認申請者やプロセスの各ポイントでの実行内容など、承認の各ステップについて指定します。

●承認者

承認者は、承認申請への返答を担当するユーザです。

●承認申請

承認プロセス設定後、レコードが開始条件に合致した場合、レコードに対して承認の申請が可能です。承認者が承認したかどうかの承認履歴を表示させることもできます。

●所有者

レコード（取引先責任者またはケースなど）が割り当てられるユーザ。所有者のみが参照、編集できる設定などができます。

●最善達成予測（Best Case）

各営業担当者が、特定の月または四半期で達成する見込みのある総売上予測金額。マネージャの場合は、自分自身とチーム全体で達成する見込みのある金額に等しくなります。

●数式項目

カスタム項目の一種です。差し込み項目、式、またはその他の値に基づいて値を自動的に計算します。

●組織

Salesforceを利用しているユーザの会社や団体を組織と呼びます。組織にはIDがあり、「組織ＩＤ」と呼びます。

●積み上げ集計項目

子オブジェクトのレコード数や数値・通貨のデータ型項目の合計などを表示する項目。日付項目で使用も可能です。

●達成予測（Commit）

各営業担当者が特定の月または四半期で確実に達成可能な売上予測の金額。マネージャの場合、この値は、自分自身とチーム全体で確実に達成可能な金額に等しくなります。

●取引先

自社との間で何らかの関係が成立している団体、個人、企業のことです。顧客企業、競合企業、パートナー企業すべてが含まれます。個人取引先という個人に関する情報を保存するタイプもあります。

●取引先責任者

取引先に所属する人の情報です。1つの取引先に複数の取引先責任者を登録が可能です。商談、ケース、契約などでは取引先責任者の役割で取引先責任者を登録することで、取引先責任者がどのように商談に関わっているかを管理ができます。

●取引先責任者の役割

取引先責任者の役割は、商談、ケース、契約において取引先責任者がどのような役割を果たすのかを指定します。

●入力規則

指定される基準に一致しない場合、レコードを保存しない規則です。

●標準オブジェクト

Salesforceに標準で用意されているオブジェクトです。例えば、取引先、取引先責任者、リード、商談、ケースなどです。

索引

著者プロフィール

長谷川 慎（はせがわ しん）

KLever株式会社 代表取締役

2016年、Salesforceを導入している清掃会社に入社。Salesforceに出会い、ITほぼ未経験からTrailheadで日々学習し、現在では10種類の認定資格を取得する。システム管理者としての業務でSalesforceに魅了され、入社から2年半後の2018年に構築パートナーとして独立し、KLever株式会社を設立。YouTubeチャンネル「Salesforce初心者講座」で1,000本以上の動画を公開中。

取得資格

・Salesforce 認定 アソシエイト
・Salesforce 認定 アドミニストレーター
・Salesforce 認定 CRM Analytics & Einstein Discovery コンサルタント
・Salesforce 認定 Einstein Analytics and Discovery コンサルタント
・Salesforce 認定 Field Service Lightning コンサルタント
・Salesforce 認定 Pardot コンサルタント
・Salesforce 認定 Pardot スペシャリスト
・Salesforce 認定 Platform アプリケーションビルダー
・Salesforce 認定 Platform デベロッパー
・Salesforce 認定 Sales Cloud コンサルタント
・Salesforce 認定 Service Cloud コンサルタント

YouTubeチャンネル

●Salesforce 初心者講座

`https://www.youtube.com/@salesforcebeginner`

連絡先

●KLever株式会社

`https://klever.jp`

●お問い合わせ

`https://klever.jp/contact`

※本書は、2023年11月現在の情報に基づいて執筆されたものです。
本書で取り上げているソフトウェアやサービスの内容は、告知なく変更になる場合がございます。あらかじめ、ご了承ください。

カバーデザイン
成田 英夫（1839DESIGN）

Salesforce運用保守ガイド

発行日 2023年 11月 23日 第1版第1刷

著 者 長谷川 慎

発行者 斉藤 和邦
発行所 株式会社 秀和システム
〒135-0016
東京都江東区東陽2-4-2 新宮ビル2F
Tel 03-6264-3105（販売）Fax 03-6264-3094
印刷所 三松堂印刷株式会社 Printed in Japan

ISBN978-4-7980-6430-7 C3055